Springer-Lehrbuch

Aeneas Rooch

Statistik für Ingenieure

Wahrscheinlichkeitsrechnung und
Datenauswertung endlich verständlich

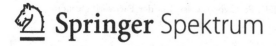 Springer Spektrum

Vorwort

In Technik und Naturwissenschaft ist es von essentieller Bedeutung, Daten zu interpretieren, und der Weg, dies seriös zu tun, ist die mathematische Statistik. Nun haben Statistik und Wahrscheinlichkeitstheorie ein schweres Los (etwas populärer ist allerdings wohl die Ansicht, dass es die Studentinnen und Studenten sind, die ein schweres Los haben): Die Statistik erscheint Vielen wie eine unübersichtliche Ansammlung willkürlicher Methoden. Und während in anderen Bereichen der mathematischen Grundausbildung zumindest das Auswendiglernen von Berechnungsvorschriften einen gewissen Erfolg verspricht, sind die meisten anzustellenden Berechnungen in der Statistik vergleichsweise simpel; die Schwierigkeit besteht hier darin, eine reale Situation durch mathematische Konzepte abzubilden. Es ist also eher Verständnis gefragt als Rechenfertigkeit. Doch dazu bedarf es einiger wahrscheinlichkeitstheorischer Konzepte, und das Denken in Wahrscheinlichkeiten ist für uns ungewohnt. Erfahrungsgemäß bereitet es Probleme, mit Wahrscheinlichkeit, in die sich Gefühl und Intuition mischen, mathematisch exakt umzugehen.

Dabei ist es gar nicht so schwer. Immer wieder habe ich in Übungsgruppen miterlebt, wie Studentinnen und Studenten verblüfft festgestellt haben, dass Statistik etwas ist, das sie verstehen können – dass sie verstehen können, wie statistische Verfahren funktionieren und angewendet werden. Dieses Buch soll für genau solche Aha-Erlebnisse sorgen.

Ich habe mich bei der Themenauswahl auf die wichtigsten Verfahren beschränkt und Wert darauf gelegt, sie gleichzeitig anschaulich zu beleuchten und mathematisch möglichst exakt zu untermauern. Leserinnen und Leser mögen es mir nachsehen, dass bei diesem Spagat mathematische Beweise und einige statistische Verfahren unter den Tisch gefallen sind. Es gibt detaillierte Literatur zur Wahrscheinlichkeitstheorie, und es gibt umfassende Lehrbücher zu statistischen Methoden; dieses Buch soll für Anwender die Lücke zwischen beiden Extremen schließen.

Das Buch ist auf Grundlage der Vorlesung *Mathematik III* entstanden, die in den Bachelorstudiengängen *Maschinenbau* und *Bauingenieurwesen* sowie im Masterstudiengang *Umwelttechnik und Ressourcenmanagement* an der Ruhr-Universität Bochum von Prof. Dr. Herold Dehling gehalten wurde, dem ich für die Idee und die Ermutigung zu diesem Buch danke. Ebenso dankbar bin ich für seine kritischen Kommentare während der Entstehung des Manuskripts. Mein Dank gilt auch

Dr. Nicolai Bissantz für seine Anregungen zur Themenauswahl, Dr.-Ing. Philipp Junker für Erklärungen zu Dingen wie Lagern und Turbinen sowie Annika Betken und Carina Gerstenberger für das Korrekturlesen des Manuskripts und das Testrechnen der Aufgaben.

Bochum, im April 2014   Aeneas Rooch

Inhaltsverzeichnis

1 Grundlagen der Wahrscheinlichkeitsrechnung

In vielen praktischen Fragen spielt Zufall eine bedeutende Rolle: Wie groß ist die Ausfallwahrscheinlichkeit eines Verschleißteils? Sind die Abweichungen in den Eigenschaften eines Werkstoffs nur harmlose Schwankungen oder verbergen sich dahinter signifikante Fehler bei der Fertigung? Wie viele Bauteile müssen vermessen werden, um verlässliche Aussagen über die Qualität machen zu können? Wir wollen im Rahmen dieses Lehrbuchs lernen, solche Fragen zu beantworten.

Dazu beschäftigen wir uns in diesem Kapitel zunächst mit den fundamentalen Grundlagen. Zuerst klären wir, was *Wahrscheinlichkeit* überhaupt bedeutet, und stellen Modelle vor, um *Zufallsexperimente* mathematisch exakt zu beschreiben. Anschließend lernen wir *Zufallsvariablen* kennen, ein handliches Konzept, um einheitlich mit Zufallsexperimenten zu rechnen. Zufallsvariablen sind zwar zufällige Größen, aber sie besitzen Eigenschaften (zum Beispiel eine *Verteilung*, eine *Dichte*, einen *Erwartungswert* oder eine *Varianz*), mit deren Hilfe wir ihr Verhalten beschreiben und vorhersagen können. Wir lernen verschiedene Verteilungen von Zufallsvariablen kennen – wie die *Binomialverteilung*, die *Exponentialverteilung* oder die überaus bedeutende *Normalverteilung* –, sehen, welche Prozesse aus dem wirklichen Leben sie abbilden, und üben ein, wie man mit ihnen rechnet.

1.1 Wahrscheinlichkeitsräume
Ein erster mathematischer Blick auf Zufallsexperimente

In der Wahrscheinlichkeitsrechnung untersuchen wir Experimente, deren Ergebnis ganz oder teilweise vom Zufall abhängt. Wir wollen das Verhalten solcher Zufallsexperimente berechnen, denn auch im Zufall verbergen sich Gesetzmäßigkeiten, die uns erlauben, zufällige Ereignisse in gewisser Weise vorherzusagen. Beispiele für Zufallsexperimente sind:

- Messfehler bei physikalisch-technischen Experimenten
- Belastung einer Brücke an einem gegebenen Tag durch fahrende Autos
- Anzahl defekter Exemplare in einer Stichprobe von Produkten
- Niederschlagsmenge in Bochum morgen und im Oktober des nächsten Jahres
- Aktienkurse
- Zusammensetzung der Hörerschaft einer Vorlesung

A. Rooch, *Statistik für Ingenieure*, DOI 10.1007/978-3-642-54857-4_1,
© Springer-Verlag Berlin Heidelberg 2014

Um das Verhalten solcher Zufallsexperimente berechnen zu können, müssen wir *mathematische Modelle* für sie aufstellen, in denen wir dann *Wahrscheinlichkeiten von Ereignissen* berechnen können.

In diesem Abschnitt werden wir zuerst definieren, was wir unter *Wahrscheinlichkeit* verstehen und wie man mit Wahrscheinlichkeiten rechnet. Mit *Ergebnisraum* und *Ereignisraum* stellen wir einen Formalismus vor, Zufallsexperimente aller Art – ob das Werfen eines Würfels, die Niederschlagsmenge an einem Tag oder die Anzahl defekter Werkstücke in einer Produktionsschicht – einheitlich aufzuschreiben. Wir befassen uns kurz mit *Mengenlehre* und *Kombinatorik*, um die Ereignisse, die uns bei einem Zufallsexperiment interessieren, mathematisch exakt benennen und sie zählen zu können. Schließlich gibt uns die *hypergeometrische Verteilung* ein mathematisches Modell, um Wahrscheinlichkeiten zu berechnen, wie sie etwa beim Lotto-Spielen auftreten.

1.1.1 Wahrscheinlichkeit, Ergebnisraum, Ereignisraum
Zufallsexperimente einheitlich beschreiben

Frequentistischer Wahrscheinlichkeitsbegriff   Wir betrachten in der Wahrscheinlichkeitsrechnung und der Statistik (beide zusammen bilden das Fachgebiet der *Stochastik*) nur Zufallsexperimente, die sich zumindest im Prinzip unendlich oft unabhängig voneinander unter identischen Bedingungen wiederholen lassen. Die Wahrscheinlichkeit eines Ereignisses A ist dann die relative Häufigkeit des Eintretens von A in einer unendlich langen Reihe von Wiederholungen des Experiments. (Wenn wir ein Experiment nicht unendlich oft unabhängig voneinander unter identischen Bedingungen wiederholen könnten, sondern sich die Rahmenbedingungen im Laufe der Zeit verändern – was soll dann eine Wahrscheinlichkeit sein und wie soll man dann Prognosen treffen?)

Wir bezeichnen mit $N_n(A)$ die Anzahl der Experimente unter den ersten n Experimenten, bei denen das Ereignis A eintrat. Dann ist $\frac{N_n(A)}{n}$ die relative Häufigkeit des Eintretens von A unter den ersten n Experimenten. Das empirische Gesetz der großen Zahlen besagt, dass der Grenzwert

$$P(A) = \lim_{n \to \infty} \frac{N_n(A)}{n}$$

existiert. Diesen Grenzwert nennen wir die *Wahrscheinlichkeit* des Ereignisses A; es ist der sogenannte *frequentistische Wahrscheinlichkeitsbegriff*. Eine Wahrscheinlichkeit ist eine Zahl zwischen 0 und 1, also zwischen 0 % und 100 %. Gewöhnlicher Weise werden Wahrscheinlichkeiten nicht mit allen Nachkommastellen angegeben, sondern gerundet.

Beispiel 1.1. Wir werfen wiederholt einen Würfel und notieren jeweils die Augenzahlen. Bei den ersten 30 Experimenten ergaben sich folgende Zahlen:

    3, 2, 4, 4, 4, 4, 4, 6, 6, 4, 6, 2, 3, 4, 5, 5, 2, 6, 3, 3, 2, 2, 5, 1,
    5, 5, 1, 2, 5, 5

Das Ereignis A, dass die Augenzahl gleich 6 ist, tritt also vier Mal ein. Damit ist die entsprechende relative Häufigkeit

$$\frac{N_{30}(6)}{30} = \frac{4}{30} = 0{,}133.$$

Wenn wir weiterwürfeln und so das Experiment lange unabhängig und unter identischen Bedingungen wiederholen, erhalten wir die Grafiken aus Abb. 1.1 von $\frac{N_n(6)}{n}$. Deutlich zu erkennen ist, dass sich die relative Häufigkeit $1/6 = 0{,}167$ annähert, also stellen wir fest, dass $P(A) = 1/6$ ist.

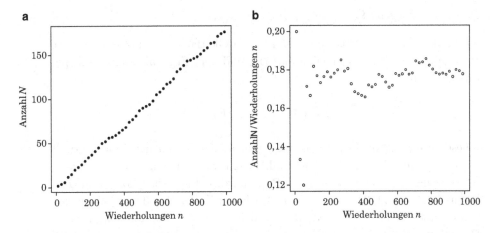

Abb. 1.1: Absolute Häufigkeit $N_n(6)$ (**a**) und relative Häufigkeit $N_n(6)/n$ (**b**) des Ereignisses „6" in einer Serie von Würfelwürfen ($n = 20, 40, 60, \ldots, 980, 1000$)

Im Prinzip können wir so die Wahrscheinlichkeit beliebiger Ereignisse experimentell bestimmen. In der Praxis dauert uns das zu lange, deshalb stellen wir mathematische Modelle auf, innerhalb derer wir Wahrscheinlichkeiten berechnen können. Wir können immer nur hoffen, dass diese Modelle die Wirklichkeit gut widerspiegeln und die berechneten Wahrscheinlichkeiten mit den Beobachtungen übereinstimmen.

Definition 1.2 (Ergebnisraum). Zur Modellierung eines Zufallsexperiments bestimmen wir zuerst die Menge aller möglichen Ergebnisse des Experiments. Diese Menge wird *Ergebnisraum* genannt und mit dem griechischen Großbuchstaben Ω (Omega) bezeichnet. Die Elemente des Ergebnisraums sind die möglichen *Ergebnisse* des Experiments. Diese bezeichnen wir mit dem Kleinbuchstaben ω.

Beispiel 1.3. Wir betrachten einige Ergebnisräume und Ergebnisse.

a) Münzwurfexperiment: $\Omega = \{K, Z\}$; genauso kann man $\Omega = \{0, 1\}$ nehmen, damit rechnet es sich meist besser.

b) Würfelexperiment: $\Omega = \{1, \dots, 6\}$

c) Dreifacher Münzwurf: $\Omega = \{KKK, KKZ, \dots, ZZK, ZZZ\}$ oder auch

$$\Omega = \{(0,0,0), (0,0,1), \dots, (1,1,0), (1,1,1)\}$$

d) Dreifaches Würfeln: $\Omega = \{(\omega_1, \omega_2, \omega_3) : \omega_i \in \{1, \dots, 6\}\}$

e) Sie wählen aus einer Maschine zufällig zwei Gleitlager und notieren jeweils, ob sie akzeptabel (A) oder fehlerhaft (F) sind. Der Ergebnisraum des Experiments ist dann

$$\Omega = \{AA, AF, FA, FF\}.$$

(Dieser Raum ist auch der Ergebnisraum für den zweifachen Münzwurf: A steht dann für Kopf und F für Zahl.) Wenn Sie sich nur dafür interessieren, wie viele der beiden gezogenen Bauteile akzeptabel sind, können Sie den Raum zu $\Omega = \{0, 1, 2\}$ vereinfachen. Beachten Sie, dass Sie dabei Informationen darüber verlieren, *welches* Bauteil defekt ist, und Sie können an dieser Darstellung ebenfalls nicht erkennen, *wie viele* Bauteile untersucht wurden.

f) Ω kann auch unendlich viele Elemente enthalten, etwa, wenn Sie eine Produktion von Stahlblechkanistern kontrollieren. Jeder Kanister, der aus dem Schweißroboter kommt, kann akzeptabel (A) oder fehlerhaft (F) sein. Wenn Sie solange kontrollieren, bis Sie den ersten fehlerhaften Kanister finden, ist der Ergebnisraum

$$\Omega = \{F, AF, AAF, AAAF, AAAAF, \dots\}.$$

Etwas handlicher ist es, mit dem Raum $\Omega = \mathbb{N} = \{0, 1, 2, 3, \dots\}$ zu rechnen. Hier verlieren Sie keine Informationen.

g) Ω kann sogar überabzählbar unendlich viele Elemente enthalten, etwa bei der Niederschlagsmenge in Bochum im Dezember des kommenden Jahres in Litern: $\Omega = [0, \infty)$

Meist interessieren wir uns nicht für ein einzelnes Ergebnis eines Zufallsexperiments, sondern für mehrere gleichzeitig. Das nennen wir Ereignis.

Definition 1.4 (Ereignis, Ereignisraum). Ein *Ereignis* ist eine Menge von Ergebnissen; es ist also eine Teilmenge von Ω. Alle solche Teilmengen, denen wir eine Wahrscheinlichkeit zuordnen können, sind im *Ereignisraum* zusammengefasst. Er wird mit $\mathcal{F}$ bezeichnet.

Diese Definition ist nicht ganz vollständig. Solange Ω endlich ist, nehmen wir als $\mathcal{F}$ einfach alle möglichen Teilmengen von Ω (das sind endlich viele, die man hinschreiben kann). Wenn Ω jedoch überabzählbar ist (zum Beispiel das Intervall $[0,1]$) und man als $\mathcal{F}$ wieder die Menge aller Teilmengen von $[0,1]$ nimmt (eine unvorstellbare, hässliche Menge), treten mathematische Widersprüche auf. Um diese zu vermeiden, muss die Menge $\mathcal{F}$ von Teilmengen von Ω besondere Eigenschaften besitzen; es muss eine sogenannte σ-*Algebra* sein. Was das genau bedeutet, ist für die Wahrscheinlichkeitstheorie von großer Bedeutung, für das konkrete Rechnen in der Anwendung allerdings nicht.

Beispiel 1.5. Wir betrachten das dreifache Werfen eines Würfels wie in Beispiel 1.3 d) und fragen nach dem Ereignis, dass die Augensumme mindestens 12 ist. Hier interessiert uns also folgende Teilmenge des Ergebnisraums (folgendes Element des Ereignisraums):

$$A_1 = \{(\omega_1, \omega_2, \omega_3) \in \Omega : \omega_1 + \omega_2 + \omega_3 \geq 12\}$$

Typisch an diesem Beispiel ist, dass wir das zunächst mit Worten umschriebene Ereignis („Augensumme mindestens 12") als Teilmenge des Ergebnisraums darstellen müssen ($\{(\omega_1, \omega_2, \omega_3) \in \Omega : \omega_1 + \omega_2 + \omega_3 \geq 12\}$), bevor wir die Wahrscheinlichkeit berechnen können. Andere Beispiele für Ereignisse sind $A_2 = \{(\omega_1, \omega_2, \omega_3) : \omega_1 = 6\}$ (das Ereignis, dass der erste Wurf eine 6 ist), $A_3 = \emptyset$ (leeres Ereignis) und $A_4 = \Omega$ (der gesamte Ergebnisraum, das heißt, es wird drei Mal gewürfelt – was, das ist egal).

Definition 1.6 (Elementarereignis). Ein Ereignis, das nur aus einem einzigen Ergebnis besteht, das heißt $A = \{\omega\}$, heißt *Elementarereignis*.

Beispiel 1.7. In Beispiel 1.3 d) ist ein Elementarereignis etwa das Ereignis, dass bei allen drei Würfen die Augenzahl 6 auftritt: Ein solches A besteht nur aus dem Ergebnis (6,6,6).

Wir können mengentheoretische Operationen auf Ereignisse anwenden; wir stellen daher kurz gebräuchliche Schreibweisen aus der *Mengenlehre* vor.

Definition 1.8 (Schreibweisen aus der Mengenlehre). Es seien A, B Ereignisse.

i) A^c (*Komplement* der Menge A – die Menge aller Elemente, die nicht in A liegen) entspricht dem Ereignis, dass A nicht eingetreten ist.

ii) $A \cap B$ (*Durchschnitt* der Mengen A und B – die Menge aller Elemente, die sowohl in A als auch in B liegen) entspricht dem Ereignis, dass A und B eingetreten sind.

iii) $A \cup B$ (*Vereinigung* der Mengen A und B – die Menge aller Elemente, die in A oder in B liegen oder in beiden) entspricht dem Ereignis, dass A oder B (oder beides) eingetreten ist.

iv) $B \setminus A$ (*Differenz* der Mengen B und A – die Menge aller Elemente, die in B liegen, aber nicht in A) entspricht dem Ereignis, dass B eingetreten ist, aber nicht A.

Die Mengen sind exemplarisch in Abb. 1.2 veranschaulicht.

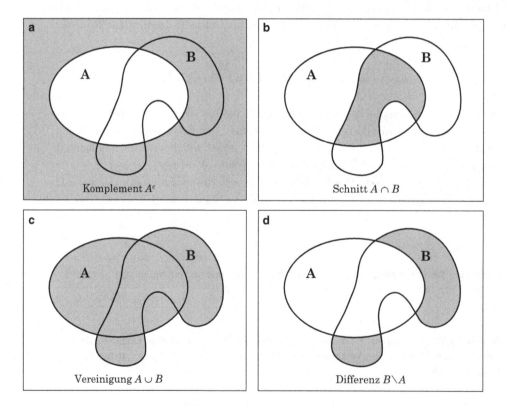

Abb. 1.2: Die gefärbten Mengen sind Komplement A^c (**a**), Schnitt $A \cap B$ (**b**), Vereinigung $A \cup B$ (**c**) und Differenz $B \setminus A$ (**d**)

Definition 1.9 (Schreibweisen aus der Mengenlehre). Für *Durchschnitte* und *Vereinigungen* über viele, durchnummerierte Mengen verwenden wir die gleiche praktische Notation wie beim Summen- und beim Produktzeichen:

$$\bigcap_{i=1}^{n} A_i = A_1 \cap A_2 \cap \ldots \cap A_n$$

$$\bigcup_{i=1}^{n} A_i = A_1 \cup A_2 \cup \ldots \cup A_n$$

Beispiel 1.10. Ein Arbeiter an einer Fertigungsstraße verbaut Rotoren in 40 Kühlwasserpumpen. Das Ereignis, dass er bei der i-ten Pumpe einen Fehler macht, sei mit A_i bezeichnet. Drücken Sie die folgenden Ereignisse mathematisch mithilfe der A_i und geeigneter Mengenoperatoren aus.

a) Mindestens bei einer Pumpe ist der Rotor fehlerhaft eingebaut.

b) Unter den 40 Pumpen taucht bei keiner ein Einbaufehler auf.

c) Genau bei einer Pumpe ist der Einbau fehlerhaft.

d) Höchstens bei einer Pumpe ist der Einbau fehlerhaft.

a) Wir müssen alle möglichen Ereignisse aufsummieren (dass der Rotor bei der ersten, der zweiten, ..., der 40. Pumpe nicht richtig eingebaut wurde):

$$A = \{\text{mindestens ein fehlerhafter Einbau}\} = A_1 \cup A_2 \cup A_3 \cup \ldots \cup A_{40} = \bigcup_{i=1}^{40} A_i$$

b) Wir betrachten das Gegenereignis:

$$B = \{\text{kein fehlerhafter Einbau}\} = \{\text{mindestens ein fehlerhafter Einbau}\}^c$$
$$= A^c$$
$$= (A_1 \cup A_2 \cup A_3 \cup \ldots \cup A_{40})^c$$
$$= A_1^c \cap A_2^c \cap A_3^c \cap \ldots \cap A_{40}^c = \bigcap_{i=1}^{40} A_i^c$$

c) In dieser Situation gibt es genau eine Pumpe mit fehlerhaftem Einbau und genau 39 ordnungsgemäße Geräte. Wenn die erste Pumpe die mit Fehler ist, sind die zweite bis 40. Pumpe in Ordnung ($A_1 \cap A_2^c \cap A_3^c \cap \ldots \cap A_{40}^c$). Oder die zweite ist defekt; dann sind die erste und die dritte bis 40. Pumpe in Ordnung ($A_1^c \cap A_2 \cap A_3^c \cap \ldots \cap A_{40}^c$), und so weiter. All diese Ereignisse, die alternativ eintreten können, fassen wir so zusammen:

$$C = \{\text{genau 1 mit Fehler}\} = \{\text{nur 1. mit Fehler}\} \cup \{\text{nur 2. mit Fehler}\}$$

$$\cup \ldots \cup \{\text{nur 40. mit Fehler}\}$$

$$= \bigcup_{i=1}^{40} \{\text{nur } i\text{-te mit Fehler}\}$$

$$= \bigcup_{i=1}^{40} (A_1^c \cap A_2^c \cap \ldots \cap A_{i-1}^c \cap A_i \cap A_{i+1}^c \cap \ldots A_{40}^c)$$

$$= \bigcup_{i=1}^{40} \bigcap_{\substack{k=1 \\ k \neq i}}^{40} (A_k^c \cap A_i)$$

Keine Angst vor diesem Ausdruck, er sieht nur wüst aus; in konkreten Situationen mit gegebenen Zahlen ist die Berechnung einfach.

d) Dass höchstens eine Pumpe einen Fehler im Einbau aufweist, bedeutet, dass entweder ein Einbau fehlerhaft ist oder gar keiner.

$$D = \{\text{höchstens ein Fehler}\} = \{\text{genau ein Fehler}\} \cup \{\text{kein Fehler}\}$$

$$= C \cup B$$

Definition 1.11 (Wahrscheinlichkeitsraum). Ein *Wahrscheinlichkeitsraum* ist ein Tripel $(\Omega, \mathcal{F}, P)$, bestehend aus einer Menge Ω (Ergebnisraum), einer Menge $\mathcal{F}$ von Teilmengen von Ω (Ereignisraum) und einer Abbildung

$$P : \mathcal{F} \to [0,1]$$

(*Wahrscheinlichkeit, Wahrscheinlichkeitsverteilung*) mit den folgenden Eigenschaften:

1. $P(\emptyset) = 0$, $P(\Omega) = 1$

2. $P(A \cup B) = P(A) + P(B)$, wenn A, B zwei disjunkte Ereignisse sind.

3. $P(A_1 \cup A_2 \cup A_3 \cup \ldots) = \sum_{k=1}^{\infty} P(A_k)$, wenn $A_1, A_2, A_3, \ldots$ paarweise disjunkte Ereignisse sind.

Ein Wahrscheinlichkeitsraum ist ein mathematisches Modell eines Zufallsexperiments.

Streng genommen wird bei der obigen Definition Eigenschaft 2 nicht benötigt; sie steckt bereits in Eigenschaft 3. Wir führen sie allerdings auf, weil sie prägnant aussagt, was intuitiv einleuchtet: Die Wahrscheinlichkeit zweier Ereignisse, die nichts miteinander zu tun haben, soll die Summe der beiden Einzelwahrscheinlichkeiten sein. Eigenschaft 3 ist eine Verallgemeinerung, mit der Mathematiker sich bei theoretischen Fragen herumschlagen; im echten Leben hat man es nie mit (abzählbar) unendlich vielen Ereignissen zu tun.

Beispiel 1.12. Wir untersuchen verschiedene Standardexperimente, um ein Gefühl dafür zu bekommen, wie man Experimente mathematisch modelliert.

a) (Symmetrisches Münzwurfexperiment) Wir werfen eine Münze, und die beiden Möglichkeiten Kopf (K) und Zahl (Z) seien gleich wahrscheinlich.

- $\Omega = \{K, Z\}$
- $\mathcal{F}$ sind alle möglichen Teilmengen von Ω – davon gibt es vier Stück. In diskreten Experimenten ist meist $\mathcal{F} = \mathcal{P}(\Omega)$, das heißt die Menge aller Teilmengen, die sogenannte *Potenzmenge*.
- $P(\{K\}) = P(\{Z\}) = \frac{1}{2}$

Mit diesen Angaben ist die Wahrscheinlichkeit jedes Ereignisses festgelegt, denn $P(\{K, Z\}) = P(\{K\} \cup \{Z\}) = 1$ und $P(\emptyset) = 0$.

b) (Allgemeines Münzwurfexperiment) Das obige Modell geht von der Annahme aus, dass Kopf und Zahl gleich wahrscheinlich sind (symmetrische Münze). Allgemeiner kann man das folgende Modell betrachten

$$P(\{K\}) = p, \ P(\{Z\}) = 1 - p,$$

wobei $0 \leq p \leq 1$ die Wahrscheinlichkeit ist, dass K auftritt. Das ist ein passendes Modell für das Werfen einer Heftzwecke, denn die beiden möglichen Ergebnisse (‚Spitze oben' oder ‚Spitze auf der Seite') treten nicht gleich oft auf.

Ist p unbekannt, dann hat man hier ein erstes statistisches Modell; Aufgabe der Statistik ist es dann, p auf der Basis von Daten zu schätzen.

c) (Wiederholter symmetrischer Münzwurf) Als Ergebnisraum für den n-fachen symmetrischen Münzwurf nehmen wir

$$\Omega = \{(0, \ldots, 0), \ldots, (1, \ldots, 1)\}$$
$$= \{(\omega_1, \ldots, \omega_n) : \omega_i \in \{0, 1\}\},$$

das heißt alle n-Tupel aus Nullen und Einsen. Wegen der Symmetrie sind alle Ergebnisse gleich wahrscheinlich. Es gibt 2^n mögliche Ergebnisse, also hat jedes Einzelergebnis die Wahrscheinlichkeit $1/2^n$ (denn Ω ist disjunkte Vereinigung der 2^n Einzelereignisse und $P(\Omega) = 1$). Damit kann man die Wahrscheinlichkeit jedes Ereignisses berechnen.

d) (Einmaliges Würfelexperiment)   Wir betrachten einen Wurf mit einem unverfälschten Würfel. Als Ergebnisraum bietet sich

$$\Omega = \{1, \ldots, 6\}$$

an. Unverfälscht bedeutet, dass alle sechs möglichen Ergebnisse gleich wahrscheinlich sind; somit ist die Wahrscheinlichkeit jedes einzelnen Ergebnisses $\frac{1}{6}$.

e) (n-faches Würfelexperiment)   Ein n-faches Würfelexperiment modellieren wir mit dem Ergebnisraum

$$\Omega = \{(\omega_1, \ldots, \omega_n) : \omega_i \in \{1, \ldots, 6\}\},$$

dem Raum aller möglichen n-Tupel aus den Zahlen $1, \ldots, 6$. Jedes solche n-Tupel ist gleich wahrscheinlich, es gibt insgesamt 6^n Stück; also hat jedes Elementarereignis die Wahrscheinlichkeit $1/6^n$.

Beispiel 1.13. Sie messen die Belastbarkeit einer Stahlprobe und ermitteln, wie viele Sekunden sie einer schwellenden Belastung standhält. Das Experiment können Sie durch den Ergebnisraum $\Omega = \{1, 2, 3, \ldots\}$ modellieren. Es seien

$$A = \{x : 1 \leq x < 8\} = \{1, 2, \ldots, 7\}$$

und

$$B = \{x : 5 < x < 96\} = \{6, 7, \ldots, 95\}.$$

Dann sind

$$A \cup B = \{x : 1 \leq x < 96\} = \{1, 2, \ldots, 95\}$$
$$A \cap B = \{x : 5 < x < 8\} = \{6, 7\}$$
$$A^c \cap B = \{x : 8 \leq x < 96\} = \{8, 9, \ldots, 95\}$$
$$A^c \cup B = \{x : 6 \leq x < 96\} = \{6, 7, \ldots, 95\}.$$

1.1.2 Laplace-Experimente

Zufallsexperimente, bei denen ein Ausgang so wahrscheinlich ist wie jeder andere

In Experimenten mit höchstens abzählbar vielen möglichen Ergebnissen reicht es, wenn wir die Wahrscheinlichkeit jedes Elementarereignisses $p(\omega) = P(\{\omega\})$ kennen.

Die so definierte Funktion $p : \Omega \to [0,1]$ heißt *Wahrscheinlichkeitsfunktion*, siehe Definition 1.52. Die Wahrscheinlichkeit eines beliebigen Ereignisses erhalten wir dann durch die Formel

$$P(A) = \sum_{\omega \in A} p(\omega).$$

Hier werden also die Einzelwahrscheinlichkeiten aller Ergebnisse, die zum Ereignis A gehören, aufaddiert. Beachten Sie, dass dies nur bei diskreten Experimenten funktioniert. Experimente mit Ergebnisraum $\mathbb{R}$ oder $[0, \infty)$ können nicht auf diese Weise modelliert werden.

Definition 1.14 (Laplace-Experiment). Ein Experiment mit endlich vielen gleich wahrscheinlichen Ergebnissen heißt *Laplace-Experiment*. Hier hat jedes Elementarereignis die Wahrscheinlichkeit

$$p(\omega) = 1/|\Omega|.$$

(Ist A eine endliche Menge, so steht $|A|$ für die Anzahl der Elemente von A, auch *Kardinalität* von A genannt). Damit gilt für ein allgemeines Ereignis A

$$P(A) = |A|/|\Omega|.$$

Die Wahrscheinlichkeit eines Ereignisses ist hier also die Anzahl der für das Ereignis günstigen Ergebnisse geteilt durch die Gesamtzahl der Ergebnisse.

1.1.3 Einfache Eigenschaften von Wahrscheinlichkeiten
Erstes Rechnen mit Wahrscheinlichkeiten

Die folgenden Eigenschaften von Wahrscheinlichkeiten können direkt aus den Definitionen hergeleitet werden.

Satz 1.15 (Eigenschaften von Wahrscheinlichkeiten). *Sei $(\Omega, \mathcal{F}, P)$ ein Wahrscheinlichkeitsraum und A, B, C Ereignisse, das heißt $A, B, C \in \mathcal{F}$. Dann gelten:*

1. $P(A^c) = 1 - P(A)$

2. $P(A \cup B) = P(A) + P(B) - P(A \cap B)$

3. Ist $A \subset B$, so gilt $P(B \setminus A) = P(B) - P(A)$.

4. $P(B \setminus A) = P(B) - P(A \cap B)$

5. $P(A \cup B \cup C) = P(A) + P(B) + P(C)$
$$\qquad\qquad -P(A \cap B) - P(A \cap C) - P(B \cap C) + P(A \cap B \cap C)$$

Durch geschickten Einsatz dieser einfachen Formeln kann man oft Wahrscheinlichkeiten komplexer Ereignisse auf die einfacherer Ereignisse zurückführen.

Beispiel 1.16.   i) Wie groß ist die Wahrscheinlichkeit, in drei Würfen mit einem unverfälschten Würfel mindestens eine 6 zu würfeln? Dazu betrachten wir das Komplement dieses Ereignisses A, das heißt das Ereignis A^c, dass wir keine 6 würfeln. Dann ist

$$P(A^c) = \frac{5^3}{6^3}$$

und somit

$$P(A) = 1 - P(A^c) = 1 - \frac{5^3}{6^3} = \frac{91}{216} = 42{,}13\,\%.$$

ii) Wir würfeln so lange, bis zum ersten Mal eine 6 auftritt. Wie groß ist die Wahrscheinlichkeit, dass dies beim k-ten Wurf der Fall ist? Hier hilft es, das gesuchte Ereignis als mengentheoretische Differenz zweier Ereignisse darzustellen:

- A: das Ereignis, dass wir bis zum $(k-1)$-ten Wurf mindestens eine 6 erhalten haben
- B: das Ereignis, dass wir bis zum k-ten Wurf mindestens eine 6 erhalten haben

Dann ist das gesuchte Ereignis $B \setminus A$. Weiter gilt $A \subset B$ und somit nach obigen Regeln

$$P(B \setminus A) = P(B) - P(A).$$

Zur Berechnung von $P(B)$ wenden wir eine weitere Regel an: $P(B) = 1 - P(B^c)$. Nun ist B^c das Ereignis, dass unter den ersten k Würfen keine 6 eintrat. Also

$$P(B^c) = |B^c|/|\Omega| = 5^k/6^k = \left(\frac{5}{6}\right)^k,$$

und damit schließlich $P(B) = 1 - (5/6)^k$. Entsprechend ist $P(A) = 1 - (5/6)^{k-1}$ und deshalb

$$\begin{aligned}
P(B \setminus A) &= (1 - (5/6)^k) - (1 - (5/6)^{k-1}) \\
&= (5/6)^{k-1} - (5/6)^k \\
&= (1/6)(5/6)^{k-1}.
\end{aligned}$$

Beispiel 1.17. Sie lassen eine Produktion von Thermostaten zweifach kontrollieren. Bei der Untersuchung einer Wochenproduktion erhalten Sie folgende Tabelle:

Kontrollgerät 1	Kontrollgerät 2	Häufigkeit
nicht OK	nicht OK	0,041
nicht OK	OK	0,045
OK	nicht OK	0,011
OK	OK	0,903

a) Sie sollen dem Geschäftsführer eine Schätzung angeben, wie viel Prozent der Produktion definitiv fehlerhaft ist und nicht verkauft werden kann. Als ‚definitiv fehlerhaft' stufen Sie alle Thermostate ein, die durch beide Tests gefallen sind. Dieses unerfreuliche Ereignis heiße A.

b) Ferner sollen Sie schätzen, wie viel Prozent wahrscheinlich defekt sind. Als ‚wahrscheinlich defekt' gelten alle Thermostate, die mindestens bei einem Test durchfallen. Dieses Ereignis heiße B.

a) Aus der Tabelle entnehmen wir $P(A) = 0{,}041 = 4{,}1\,\%$.

b) Wir summieren die Wahrscheinlichkeiten aller Ereignisse auf, bei denen mindestens ein Kontrollgerät ‚nicht OK' ausgibt, denn die Ereignisse sind disjunkt: $P(B) = 0{,}041 + 0{,}045 + 0{,}011 = 0{,}097 = 9{,}7\,\%$.

Beispiel 1.18. Sie stellen in zwei Anlagen Druckgussbauteile für den Automobilbau her; dabei können verschiedene Fehler auftreten. Sie untersuchen eine Tagesproduktion. Die folgende Tabelle zeigt die Resultate:

Anzahl der Fehler	Anlage 1	Anlage 2
0	0,30	0,10
1	0,12	0,06
2	0,10	0,05
3	0,05	0,05
4	0,04	0,03
5 oder mehr	0,07	0,03

a) Wie groß ist die Wahrscheinlichkeit, dass ein zufällig ausgewähltes Druckgussbauteil aus Anlage 1 stammt?

b) Wie groß ist die Wahrscheinlichkeit, dass ein Bauteil aus Anlage 2 stammt und vier oder mehr Fehler aufweist?

c) Was ist die Wahrscheinlichkeit, dass ein Bauteil aus Anlage 2 stammt oder dass es vier oder mehr Fehler aufweist?

d) Was ist nun die Wahrscheinlichkeit, dass das Druckgussbauteil weniger als zwei Fehler enthält oder dass es mehr als vier enthält und aus Anlage 2 stammt?

a) Wir summieren die erste Spalte auf und erhalten 68 %. (Beachten Sie, dass die einzelnen Einträge disjunkten Ereignissen entsprechen; andernfalls dürften wir nicht einfach summieren, sondern müssten noch die Wahrscheinlichkeiten der jeweiligen Schnittmengen abziehen!)

b) Es sei D_4 das Ereignis, dass das Bauteil vier oder mehr Defekte enthält, und A_2 das Ereignis, dass es aus Anlage 2 stammt. Somit ist die gesuchte Wahrscheinlichkeit $P(D_4 \cap A_2)$. Aus der Tabelle summieren wir die passenden Wahrscheinlichkeiten auf und erhalten $P(D_4 \cap A_2) = 0{,}03 + 0{,}03 = 6\,\%$.

c) Gesucht ist nun $P(D_4 \cup A_2)$, und diese Ereignisse sind nicht mehr disjunkt.

$$P(D_4 \cup A_2) = P(D_4) + P(A_2) - P(D_4 \cap A_2) = 0{,}17 + 0{,}32 - 0{,}06 = 43\,\%$$

d) Gefragt ist $P((D_0 \cup D_1) \cup (D_5 \cap A_2))$. Die Ereignisse sind disjunkt. Aus der Tabelle herauszulesen ist $P(D_0 \cup D_1) = 0{,}58$ und $P(D_5 \cap A_2) = 0{,}03$. Es ist klar, dass der Schnitt beider Ereignisse leer ist und somit $P((D_0 \cup D_1) \cap (D_5 \cap A_2)) = 0$ gilt, denn ein Bauteil kann nicht genau zwei und gleichzeitig mehr als vier Defekte haben. Wir erhalten

$$P((D_0 \cup D_1) \cup (D_5 \cap A_2)) = 0{,}58 + 0{,}03 = 61\,\%.$$

1.1.4 Kombinatorik
Wie viele Möglichkeiten gibt es?

Wenn wir Wahrscheinlichkeiten in Laplace-Modellen berechnen wollen, also $P(A) = |A|/|\Omega|$, müssen wir Kardinalitäten von Mengen berechnen, das heißt ihre Elemente zählen. In diesem Abschnitt werden wir dazu einige elementare Abzähltechniken kennenlernen. Es hilft dazu, die Situationen, in denen die möglichen Ausgänge eines Experiments oder die einzelnen Elemente eines Ereignisses gezählt werden müssen, auf einen möglichst überschaubaren und einfachen Fall zurückzuführen. Gewöhnlicherweise ist das in der Wahrscheinlichkeitstheorie eine Urne, die n unterscheidbare Kugeln enthält, welche die Nummern $1, \ldots, n$ tragen. Aus der Urne ziehen wir k Mal und fragen nach der Anzahl der möglichen Ergebnisse. Die Antwort hängt noch ab von den Fragen:

1. Legen wir eine Kugel wieder zurück, bevor wir die nächste ziehen?

2. Berücksichtigen wir die Reihenfolge, in der die Kugeln gezogen wurden, oder nicht?

Je nachdem, wie wir vorgehen, erhalten wir ein anderes Urnenmodell und unterschiedliche Antworten.

Urnenmodell I: mit Zurücklegen, mit Reihenfolge: Die Menge aller möglichen Ergebnisse können wir durch

$$\Omega_{\mathrm{I}} = \{(\omega_1, \dots, \omega_k) : 1 \le \omega_i \le n\}$$

beschreiben, wobei ω_i die Nummer der bei der i-ten Ziehung gezogenen Kugel ist.

Satz 1.19 (Kardinalität von Ω_{I}).

$$|\Omega_{\mathrm{I}}| = n^k$$

Beispiel 1.20. k-faches Würfeln können wir mit Ω_{I} modellieren, wobei hier $n = 6$ ist. Denn ob wir k Mal würfeln oder k Mal eine Kugel mit Nummer 1, 2, 3, 4, 5 oder 6 aus einer Urne ziehen, macht keinen Unterschied. Also ist für den k-fachen Würfelwurf

$$\Omega = \{(\omega_1, \dots, \omega_k) : 1 \le i \le 6\}$$

und $|\Omega| = 6^k$.

Urnenmodell II: ohne Zurücklegen, mit Reihenfolge: Hier können wir die Menge aller möglichen Ergebnisse durch

$$\Omega_{\mathrm{II}} = \{(\omega_1, \dots, \omega_k) : 1 \le \omega_i \le n, \ \omega_i \ne \omega_j \ \text{für} \ i \ne j\}$$

beschreiben. $\omega_i \ne \omega_j$ für $i \ne j$ bedeutet, dass kein ω_i zwei Mal vorkommt, denn wir legen die gezogenen Kugeln nicht zurück.

Satz 1.21 (Kardinalität von Ω_{II}).

$$|\Omega_{\mathrm{II}}| = n \cdot (n-1) \cdot \dots \cdot (n-k+1)$$

Wir führen einige Abkürzungen ein:

$$(n)_k = n \cdot (n-1) \cdot \dots \cdot (n-k+1)$$
$$n! = (n)_n = n \cdot (n-1) \cdot \dots \cdot 2 \cdot 1$$

Im Spezialfall $k = n$, das heißt, wir ziehen alle Kugeln aus der Urne, ist Ω_{II} die Menge aller *Permutationen* von $1, \dots, n$, das heißt die Menge aller Reihenfolgen, in die man die Zahlen $1, \dots, n$ bringen kann. Es gibt $n!$ Stück (lies: n *Fakultät*).

Urnenmodell III: ohne Zurücklegen, ohne Reihenfolge: Da wir ohne Zurücklegen ziehen und die Reihenfolge, in der die gezogenen Kugeln erscheinen, nicht berücksichtigen, können wir auch in einem Mal alle k Kugeln ziehen.

$$\Omega_{\text{III}} = \{A \subset \{1, \dots, n\} : |A| = k\}$$

Satz 1.22 (Kardinalität von Ω_{III}).

$$|\Omega_{\text{III}}| = \frac{n!}{k!(n-k)!} \left(= \frac{(n)_k}{k!} \right)$$

Wir kürzen diesen wichtigen Ausdruck ab:

Definition 1.23 (Binomialkoeffizient). Der *Binomialkoeffizient* ist

$$\binom{n}{k} = \frac{n!}{k!(n-k)!},$$

lies: n *über* k. Er gibt an, auf wie viele verschiedene Arten man aus einer Menge von n verschiedenen Objekten k Objekte auswählen kann. Auf vielen Taschenrechnern findet sich die Funktion auf der Taste nCr („from n choose r").

Beispiel 1.24.

$$\binom{110}{5} = \frac{110!}{5! \cdot 105!} = \frac{110 \cdot 109 \cdot 108 \cdot 107 \cdot 106}{5 \cdot 4 \cdot 3 \cdot 2} = 122.391.522$$

1.1.5 Hypergeometrische Verteilung
Wahrscheinlichkeiten beim Lotto und ähnlichen Situationen

Wir haben eine Urne mit N Kugeln, von denen R rot sind und der Rest, das heißt $N - R$, weiß. Wir ziehen ohne Zurücklegen n Kugeln aus der Urne. Wie groß ist die Wahrscheinlichkeit des Ereignisses E_r, dass genau r rote Kugeln gezogen werden?

$$\Omega = \{A \subset \{1, \dots, N\} : |A| = n\}$$
$$E_r = \{A \subset \{1, \dots, N\} : |A \cap \{1, \dots, R\}| = r, |A \cap \{R+1, \dots, n\}| = n - r\}$$

Es gilt nun $|\Omega| = \binom{N}{n}$ und $|E_r| = \binom{R}{r}\binom{N-R}{n-r}$.

Satz 1.25 (Wahrscheinlichkeiten bei hypergeometrischer Verteilung). *Damit ist die Wahrscheinlichkeit, dass beim Ziehen ohne Zurücklegen von n Kugeln aus R roten und N − R weißen genau r rot sind,*

$$P(E_r) = \binom{R}{r}\binom{N-R}{n-r} \Big/ \binom{N}{n}.$$

Beispiel 1.26. Dieses Modell eignet sich, um Gewinnwahrscheinlichkeiten beim Lotto zu ermitteln: Die roten Kugeln stehen für die sechs Gewinn-Nummern, die weißen für die 43 anderen. Die Wahrscheinlichkeit, „sechs Richtige" zu haben, beträgt also

$$P(E_6) = \frac{\binom{R}{r}\binom{N-R}{n-r}}{\binom{N}{n}} = \frac{\binom{6}{6}\binom{43}{0}}{\binom{49}{6}} = \frac{1}{13.983.816},$$

ungefähr ein Vierzehnmillionstel.

Beispiel 1.27. Sie stellen Druckgussbauteile in zwei Anlagen her. Sie untersuchen eine Palette mit 35 Bauteilen, von denen zehn aus Anlage 1 und der Rest aus Anlage 2 stammen. Sie entnehmen auf einen Griff fünf Bauteile. Mit welcher Wahrscheinlichkeit stammen

a) diese fünf,

b) mindestens zwei davon

aus Anlage 1?

Zehn Bauteile auf der Palette stammen aus Anlage 1, 25 aus Anlage 2. (Vergleichen Sie das Lotto-Modell: Es gibt zwei Ausprägungen, Anlage 1 und Anlage 2, stellvertretend für Gewinnzahl und Nichtgewinnzahl, und Sie ziehen ohne Zurücklegen.)

a) Uns interessiert die Wahrscheinlichkeit des Ereignisses E_5:

$$P(E_5) = \frac{\binom{10}{5}\binom{25}{0}}{\binom{35}{5}} = 0{,}0008$$

b) Dass mindestens zwei Teile aus Anlage 1 stammen, bedeutet, dass entweder genau zwei, genau drei, genau vier oder alle fünf Teile aus Anlage 1 stammen. Da diese Ereignisse disjunkt sind, summieren wir auf:

$$P(\text{mind. 2 Teile aus Anlage 1}) = P(E_2) + P(E_3) + P(E_4) + P(E_5)$$
$$= \frac{\binom{10}{2}\binom{25}{3}}{\binom{35}{5}} + \frac{\binom{10}{3}\binom{25}{2}}{\binom{35}{5}} + \frac{\binom{10}{4}\binom{25}{1}}{\binom{35}{5}} + \frac{\binom{10}{5}\binom{25}{0}}{\binom{35}{5}}$$
$$= 0{,}319 + 0{,}111 + 0{,}016 + 0{,}001 = 44{,}7\,\%$$

Fazit

Wir haben in diesem Abschnitt definiert, was wir als Wahrscheinlichkeit $P(A)$ eines Ereignisses A verstehen (nämlich seine relative Häufigkeit $\lim_{n\to\infty} N_n(A)/n$ in einer unendlich langen Reihe von unabhängigen, identischen Experimenten), und gesehen, wie man mit Wahrscheinlichkeiten elementar rechnet. Beispielsweise gilt $P(A \cup B) = P(A) + P(B) - P(A \cap B)$. Oft spart man sich beim Rechnen Mühe, wenn man das Gegenereignis betrachtet und die Identität $P(A^c) = 1 - P(A)$ nutzt; das Signalwort „mindestens" zeigt meist an, wann es besonders geschickt ist.

Wir haben gelernt, wie man Zufallsexperimente durch den Wahrscheinlichkeitsraum $(\Omega, \mathcal{F}, P)$ beschreibt; dabei gibt der Ergebnisraum Ω alle möglichen Ausgänge des Experiments an, der Ereignisraum $\mathcal{F}$ versammelt alle Teilmengen davon, denen wir eine Wahrscheinlichkeit zuordnen können, und die Wahrscheinlichkeitsverteilung P erklärt, wie diese Zuordnung genau aussieht.

Wir haben Urnenmodelle eingeführt, um in Laplace-Modellen, bei denen alle Ergebnisse die gleiche Wahrscheinlichkeit haben und deshalb jedes Ereignis A die Wahrscheinlichkeit $P(A) = |A|/|\Omega|$ besitzt, Wahrscheinlichkeiten verhältnismäßig komfortabel auszurechnen. Dabei haben wir uns mit Kombinatorik befasst, dem Abzählen von Mengen, und Abkürzungen wie die Fakultät $n!$ oder den Binomialkoeffizienten $\binom{n}{k}$ definiert, die uns im Folgenden noch oft begegnen werden. Mit der hypergeometrischen Verteilung haben wir schließlich herausgefunden, wie wahrscheinlich Ereignisse in Zufallsexperimenten sind, die wie Lotto funktionieren.

1.2 Abhängigkeit und Unabhängigkeit
Wenn Zufallsexperimente zusammenhängen – und wenn nicht

Beim Berechnen von Wahrscheinlichkeiten macht es einen essentiellen Unterschied, ob Sie über die vorliegende Situation bereits etwas wissen, oder nicht. In diesem Abschnitt lernen wir Techniken kennen, um Vorwissen in die Rechnung miteinzubeziehen. Wir werden dazu zuerst definieren, was die *bedingte Wahrscheinlichkeit* eines Ereignisses ist, gegeben, dass schon ein anderes eingetreten ist, und danach erarbeiten, wie wir mit bedingten Wahrscheinlichkeiten rechnen. Wir werden beispielsweise sehen, wie wir mit der *Formel von der totalen Wahrscheinlichkeit* komplizierte Wahrscheinlichkeiten dadurch in den Griff kriegen, dass wir sie in kleine bedingte Wahrscheinlichkeiten zerlegen. Mit der *Regel von Bayes* können wir eine gesuchte bedingte Wahrscheinlichkeit durch andere bedingte Wahrscheinlichkeiten ausdrücken. Wir kümmern uns auch um das Gegenteil von solchen voneinander abhängigen Ereignissen: Wir definieren, was *unabhängige Ereignisse* sind, und stellen fest, dass sich mit ihnen besonders leicht rechnen lässt. Speziell werden wir uns mit einer wichtigen Frage beschäftigen: Wie wahrscheinlich ist es, in einer Reihe von unabhängigen Experimenten, bei denen wir nur zwei mögliche Ausgänge unterscheiden („Erfolg" und „Misserfolg"), eine bestimmte Anzahl von Erfolgen zu verbuchen? Die *Binomialverteilung* hält die Antwort darauf bereit.

1.2.1 Bedingte Wahrscheinlichkeiten
Wie Vorwissen Wahrscheinlichkeiten beeinflusst

Beispiel 1.28. Sie stellen Bauteile für einen Extruder her, der Plastikfolie produziert (indem er eine dickflüssige Plastikmasse unter hohem Druck und hoher Temperatur gleichmäßig aus einer Düse presst). Die Tagesproduktion umfasst 800 Einheiten. 40 davon sind fehlerhaft.

a) Sie ziehen zufällig zwei Einheiten aus der Gesamtmenge, ohne diese zurückzulegen. Wie groß ist die Wahrscheinlichkeit, dass beide defekt sind?

b) Sie ziehen zufällig zwei Einheiten aus der Gesamtmenge, ohne diese zurückzulegen. Wie groß ist die Wahrscheinlichkeit, dass die zweite gezogene Einheit defekt ist, wenn Sie wissen, dass die erste schon defekt ist?

c) Nun ziehen Sie drei Einheiten, ohne diese zurückzulegen. Wie hoch ist jetzt die Wahrscheinlichkeit, dass die ersten beiden gezogenen Einheiten fehlerhaft sind, und die dritte nicht?

Wir definieren das Ereignis $A_i = \{i\text{-te Einheit ist defekt}\}$. Um nun die gesuchten Wahrscheinlichkeiten zu ermitteln, zählen wir, wie viele Bauteile mit dem jeweils gefragten Merkmal („defekt', „nicht defekt') noch in der Gesamtmenge vorhanden sind und wie viele Bauteile die Gesamtmenge im Augenblick überhaupt umfasst.
a) Erst sind 40 von 800 Einheiten defekt, nach dem ersten Ziehen (einer defekten Einheit) befinden sich unter den verbleibenden 799 Bauteilen noch 39 defekte. Also:

$$P(A_1 \cap A_2) = \frac{40}{800} \cdot \frac{39}{799} = 0{,}002$$

b) Falls die erste Einheit defekt ist, enthält die Gesamtmenge noch 799 Einheiten, von denen 39 defekt sind, und wir erhalten

$$P(A_2|A_1) = \frac{39}{799} = 0{,}049.$$

c) Sind die ersten zwei defekten Einheiten gezogen worden, liegen in der Gesamtmenge noch 798 Einheiten, von denen 760 funktionstauglich sind, wir haben also

$$P(A_1 \cap A_2 \cap A_3^c) = \frac{40}{800} \cdot \frac{39}{799} \cdot \frac{760}{798} = 0{,}002.$$

Wir sehen: Die Wahrscheinlichkeit, dass eine Einheit in Ordnung ist, hängt maßgeblich davon ab, ob die Einheiten, die zuvor gezogen wurden, in Ordnung waren.

Definition 1.29 (Bedingte Wahrscheinlichkeit). Es seien A, B Ereignisse in einem Wahrscheinlichkeitsraum mit $P(A) > 0$. Wir definieren die *bedingte Wahrscheinlichkeit* von B gegeben A durch

$$P(B|A) = \frac{P(A \cap B)}{P(A)}.$$

$P(B|A)$ ist die relevante Wahrscheinlichkeit des Ereignisses B, wenn wir wissen, dass das Ereignis A bereits eingetreten ist. Nichtbeachtung dieser Regel führt zu groben Fehlern in der Berechnung von Wahrscheinlichkeiten.

Beispiel 1.30. Wir betrachten Beispiel 1.28 mit den Extruder-Bauteilen noch einmal und berechnen $P(A_2|A_1)$ jetzt mit Definition 1.29:

$$P(A_2|A_1) = \frac{P(A_1 \cap A_2)}{P(A_1)}$$

$$= \frac{\frac{40}{800} \cdot \frac{39}{799}}{\frac{40}{800}} = \frac{39}{799}$$

Beispiel 1.31. Die beiden häufigsten Produktionsfehler bei den Extruderbauteilen sind mit A und B bezeichnet. Die Qualitätskontrolle an einem Tag hat folgende Fehleranzahlen ergeben:

		Fehler B	
		ja	nein
Fehler A	ja	10	13
	nein	19	758

Sie entnehmen dieser Menge ein Bauteil. Bestimmen Sie die Wahrscheinlichkeit, ...

a) dass bei diesem Bauteil Fehler B auftritt.

b) dass bei diesem Bauteil Fehler B auftritt, wenn schon Fehler A aufgetreten ist.

a) Die Wahrscheinlichkeit, dass Fehler B auftritt, ist

$$P(B) = \frac{10 + 19}{10 + 13 + 19 + 758} = \frac{29}{800} = 0{,}036.$$

b) Die Wahrscheinlichkeit, dass Fehler B auftritt, wenn bereits Fehler A aufgetreten ist, ist

$$P(\text{Fehler B}|\text{Fehler A}) = P(B|A)$$
$$= \frac{P(B \cap A)}{P(A)}$$
$$= \frac{10}{800} \bigg/ \frac{10 + 13}{800}$$
$$= \frac{10}{23} = 0{,}435,$$

also beeinflussen die beiden Fehler sich offenbar gegenseitig.

Beachten Sie: Die beiden Wahrscheinlichkeiten sind Wahrscheinlichkeiten desselben Ereignisses ‚Fehler B tritt auf', wurden jedoch ausgehend von einem unterschiedlichen Wissensstand errechnet. Vergleichen Sie außerdem mit Beispiel 1.28: Dort wussten Sie, wie ein gezogenes Teil die Gesamtanzahl und die Anzahl der defekten Teile im nächsten Zug beeinflusst; hier hingegen haben Sie keine Ahnung, wie und ob überhaupt der eine Fehler den anderen bedingt. Hier liegen Ihnen nur Zahlen über die fertiggestellte Tagesproduktion vor, ohne dass Sie erkennen, wie sie entstanden sind.

Wie in Aufgabe 1.28 auch ziehen wir hier Teile aus einer Menge, deren Zusammensetzung wir kennen. Wie groß aber ist die Wahrscheinlichkeit für Fehler B oder für Fehler B, wenn schon Fehler A aufgetreten ist, allgemein – nicht nur bei dieser einen Produktion, sondern etwa morgen? Diese Wahrscheinlichkeiten können wir nicht berechnen, da wir über andere Tagesproduktionen nichts wissen! Wir können höchstens annehmen, dass diese eine Produktion, die uns vorliegt, besonders typisch ist, und die hier auftretenden relativen Häufigkeiten anstatt der Wahrscheinlichkeiten verwenden. Dieser Vorgang, unbekannte Größen durch Messdaten zu ersetzen, heißt *Schätzen*. Wir können unbekannte Wahrscheinlichkeiten durch relative Häufigkeiten schätzen. Allerdings sollten Sie vorsichtig sein, Wahrscheinlichkeiten durch Häufigkeiten zu schätzen, wenn Sie die Häufigkeiten nur ein einziges Mal gezählt haben, wenn Sie also nur Daten von einem einzigen Tag benutzen. Es ist geschickter, mehrere Tage lang Daten zu erheben und dann die Wahrscheinlichkeiten für Ereignisse, die einen interessieren, auf dieser breiten Datenbasis zu schätzen, etwa durch den Mittelwert. Mit Schätzen befassen wir uns ausführlich ab Abschn. 2.2.

Satz 1.32 (Multiplikationsregel). *Für Ereignisse* $A_1, \ldots, A_n$ *mit* $P(A_1 \cap \ldots \cap A_{n-1}) > 0$ *gilt*

$$P(A_1 \cap \ldots \cap A_n) = P(A_1) \cdot P(A_2|A_1) \cdots P(A_n|A_1 \cap \ldots \cap A_{n-1}).$$

Insbesondere gilt für zwei Ereignisse A, B *mit* $P(A) > 0$, *dass*

$$P(A \cap B) = P(A)\, P(B|A).$$

Beispiel 1.33. In einer Firma werden Computerchips in drei verschiedenen Abteilungen produziert. 50 % der Produktion kommt aus Abteilung 1 und jeweils 25 % aus den beiden anderen Abteilungen. Von den Chips, die in Abteilung 1 produziert werden, sind 1 % defekt, von denen aus Abteilung 2 sind es 2 %, und in Abteilung 3 sind es 4 %. Wie groß ist die Wahrscheinlichkeit, dass ein zufällig gewählter Chip in Abteilung 2 produziert wurde und defekt ist?

Betrachte die Ereignisse:

$$A_k : \text{der Chip wurde in Abteilung } k \text{ produziert}$$
$$B : \text{der Chip ist defekt}$$

Dann gilt $P(A_2) = 0{,}25$ und $P(B|A_2) = 0{,}02$. Also folgt nach der Multiplikationsregel

$$P(A_2 \cap B) = 0{,}25 \cdot 0{,}02 = \frac{1}{4} \frac{2}{100} = 0{,}5 \,\%.$$

Satz 1.34 (Formel von der totalen Wahrscheinlichkeit). *Es seien $A_1, \ldots, A_n$ Ereignisse, die eine disjunkte Zerlegung des Ergebnisraums bilden, das heißt, je zwei der Ereignisse sind disjunkt und $A_1 \cup \ldots \cup A_n = \Omega$. Dann gilt für jedes Ereignis B*

$$P(B) = \sum_{k=1}^{n} P(B|A_k)\, P(A_k).$$

Der Satz besagt: Die Wahrscheinlichkeit eines Ereignisses ist die Summe aller Teilwahrscheinlichkeiten, jeweils multipliziert mit der Wahrscheinlichkeit, dass der Teil eintritt. Man benutzt ihn, wenn man die Gesamtwahrscheinlichkeit $P(B)$ nicht kennt, wohl aber die Wahrscheinlichkeit $P(B|A_i)$ von B auf allen Teilstücken A_i.

Beispiel 1.35. Wir betrachten noch einmal den Hersteller von Computerchips aus Beispiel 1.33. Wie groß ist die Wahrscheinlichkeit, dass ein zufällig gewählter Chip defekt ist?

Es gilt $P(A_1) = 0{,}5$, $P(A_2) = P(A_3) = 0{,}25$ sowie $P(B|A_1) = 0{,}01$, $P(B|A_2) = 0{,}02$, $P(B|A_3) = 0{,}04$. Mit der Formel von der totalen Wahrscheinlichkeit folgt

$$P(B) = P(B|A_1)\, P(A_1) + P(B|A_2)\, P(A_2) + P(B|A_3)\, P(A_3)$$
$$= 0{,}01 \cdot 0{,}5 + 0{,}02 \cdot 0{,}25 + 0{,}04 \cdot 0{,}25 = 2 \,\%.$$

Satz 1.36 (Regel von Bayes). *Es seien $A_1, \ldots, A_n$ Ereignisse, die eine disjunkte Zerlegung des Ergebnisraums bilden, und es sei B ein weiteres Ereignis. Dann gilt für jedes $i \in \{1, \ldots, n\}$:*

$$P(A_i|B) = \frac{P(B|A_i)P(A_i)}{\sum_{k=1}^{n} P(B|A_k)P(A_k)}$$

Keine Angst vor dieser Formel! Sie ist nichts anderes als die Definition der bedingten Wahrscheinlichkeit, die wir mithilfe der obigen Formeln (Multiplikationsregel und Formel von der totalen Wahrscheinlichkeit) etwas anders ausdrücken:

$$P(A_i|B) = \frac{P(A_i \cap B)}{P(B)} = \frac{P(B|A_i)P(A_i)}{\sum_{k=1}^{n} P(B|A_k)P(A_k)}$$

Man benutzt sie, um $P(A_i|B)$ zu berechnen, wenn man die „inversen" Wahrscheinlichkeiten $P(B|A_i)$ sowie die Wahrscheinlichkeiten $P(A_k)$ für $k = 1, \ldots, n$ kennt.

Beispiel 1.37. Wir betrachten ein weiteres Mal den Hersteller von Computerchips aus Beispiel 1.33. Gegeben, dass ein Chip defekt ist, wie groß ist die Wahrscheinlichkeit, dass dieser Chip in Abteilung 3 produziert wurde?

Wir betrachten wie oben die Ereignisse:

$$A_k : \text{der Chip wurde in Abteilung } k \text{ produziert}$$
$$B : \text{der Chip ist defekt}$$

Dann gilt $P(A_1) = 0{,}5$, $P(A_2) = P(A_3) = 0{,}25$ sowie

$$P(B|A_1) = 0{,}01, \; P(B|A_2) = 0{,}02, \; P(B|A_3) = 0{,}04.$$

Uns interessiert $P(A_3|B)$; nach der Regel von Bayes gilt

$$P(A_3|B) = \frac{P(B|A_3)\,P(A_3)}{\sum_{k=1}^{3} P(B|A_k)\,P(A_k)} = \frac{0{,}04 \cdot 0{,}25}{0{,}02} = 0{,}5.$$

Wir sehen im folgenden Beispiel, dass es fatale Folgen haben kann, wenn man die Regel von Bayes nicht beachtet.

Beispiel 1.38. Sie stellen Saugleitungen von Kreiselpumpen her. Ein Testgerät sucht defekte Werkstücke und sortiert sie aus. Mit einer Wahrscheinlichkeit von 0,98 erkennt das Testgerät ein defektes Stück als defekt und mit 0,95 eine intakte Einheit als in Ordnung. Ein defektes Werkstück tritt im Herstellungsprozess mit Wahrscheinlichkeit 0,001 auf.

Sie wählen eine beliebige Saugleitung aus der Tagesproduktion aus, die das Testgerät als defekt erkannt hat. Wie groß ist die Wahrscheinlichkeit, dass sie wirklich defekt ist?

Mit D sei das Ereignis beschrieben, dass die gezogene Leitung defekt ist, und mit G, dass das Gerät sie als defekt klassifiziert. Die gesuchte Wahrscheinlichkeit ist dann $P(D|G)$. Entsprechend ist die Wahrscheinlichkeit, dass das Testgerät einen Defekt meldet, der überhaupt keiner ist,

$$P(G|D^c) = 0{,}05.$$

Aus dem Satz von Bayes ergibt sich somit

$$\begin{aligned}
P(D|G) &= \frac{P(G|D)P(D)}{P(G|D)P(D) + P(G|D^c)P(D^c)} \\
&= \frac{0{,}98 \cdot 0{,}001}{0{,}98 \cdot 0{,}001 + 0{,}05 \cdot (1 - 0{,}001)} \\
&= 0{,}019.
\end{aligned}$$

Obwohl das Testgerät also zuverlässig arbeit, beträgt die Wahrscheinlichkeit, dass eine als defekt erkannte Saugleitung wirklich defekt ist, nur knapp 2 %. Der Grund liegt darin, dass Defekte sehr selten (mit Wahrscheinlichkeit 0,1 %) auftreten, deshalb wird es sich meist um falschen Alarm handeln.

Beispiel 1.39. Die Wahrscheinlichkeit, dass bei der Endkontrolle von Gelenkwellen ein Fehler nicht erkannt wird, ist p. Wenn die Welle in der Endkontrolle für fehlerfrei gehalten wurde, wird sie zufällig in eine von vier Verpackungsstationen I, II, III, IV weitergeleitet. Bei der Produktion einer Gelenkwelle ist einem Mitarbeiter an einem Zwischenrohr ein Materialfehler aufgefallen, die Welle konnte aber nicht rechtzeitig aus der Fertigungsstraße genommen werden.

a) Wie hoch ist die Wahrscheinlichkeit, dass die defekte Welle bei der Endkontrolle entdeckt wird?

b) Wie hoch ist die Wahrscheinlichkeit, dass die defekte Welle an Station II verpackt wird?

c) Wenn Sie die defekte Welle nicht an den Stationen I, II und III gefunden haben, wie wahrscheinlich ist es dann, dass sie an Station IV verpackt wird?

d) Geben Sie die Wahrscheinlichkeiten von a) bis c) für den konkreten Fall an, dass $p = 6\,\%$.

a) Die Wahrscheinlichkeit beträgt erwartungsgemäß $1 - p$.
b) Die Wahrscheinlichkeit beträgt $p \cdot 1/4 = p/4$. Da alle Stationen gleichwahrscheinlich sind, ist die Wahrscheinlichkeit, die defekte Welle in Station I, III oder IV zu finden, genau so hoch.

c) Gesucht ist die bedingte Wahrscheinlichkeit $P(B|A)$ mit den Ereignissen

$$A : \text{defekte Welle nicht an Station I, II und III}$$
$$B : \text{defekte Welle an Station IV.}$$

Nach der Definition der bedingten Wahrscheinlichkeit ist

$$
\begin{aligned}
P(B|A) &= \frac{P(A \cap B)}{P(A)} \\
&= \frac{P(\text{defekte Welle an Station IV, nicht an Station I, II und III})}{P(\text{defekte Welle nicht an Station I, II und III})} \\
&= \frac{p/4}{P(\text{defekte Welle an Station IV oder aussortiert})} \\
&= \frac{p/4}{p/4 + 1 - p} \\
&= \frac{p}{p + 4 - 4p} = \frac{p}{4 - 3p}.
\end{aligned}
$$

d) Im Fall, dass $p = 6\,\%$ ist, erhalten wir $94\,\%$, $1{,}5\,\%$ und $0{,}06/(4 - 0{,}18) = 1{,}6\,\%$.

1.2.2 Unabhängigkeit
Experimente und Ereignisse, die nicht zusammenhängen

Definition 1.40 (Unabhängige Ereignisse). (i) Zwei Ereignisse A und B heißen *unabhängig*, wenn

$$P(A \cap B) = P(A) \cdot P(B).$$

(ii) Ereignisse $A_1, \ldots, A_n$ heißen *unabhängig*, wenn für alle Indices $1 \leq i_1 < \ldots < i_k \leq n$ gilt, dass

$$P(A_{i_1} \cap \ldots \cap A_{i_k}) = P(A_{i_1}) \cdot \ldots \cdot P(A_{i_k}).$$

Wir greifen ein bisschen vor: Zwei Zufallsvariablen (siehe Abschn. 1.3 und 1.4) heißen unabhängig, wenn alle möglichen Paare von Ereignissen, die unter ihnen eintreten können, unabhängig sind, siehe Definition 3.26.

Beispiel 1.41. Wir werfen zwei Mal mit einem unverfälschten Würfel. Als Wahrscheinlichkeitsraum nehmen wir $\Omega = \{(\omega_1, \omega_2) : 1 \leq \omega_i \leq 6,\, i = 1, 2\}$ mit der

Laplace-Verteilung, alle Einzelergebnisse haben also Wahrscheinlichkeit $\frac{1}{36}$. Betrachte die Ereignisse:

$$A : \text{der erste Wurf ergibt eine 6}$$
$$B : \text{der zweite Wurf ergibt eine 6}$$

Weil $P(A) = P(B) = \frac{1}{6}$ und $P(A \cap B) = \frac{1}{36} = P(A)\,P(B)$ gilt, sind die beiden Ereignisse unabhängig.

Beispiel 1.42. Sie stellen Flachdichtungen aus PTFE (Polytetrafluorethylen) her, bei denen eine korrosionsbeständige Nickellegierung den Kern umhüllt und gegen chemische Zersetzung schützt. 2 % der Dichtungen haben erwartungsgemäß Mantelschäden, und wir nehmen an, dass die Schäden unabhängig von einander auftreten. Wie hoch ist die Wahrscheinlichkeit, dass Sie eine defekte Dichtung finden, wenn Sie 18 analysieren?

Nun haben wir das Problem, dass die gesuchte Wahrscheinlichkeit sehr viele Ereignisse umfasst: Es könnte eine einzige Dichtung Mantelschäden zeigen, zwei, drei etc. Hier ist es am einfachsten, das Gegenereignis zu berechnen, nämlich, dass keine einzige Dichtung Mantelschäden aufweist. Mit A_i sei das Ereignis bezeichnet, dass die i-te Dichtung einen intakten Mantel hat, also $P(A_i) = 0{,}98$. Dann ist die gesuchte Wahrscheinlichkeit

$$P(A_1 \cap \ldots \cap A_{18})^c = 1 - (P(A_1) \cdots P(A_{18})) = 1 - 0{,}98^{18} = 0{,}30.$$

Satz 1.43. *Zwei Ereignisse A und B mit $P(A) > 0$ sind genau dann unabhängig, wenn $P(B|A) = P(B)$.*

Beispiel 1.44.   i) Betrachten Sie Beispiel 1.31 noch einmal. Dort haben wir ausgerechnet, dass $P(B) \neq P(B|A)$ (und es ist $P(A) > 0$); also sind die Ereignisse A, dass Fehler A auftritt, und B, dass Fehler B auftritt, abhängig. Das hatten wir dort bereits vermutet.

ii) Bleiben wir bei diesem Beispiel. Nehmen Sie an, an einem anderen Werksstandort haben Sie bei den Extruder-Bauteilen folgende Fehler gezählt:

		Fehler B	
		ja	nein
Fehler A	ja	8	32
	nein	152	608

Aus dieser Menge entnehmen Sie nun ebenfalls ein Bauteil. Wie groß ist hier die Wahrscheinlichkeit $P(B)$, dass bei diesem Teil Fehler B auftritt, und $P(B|A)$, dass Fehler B auftritt, wenn schon Fehler A aufgetreten ist? Hier ist

$$P(B) = \frac{8 + 152}{8 + 32 + 152 + 608} = \frac{160}{800} = 0{,}2$$

$$P(B|A) = \frac{P(B \cap A)}{P(A)} = \frac{8}{800} \left/ \frac{8 + 32}{800} = \frac{8}{40} = 0{,}2\right.,$$

und das bedeutet, dass A und B unabhängig sind.

Experimente, die einander nicht beeinflussen, heißen *unabhängig*.

Zu ihrer Modellierung verwenden wir Produkträume. Seien Ω_1 und Ω_2 die Ergebnisräume der Einzelexperimente mit den Wahrscheinlichkeiten P_1 und P_2. Für das Gesamtexperiment nehmen wir den Ergebnisraum

$$\Omega = \{(\omega_1, \omega_2) : \omega_1 \in \Omega_1, \omega_2 \in \Omega_2\}.$$

Sind beide Einzelexperimente diskret mit Wahrscheinlichkeitsfunktionen $p_1(\omega_1) = P_1(\{\omega_1\})$ beziehungsweise $p_2(\omega_2) = P_2(\{\omega_2\})$, so nehmen wir für das Gesamtexperiment die Wahrscheinlichkeitsfunktion

$$p(\omega_1, \omega_2) = p_1(\omega_1)p_2(\omega_2).$$

1.2.3 Bernoulli-Experimente und Binomialverteilung
Erfolge in einer Reihe von Experimenten

Definition 1.45 (Bernoulli-Experiment). Ein Experiment mit nur zwei möglichen Ergebnissen (Erfolg, Misserfolg) heißt *Bernoulli-Experiment*. Sei p die Wahrscheinlichkeit für einen Erfolg; $1 - p$ ist dann die Wahrscheinlichkeit für einen Misserfolg.

Wir führen das Experiment jetzt n Mal unabhängig aus; als Ergebnisraum nehmen wir

$$\Omega = \{(\omega_1, \ldots, \omega_n) : \omega_i \in \{0,1\}\} = \{0,1\}^n$$

($\omega_i = 1$ bedeutet, dass das i-te Experiment ein Erfolg war). Die Wahrscheinlichkeitsfunktion ist

$$p(\omega_1, \ldots, \omega_n) = p^k (1-p)^{n-k},$$

wobei $k = \sum_{i=1}^{n} \omega_i$ die Anzahl der Erfolge unter den n Experimenten angibt. Es ist die Wahrscheinlichkeit für einen konkreten Ausgang des Experiments mit k Erfolgen, also einer konkreten Abfolge $\omega_1, \ldots, \omega_n$ von Erfolg (1) und Misserfolg (0). Wie groß ist nun die Wahrscheinlichkeit, dass wir genau k Erfolge haben (wobei es uns egal ist, an welcher Stelle genau diese k Erfolge unter den n Durchläufen auftreten)? Wir interessieren uns also für das Ereignis

$$A = \{(\omega_1, \ldots, \omega_n) : \text{ genau } k \text{ der } \omega_i \text{ sind } ,1'\} = \left\{ (\omega_1, \ldots, \omega_n) : \sum_{i=1}^{n} \omega_i = k \right\}.$$

Jedes einzelne Ergebnis in A hat Wahrscheinlichkeit $p^k (1-p)^{n-k}$, und es gibt in A genau $\binom{n}{k}$ Ergebnisse. Also ist

$$P(A) = \binom{n}{k} p^k (1-p)^{n-k}.$$

Eine solche Verteilung („Anzahl der Erfolge bei n unabhängigen Bernoulli-Experimenten") heißt *Binomialverteilung*.

Beispiel 1.46. Sie stellen Radreifen her und walzen dazu Ring-Rohlinge. Bei 10 % der Produktion gibt es störende Abweichungen im Durchmesser. Nehmen Sie an, dass diese Abweichungen zufällig, das heißt unabhängig von einander auftreten. Sie entnehmen 16 Stichproben. Wie groß ist die Wahrscheinlichkeit, dass davon

a) genau zwei,

b) mindestens fünf und

c) mindestens drei, aber weniger als acht

solche Abweichungen zeigen?

Es sei A_i das Ereignis, dass genau i Reifen in der Gesamtstichprobe von $n = 16$ Stück einen abweichenden Durchmesser haben. Die Erfolgswahrscheinlichkeit ist $p = 0,1$. (Ein abweichender Durchmesser ist natürlich kein „Erfolg" im sprachlichen Sinne, wir bezeichnen mit „Erfolg" bloß das Eintreten eines gewissen Merkmals – und das ist hier halt der fehlerhafte Durchmesser.)
a) Wir haben

$$P(A_2) = \binom{16}{2} (0,1)^2 (0,9)^{14} = 0,275.$$

b) Das Ereignis, dass mindestens fünf Ring-Rohlinge Abweichungen zeigen, bedeutet, dass genau fünf, genau sechs, ... oder genau alle 16 Ring-Rohlinge Abweichungen zeigen. Die Ereignisse sind disjunkt, deshalb summieren wir die Einzelwahrscheinlichkeiten auf:

$$P(A_5) + P(A_6) + \ldots + P(A_{16}) = \sum_{k=5}^{16} \binom{16}{k} (0{,}1)^k (0{,}9)^{16-k}$$

Wir müssten hier 12 Summanden ausrechnen, deshalb ist es einfacher, das Gegenereignis zu betrachten:

$$P(A_5) + P(A_6) + \ldots + P(A_{16}) = 1 - (P(A_0) + P(A_1) + \ldots + P(A_4))$$
$$= 1 - \sum_{k=0}^{4} \binom{16}{k} (0{,}1)^k (0{,}9)^{16-k}$$
$$= 1 - (0{,}185 + 0{,}329 + 0{,}275 + 0{,}142 + 0{,}051)$$
$$= 0{,}018$$

c) Die Wahrscheinlichkeit für genau drei, genau vier, genau fünf, ... oder genau sieben abweichende Rohlinge beträgt

$$P(A_3) + P(A_4) + \ldots + P(A_7) = \sum_{k=3}^{7} \binom{16}{k} (0{,}1)^k (0{,}9)^{16-k}$$
$$= 0{,}142 + 0{,}051 + 0{,}014 + 0{,}003 + 0{,}001$$
$$= 0{,}211.$$

Fazit

Wir haben in diesem Abschnitt die bedingte Wahrscheinlichkeit von B gegeben A definiert,

$$P(B|A) = \frac{P(A \cap B)}{P(A)},$$

und etwa anhand der Multiplikationsregel (Satz 1.32), der Formel von der totalen Wahrscheinlichkeit (Satz 1.34) oder der Regel von Bayes (Satz 1.36) gesehen, wie man mit ihr rechnet. Wir haben ferner erfahren, dass die Wahrscheinlichkeit, dass zwei unabhängige Ereignisse eintreten, schlicht das Produkt der Einzelwahrscheinlichkeiten ist: $P(A \cap B) = P(A) \cdot P(B)$.

Schließlich haben wir in diesem Abschnitt eine Reihe von n unabhängigen Bernoulli-Experimenten betrachtet, bei denen wir jeweils nur „Erfolg" oder „Misserfolg" unterscheiden und ein Erfolg mit Wahrscheinlichkeit p auftritt. Wir haben hergeleitet, dass die Wahrscheinlichkeit für genau k Erfolge in dieser Reihe durch

$$P(k \text{ Erfolge}) = \binom{n}{k} p^k (1-p)^{n-k}$$

gegeben ist, und somit die wichtige Binomialverteilung kennengelernt.

1.3 Diskrete Zufallsvariablen
Größen, die zufällig Werte (aus einer endlichen oder abzählbaren Menge) annehmen

In der Wahrscheinlichkeitstheorie interessieren wir uns oft für Resultate von Zufalls-experimenten, sei es die Anzahl der Erfolge in einer Reihe von Experimenten, der Kurs einer Aktie zu einem bestimmten Zeitpunkt, die Anzahl von Fehlern in einem Produktionsprozess oder die unbekannte Höhe eines Messfehlers; wir interessieren uns also für Größen, deren Wert vom Zufall abhängt. Das ist umgangssprachlich und unpräzise, aber man kann das Konzept, dass man zufällige Größen untersucht, mathematisch wasserdicht formalisieren – mithilfe sogenannter *Zufallsvariablen*. Es sind Variablen, die zufällig Werte annehmen.

Wir werden zuerst genau definieren, was eine Zufallsvariable ist, und uns dann ausführlich mit *diskreten* Zufallsvariablen befassen – diese können nur endlich oder höchstens abzählbar viele Werte annehmen. Wir lernen ihre *Verteilung* und ihre *Wahrscheinlichkeitsfunktion* kennen, die angeben, wie wahrscheinlich welche Werte sind, und untersuchen mit der *Gleichverteilung*, der *Binomialverteilung* und der *geometrischen Verteilung* konkrete Beispiele, die für viele Anwendungen wichtig sind. Wir gehen der Frage nach, wie man die *Binomialverteilung*, die die Anzahl an Erfolgen in einer Reihe identischer, unabhängiger Experimente beschreibt, annähern kann, und stoßen so auf eine weitere wichtige Verteilung, die *Poisson-Verteilung*. Schließlich befassen wir uns mit wichtigen Kenngrößen, um eine Zufallsvariable grob zu charakterisieren: Der *Erwartungswert* einer Zufallsvariable gibt an, welchen Wert sie auf lange Sicht im Schnitt annimmt, und die *Varianz* und die *Standardabweichung* messen, wie stark sie von diesem Durchschnittswert im Schnitt abweicht.

1.3.1 Definition, Verteilung, Wahrscheinlichkeitsfunktion
Welche Werte einer Zufallsvariablen sind wie wahrscheinlich?

Die anschauliche Definition (Variablen, die zufällig Werte annehmen) reicht für An-wender. Um das Konzept einer Zufallsvariable aber auf sichere Beine zu stellen und formal und logisch Eigenschaften und Rechenregeln herzuleiten, benötigen Mathe-matiker eine präzise Definition.

Definition 1.47 (Zufallsvariablen). Sei $(\Omega, \mathcal{F}, P)$ ein Wahrscheinlichkeitsraum. Eine *Zufallsvariable* (oft abgekürzt als ZV) ist eine Abbildung

$$X : \Omega \to \mathcal{X}.$$

Dabei ist Ω der Ergebnisraum, $\mathcal{X}$ der sogenannte *Stichprobenraum*. Meistens ist $\mathcal{X}$ der Raum $\mathbb{R}$ der reellen Zahlen. Die Abbildung X muss die technische Eigenschaft haben, dass für alle $a \in \mathbb{R}$ die Menge $\{\omega : X(\omega) \leq a\}$ ein Ereignis ist, also in $\mathcal{F}$ liegt.

Im Wesentlichen ist eine Zufallsvariable also eine Vorschrift, die jedem Ergebnis des Zufallsexperiments eine reelle Zahl zuordnet.

Beispiel 1.48. Wir werfen zwei Mal mit einem unverfälschten Würfel und nehmen als Ergebnisraum

$$\Omega = \{(\omega_1, \omega_2) : \omega_i \in \{1, \ldots, 6\}\}.$$

Wie bei diskreten Experimenten üblich, besteht der Ereignisraum aus allen Teilmengen von Ω, das heißt $\mathcal{F} = \mathcal{P}(\Omega)$. Weiter nehmen wir an, dass alle Ergebnisse gleich wahrscheinlich sind (Laplace-Experiment). Wir definieren die Zufallsvariable $X : \Omega \to \mathbb{R}$ durch

$$X(\omega_1, \omega_2) = \omega_1 + \omega_2,$$

also die Augensumme.

Weitere Zufallsvariablen zu diesem Experiment sind zum Beispiel durch $X(\omega_1, \omega_2) = \max(\omega_1, \omega_2)$, $X(\omega_1, \omega_2) = \min(\omega_1, \omega_2)$ und $X(\omega_1, \omega_2) = |\omega_1 - \omega_2|$ gegeben.

Am Ende dieses Buches werden Sie feststellen, dass Wahrscheinlichkeitstheorie und Statistik ohne den Begriff der Zufallsvariablen gar nicht denkbar sind. Im Moment seien nur einige Gründe genannt:

- Zufallsvariablen geben genau die Zusammenfassung des Ergebnisses eines Experiments, die uns interessiert, und verschonen uns mit Details, die uns nicht interessieren.

- Mit Zufallsvariablen kann man rechnen.

- Oft tauchen bei völlig verschiedenen Zufallsexperimenten Zufallsvariablen mit identischen Eigenschaften auf. Das bringt Ordnung in das Chaos möglicher Experimente.

Wirklich verstehen werden Sie das meiste hiervon allerdings erst später.

Definition 1.49 (Diskrete Zufallsvariablen). Eine Zufallsvariable heißt *diskret*, wenn sie höchstens abzählbar unendlich viele Werte annehmen kann.

Beispiel 1.50. a) Die Augensumme beim zweifachen Würfeln ist diskret: Sie kann nur die Werte $\{2, \ldots, 12\}$ annehmen.

b) Die Zahl der Erfolge in n unabhängigen Bernoulli-Experimenten ist diskret: Sie kann nur die Werte $\{0, \ldots, n\}$ annehmen.

c) Wir werfen einen Würfel so lange, bis zum ersten Mal eine 6 auftaucht, und notieren mit X die Anzahl der vergeblichen Versuche. X kann die Werte $\{0, 1, 2, \ldots\}$ annehmen – das sind abzählbar unendlich viele.

d) Eine Zufallsvariable X kann die Anzahl der Fremdatome auf einem Silizium-Wafer angeben. X nimmt nur ganze, positive Zahlen an. Da sehr viele Fremdatome denkbar sind, kann als Ergebnisraum die Menge $\mathbb{N}$ der natürlichen Zahlen genommen werden.

e) Nicht diskret sind Zufallsvariablen, die jeden Wert in $[a, b]$ annehmen können.

f) Der Betrag der Strömungsgeschwindigkeit von Dampf in Turbinen kann in einer Zufallsvariablen X angegeben werden. X kann theoretisch jeden Wert annehmen (auch wenn nur Werte zwischen 0 und 100 Metern pro Sekunde realistisch sind), deshalb ist hier als Ergebnisraum $\mathbb{R}_{\geq 0} = \{x \in \mathbb{R} : x \geq 0\}$ eine vernünftige Wahl. Auch diese Zufallsvariable ist damit nicht diskret.

Eine Zufallsvariable X nimmt zufällig Werte an, aber obwohl es sich um Zufall handelt, verbergen sich in ihr Gesetzmäßigkeiten.

Definition 1.51 (Verteilung einer Zufallsvariablen). Sei $(\Omega, \mathcal{F}, P)$ ein Wahrscheinlichkeitsraum und sei $X : \Omega \to \mathbb{R}$ eine Zufallsvariable. Dann nennen wir die Abbildung

$$A \mapsto P(X \in A) = P(\{\omega : X(\omega) \in A\}),$$

wobei $A \subset \mathbb{R}$ ein Intervall ist, die *Verteilung* von X.
Die Verteilung einer Zufallsvariablen gibt uns also für jedes beliebige Intervall $A \subset \mathbb{R}$ an, mit welcher Wahrscheinlichkeit X einen Wert in A annimmt.

Bei diskreten Zufallsvariablen ist die Verteilung durch die sogenannte Wahrscheinlichkeitsfunktion charakterisiert, die jedem Wert, den X annehmen kann, eine Wahrscheinlichkeit zuordnet.

Definition 1.52 (Wahrscheinlichkeitsfunktion). Sei X eine diskrete Zufallsvariable mit Wertebereich $a_1, a_2, \ldots$. Dann heißt

$$p(a_i) = P(X = a_i) = P(\{\omega : X(\omega) = a_i\})$$

die *Wahrscheinlichkeitsfunktion* von X.

Für jedes Intervall A gilt dann

$$P(X \in A) = \sum_{a_i \in A} p(a_i),$$

das heißt, wir summieren die Wahrscheinlichkeiten aller Werte auf, die zu A gehören.

Die Wahrscheinlichkeitsfunktion einer diskreten Zufallsvariablen, die Werte aus dem Wertebereich $\{a_1, a_2, \ldots\}$ annehmen kann, hat zwei charakteristische Eigenschaften: $p(a_i) \geq 0$ und $\sum_i p(a_i) = 1$. Die beiden Eigenschaften liegen auf der Hand: Kein Ergebnis darf eine negative Wahrscheinlichkeit haben (was sollte man sich darunter auch vorstellen?), und dass bei einem Experiment *irgendeines* der möglichen Ergebnisse herauskommt, ist 100 % sicher.

Beispiel 1.53.   a) Sei X die Augenzahl beim einfachen Würfeln mit einem unverfälschten Würfel. Dann ist $X(\omega) \in \{1, \ldots, 6\}$ und

$$p(i) = P(X = i) = \frac{1}{6}, \ 1 \leq i \leq 6.$$

b) Sei X die Augensumme beim zweifachen Würfeln. Dann ist $X(\omega) \in \{2, \ldots, 12\}$ und

$$p(2) = p(12) = \frac{1}{36}, \quad p(3) = p(11) = \frac{2}{36}, \quad p(4) = p(10) = \frac{3}{36},$$
$$p(5) = p(9) = \frac{4}{36}, \quad p(6) = p(8) = \frac{5}{36}, \quad p(7) = \frac{6}{36}.$$

c) Wir werfen einen Würfel so lange, bis zum ersten Mal eine 6 auftritt, und definieren X als die Zahl der vergeblichen Versuche vor der ersten 6. Dabei gehen wir davon aus, dass die aufeinanderfolgenden Würfe unabhängig ausgeführt werden. Es gilt $X = k$ genau dann, wenn die ersten k Würfe keine 6 ergeben und der $(k+1)$-te Wurf eine 6 ist. Wegen der Unabhängigkeit dieser Ereignisse gilt

$$p(k) = P(X = k) = \left(\frac{5}{6}\right)^k \frac{1}{6}.$$

d) Wir führen n unabhängige Bernoulli-Experimente mit Erfolgswahrscheinlichkeit p durch und bezeichnen die Zahl der Erfolge mit X. Dann ist $X(\omega) \in \{0, \ldots, n\}$ und

$$p(k) = \binom{n}{k} p^k (1-p)^{n-k},$$

siehe Abschn. 1.2.3. X heißt dann *binomialverteilt* mit Parametern n und p.

Beispiel 1.54. Kommen wir zu Beispiel 1.28 zurück, der Produktion von Bauteilen für einen Extruder: Sie gehen davon aus, dass Sie unter 800 Bauteilen 40 defekte haben. Sie ziehen nun zufällig zwei Einheiten, ohne diese zurückzulegen. Die Zufallsvariable X bezeichne in diesem Experiment die Anzahl der defekten Teile unter den gezogenen. Geben Sie die Wahrscheinlichkeitsfunktion von X an.

X ist eine diskrete Zufallsvariable (es können nur die Werte 0, 1 und 2 auftreten, da Sie nur zwei Mal ziehen), und ihre Werte haben die folgenden Wahrscheinlichkeiten:

$$p(0) = P(X = 0) = \frac{760}{800} \cdot \frac{759}{799} = 0{,}902$$

$$p(1) = P(X = 1) = \frac{760}{800} \cdot \frac{40}{799} + \frac{40}{800} \cdot \frac{760}{799} = 2 \cdot \frac{760}{800} \cdot \frac{40}{799} = 0{,}095$$

$$p(2) = P(X = 2) = \frac{40}{800} \cdot \frac{39}{799} = 0{,}003$$

In allen anderen Punkten (zum Beispiel $k = -5$, $k = 31$ und so weiter) ist die Wahrscheinlichkeitsfunktion 0.

Beispiel 1.55. Anhand von Beispiel 1.46 können wir uns verdeutlichen, wie das Konzept der Zufallsvariable die Notation vereinfacht. Dort haben wir die Wahrscheinlichkeit bestimmter Ereignisse ausgerechnet (dass unter 16 Ring-Rohlingen genau zwei, mindestens fünf sowie mindestens drei, aber weniger als acht der Rohlinge Abweichungen im Durchmesser aufweisen); diese Ereignisse haben wir teilweise als Vereinigung verschiedener anderer Ereignisse darstellen müssen. Übersichtlicher und intuitiver geht es mit Zufallsvariablen. Wir bezeichnen mit X die Anzahl der Reifen in der Gesamtstichprobe von $n = 16$ Stück, die einen abweichenden Durchmesser haben. Dann ist X binomialverteilt mit Parametern $p = 0{,}1$ und $n = 16$, und wir können schreiben:

$$P(X = 2) = \binom{16}{2}(0{,}1)^2(0{,}9)^{14} = 0{,}275$$

$$P(X \geq 5) = 1 - P(X < 5)$$

$$= 1 - \sum_{k=0}^{4} \binom{16}{k}(0{,}1)^k(0{,}9)^{16-k} = 0{,}018$$

$$P(3 \leq X < 8) = \sum_{k=3}^{7} \binom{16}{k}(0{,}1)^k(0{,}9)^{16-k} = 0{,}211$$

1.3.2 Wichtige diskrete Verteilungen
Welche Typen von diskreten Zufallsvariablen häufig auftreten

Wir listen einige wichtige Verteilungen auf:

Gleichverteilung auf $\{1, \ldots, N\}$

$$p(k) = \frac{1}{N}, \quad 1 \leq k \leq N$$

Jede Zahl in der Menge $\{1, \ldots, N\}$ tritt mit gleicher Wahrscheinlichkeit auf, wie etwa bei Münz- und Würfelwurf.

Binomiale Verteilung mit Parametern n und p

$$p(k) = \binom{n}{k} p^k (1 - p)^{n-k}, \quad 0 \leq k \leq n$$

Verteilung der Anzahl der Erfolge bei n unabhängigen Bernoulli-Experimenten mit Erfolgswahrscheinlichkeit p

Geometrische Verteilung mit Parameter p

$$p(k) = (1 - p)^k p, \quad k \in \{0, 1, 2, \ldots\}$$

Verteilung der Anzahl der Fehlversuche vor dem ersten Erfolg bei unabhängigen Bernoulli-Experimenten mit Erfolgswahrscheinlichkeit p

Beispiel 1.56. Wir wiederholen Beispiel 1.46, benutzen nun aber nicht mehr Ereignisse, um die gesuchten Wahrscheinlichkeiten zu berechnen, sondern Zufallsvariablen.

Es sei X die Anzahl der Reifen in der Gesamtstichprobe von 16 Stück, die einen abweichenden Durchmesser aufweisen. Dann ist X binomialverteilt mit Parametern $p = 0{,}1$ und $n = 16$.

a) Wir haben

$$P(X = 2) = \binom{16}{2}(0{,}1)^2 (0{,}9)^{14} = 0{,}275.$$

b) Die gesuchte Wahrscheinlichkeit lautet:

$$P(X \geq 5) = 1 - P(X < 5)$$

$$= 1 - \sum_{k=0}^{4} \binom{16}{k} (0{,}1)^k (0{,}9)^{16-k}$$

$$= 0{,}018$$

c) Die Wahrscheinlichkeit für genau drei, genau vier, genau fünf, ... oder genau sieben abweichende Rohlinge beträgt

$$P(3 \leq X \leq 7) = \sum_{k=3}^{7} \binom{16}{k} (0{,}1)^k (0{,}9)^{16-k}$$

$$= 0{,}211.$$

Wir sehen im Vergleich mit Beispiel 1.46, dass das Konzept der Zufallsvariable intuitiv ist und die Notation erleichtert.

1.3.3 Poisson-Verteilung und -Approximation

Geringe Wahrscheinlichkeiten, viele Experimente – wie man in solchen Situationen die Binomialverteilung annähert

---

Satz 1.57 (Poisson-Grenzwertsatz). *Sei* $(X_n)_n$ *eine Folge von binomialverteilten Zufallsvariablen,* X_n *habe Parameter* n *und* p_n*. Gilt*

$$\lim_{n \to \infty} n p_n = \lambda \in (0, \infty),$$

so folgt

$$\lim_{n \to \infty} P(X_n = k) = e^{-\lambda} \frac{\lambda^k}{k!}.$$

Definition 1.58. Die Verteilung mit Wahrscheinlichkeitsfunktion

$$p_\lambda(k) = e^{-\lambda} \frac{\lambda^k}{k!}$$

heißt *Poisson-Verteilung* mit Parameter λ.

Praktisch benutzen wir die Poisson-Verteilung, um die Binomialverteilung anzunähern, wenn n groß und p klein ist, das heißt in einer langen Reihe von Experimenten mit einer jeweils kleinen Erfolgswahrscheinlichkeit, siehe Abb. 1.3.

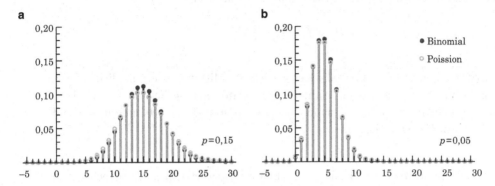

Abb. 1.3: Binomialverteilung und Poisson-Approximation, je $n = 100$, $p = 0{,}15$ (links) und $p = 0{,}05$ (rechts). Die Approximation ist im rechten Fall besser; hier ist p klein

Beispiel 1.59. Die Wahrscheinlichkeit, dass bei einem Werkstück in einem gegebenen Jahr ein bestimmter Materialfehler auftritt, ist $\frac{1}{10.000}$. Wie groß ist die Wahrscheinlichkeit, dass im nächsten Jahr in einer Produktion von 20.000 Werkstücken k der Werkstücke diesen Materialfehler aufweisen?

Hier kann man die gesuchte Wahrscheinlichkeit sehr gut mit der Poisson-Verteilung mit Parameter $\lambda = np = 20.000\frac{1}{10.000} = 2$ approximieren. Ist X die Zahl der Werkstücke mit Materialfehler, gilt

$$P(X = k) \approx e^{-2}\frac{2^k}{k!}.$$

1.3.4 Erwartungswert und Varianz
Welche Werte diskrete Zufallsvariablen im Schnitt annehmen und wie stark sie streuen

Eine Zufallsvariable X kann die Länge eines Bauteils sein, der Fluss pro Minute durch eine bestimmte Leitung, die Kosten, die bei einem Fertigungsprozess entstehen, die Zeit, die die Herstellung eines Produkts braucht, und vieles mehr. In all diesen Situationen ist man oft nicht an exakten Einzelwahrscheinlichkeiten interessiert, sondern daran, einen schnellen Überblick zu bekommen: Wie lange dauert die Fertigung ungefähr? Wie viel, plus/minus wie viel, kostet die Herstellung im Schnitt? Die Kenngrößen *Erwartungswert* und *Varianz* geben hier eine Antwort.

Definition 1.60 (Erwartungswert einer diskreten Zufallsvariable). Sei X eine diskrete Zufallsvariable mit Wertebereich $\{a_1, a_2, \ldots\}$ und Wahrscheinlichkeitsfunktion $p(a_i)$. Dann definieren wir den *Erwartungswert* von X als

$$E(X) = \sum_i a_i \, p(a_i).$$

Der Erwartungswert von X ist also der gewichtete Mittelwert der möglichen Werte von X mit den zugehörigen Wahrscheinlichkeiten als Gewichten. Oft wird als Symbol μ oder μ_X verwendet; manchmal lässt man auch die Klammern weg und schreibt kurz EX statt $E(X)$.

Oft stehen wir vor dem Problem, den Erwartungswert von $u(X)$ berechnen zu wollen, wobei $u : \mathbb{R} \to \mathbb{R}$ eine gegebene Funktion und X eine Zufallsvariable ist.

Satz 1.61 (Erwartungswert transformierter Zufallsvariablen).

$$E(u(X)) = \sum_i u(x_i)p(x_i)$$

Beispiel 1.62. Wir wollen den Erwartungswert im Fall der Binomialverteilung berechnen, beispielsweise mit den Parametern $n = 2$, $p = 0{,}9$:

$$p(k) = \frac{2!}{k!(2-k)!}0{,}9^k 0{,}1^{2-k} \quad \text{für } k = 0, 1, 2$$

Hier erhalten wir

$$\begin{aligned}
\mu_X = E(X) &= 0p(0) + 1p(1) + 2p(2) \\
&= 0 + 1 \cdot 0{,}18 + 2 \cdot 0{,}81 \\
&= 1{,}8.
\end{aligned}$$

Beachten Sie, dass eine $\text{Bin}(2; 0{,}9)$-verteilte Zufallsvariable den Wert $1{,}8$ überhaupt nicht annimmt, sondern nur die Werte 0, 1, 2. Jedoch ist das gewichtete Mittel der möglichen Werte $1{,}8$.

Genau so können Sie auch Erwartungswerte anderer Verteilungen berechnen; in Beispiel 1.69 geben wir ein paar allgemeine Resultate an.

Satz 1.63 (Linearität des Erwartungswerts). *Seien X, Y Zufallsvariablen und $a, b \in \mathbb{R}$. Dann gilt:*

$$E(X + Y) = E(X) + E(Y)$$
$$E(aX) = aE(X)$$
$$E(b) = b$$

Beispiel 1.64. Die Zahl der Erfolge in n unabhängigen Bernoulli-Experimenten lässt sich darstellen als $X = \sum_{i=1}^{n} X_i$, wobei

$$X_i = \begin{cases} 1 & \text{falls } i\text{-tes Experiment Erfolg} \\ 0 & \text{sonst} \end{cases}.$$

Es gilt $E(X_i) = 0\,(1 - p) + 1\,p = p$ und somit $E(X) = \sum_{i=1}^{n} E(X_i) = n\,p$.

Der Erwartungswert sagt nur etwas über die Lage aus, um die herum die Werte der Zufallsvariablen im Mittel liegen. Doch wie stark weichen einzelne Realisierungen von diesem Mittel ab, das heißt: Wie stark streut die Zufallsvariable um ihr Mittel?

Definition 1.65 (Varianz einer Zufallsvariablen). Wir definieren die *Varianz* einer Zufallsvariablen X durch

$$\text{Var}(X) = E\left((X - E(X))^2\right).$$

Die nichtnegative Quadratwurzel der Varianz, $\sqrt{\text{Var}(X)}$, heißt *Standardabweichung* von X. Die Varianz gibt an, wie stark eine Zufallsvariable im Mittel von ihrem Erwartungswert quadratisch abweicht. Sie ist damit ein Maß für die Streuung.

Die Varianz ist ein quadratisches Maß für die Streuung, die Standardabweichung ein lineares Maß. Die obige Definition gilt übrigens ganz genau so auch für stetige Zufallsvariablen, die wir im nächsten Abschnitt kennenlernen.

Beispiel 1.66. Ein Bohrarm ist programmiert, vier Löcher an bestimmten Stellen zu bohren. Es kann passieren, dass er eine, zwei, drei oder auch alle der Stellen nicht exakt trifft.

X bezeichne die Anzahl der Löcher, die nicht exakt gebohrt wurden. X kann die Werte 0, 1, 2, 3, 4 mit gleicher Wahrscheinlichkeit annehmen.

i) Berechnen Sie den Erwartungswert von X.

ii) Berechnen Sie die Varianz von X.

Wir lesen die Einzelwahrscheinlichkeiten aus der folgenden Tabelle ab:

k	0	1	2	3	4
$P(X = k)$	1/5	1/5	1/5	1/5	1/5

und erhalten:

$$
E(X) = \sum_{k=0}^{4} k \cdot p(k) = \frac{1}{5}(0 + 1 + 2 + 3 + 4) = \frac{10}{5} = 2
$$

$$
\begin{aligned}
\mathrm{Var}(X) &= \mathrm{E}\left((X - E(X))^2\right) = \mathrm{E}\left((X - 2)^2\right) \\
&= \frac{1}{5}\left((0 - 2)^2 + (1 - 2)^2 + (2 - 2)^2 + (3 - 2)^2 + (4 - 2)^2\right) \\
&= \frac{1}{5}(4 + 1 + 0 + 1 + 4) = 2
\end{aligned}
$$

Satz 1.67 (Eigenschaften der Varianz). *Sei X eine Zufallsvariable und $a, b \in \mathbb{R}$. Dann gilt:*

$$
\mathrm{Var}(X) = E(X^2) - (E(X))^2
$$
$$
\mathrm{Var}(aX + b) = a^2 \, \mathrm{Var}(X)
$$
$$
E(X - a)^2 = \mathrm{Var}(X) + (E(X) - a)^2
$$

Es gilt im Allgemeinen allerdings nicht, dass

$$
\mathrm{Var}(X + Y) = \mathrm{Var}(X) + \mathrm{Var}(Y).
$$

Diese Identität gilt nur, wenn die Zufallsvariablen X und Y unkorreliert sind (siehe Definition 3.21).

Beispiel 1.68. Wir berechnen die Varianz in Beispiel 1.66 erneut, indem wir die Formel $\mathrm{Var}(X) = E(X^2) - (E(X))^2$ benutzen:

$$
\mathrm{E}(X^2) = \sum_{k=0}^{4} k^2 \cdot p(k) = \frac{1}{5}(0^2 + 1^2 + 2^2 + 3^2 + 4^2) = \frac{30}{5} = 6
$$

$$
\mathrm{Var}(X) = \mathrm{E}(X^2) - (\mathrm{E}(X))^2 = 6 - 2^2 = 2
$$

Beispiel 1.69. Wir geben Erwartungswert und Varianz einiger diskreter Verteilungen an.

Laplace-Verteilung/Gleichverteilung auf $\{1, \ldots, N\}$

- Wahrscheinlichkeitsfunktion $p(k) = \frac{1}{N}, \quad 1 \leq k \leq N$

- $E(X) = \frac{N+1}{2}$

- $\mathrm{Var}(X) = \frac{N^2-1}{12}$

Binomiale Verteilung mit Parametern n und p

- Wahrscheinlichkeitsfunktion $p(k) = \binom{n}{k}p^k(1-p)^{n-k}, \quad 0 \leq k \leq n$

- $E(X) = n\,p$

- $\mathrm{Var}(X) = n\,p(1-p)$

Geometrische Verteilung mit Parameter p

- Wahrscheinlichkeitsfunktion $p(k) = (1-p)^k p, \quad k \in \{0,1,2,\ldots\}$

- $E(X) = \frac{1-p}{p}$

- $\mathrm{Var}(X) = \frac{1-p}{p^2}$

Poisson-Verteilung mit Parameter λ

- Wahrscheinlichkeitsfunktion $p(k) = e^{-\lambda}\frac{\lambda^k}{k!}, \quad k \in \{0,1,2,\ldots\}$

- $E(X) = \lambda$

- $\mathrm{Var}(X) = \lambda$

Wir interpretieren den Erwartungswert $E(X)$ einer Zufallsvariable X als den Wert, den X im Schnitt auf lange Sicht annimmt. Für diese Sichtweise gibt es eine handfeste mathematische Rechtfertigung, das *Gesetz der großen Zahlen*.

Sei $X_1, X_2, \ldots$ eine Folge unabhängiger, identisch verteilter Zufallsvariablen mit $E(X_i) = \mu$ und $\text{Var}(X_i) = \sigma^2$. Dann gilt für jede beliebig kleine Schranke $\varepsilon > 0$:

$$\lim_{n \to \infty} P\left(\left|\frac{1}{n}\sum_{i=1}^{n} X_i - \mu\right| \geq \varepsilon\right) = 0$$

Je mehr Realisierungen einer zufälligen Größe vorliegen, desto geringer ist also die Wahrscheinlichkeit, dass ihr Mittelwert vom Erwartungswert abweicht. Details erfahren Sie in Abschn. 3.2.2.

Beispiel 1.70. Sie wollen eine Sortiermaschine optimal einstellen und beobachten den Sortiervorgang während der Frühschicht: Am Sauggreifer treffen pro Sekunde durchschnittlich 2,7 Güter ein, die sortiert werden. Gehen Sie davon aus, dass die Anzahl A der ankommenden Güter Poisson-verteilt ist, das heißt

$$P(A = k) = e^{-\lambda}\frac{\lambda^k}{k!},$$

und bestimmen Sie die Wahrscheinlichkeit, dass in einer Sekunde während der Frühschicht keine Güter, genau zwei Güter und weniger als fünf Güter am Sauggreifer eintreffen.

Der Parameter λ ist unbekannt, aber wir wissen, dass $E(A) = \lambda$ ist. Den Erwartungswert von X kennen wir zwar auch nicht, aber wir können ihn nach dem Gesetz der großen Zahlen durch den Mittelwert annähern. Wir gehen also davon aus, dass $\lambda = E(A) = 2{,}7$ ist. Also lautet die Wahrscheinlichkeitsfunktion

$$P(A = k) = e^{-2{,}7}\frac{2{,}7^k}{k!}.$$

Damit ergibt sich:

$$P(A = 0) = 0{,}067$$
$$P(A = 2) = 0{,}245$$
$$P(A < 5) = P(A = 0) + P(A = 1) + P(A = 2) + P(A = 3) + P(A = 4)$$
$$= 0{,}067 + 0{,}181 + 0{,}245 + 0{,}220 + 0{,}149$$
$$= 0{,}862$$

Fazit

In diesem Abschnitt haben wir diskrete Zufallsvariablen X kennengelernt, Variablen, die zufällig Werte $a_1, a_2, a_3, \ldots$ annehmen und durch die wir die Ergebnisse von Zufallsexperimenten handlich ausdrücken können. Die Gesetzmäßigkeiten im Zufall sind dabei in der Verteilung P festgehalten, die durch die Wahrscheinlichkeitsfunktion p beschrieben wird. p gibt an, mit welcher Wahrscheinlichkeit X einen Wert a_i annimmt: $p(a_i) = P(X = a_i)$. Wir haben einige wichtige Beispiele für solche Verteilungen und Wahrscheinlichkeitsfunktionen kennengelernt und gesehen, wie sich die Binomialverteilung bei kleiner Erfolgswahrscheinlichkeit p und großem Stichprobenumfang n durch die Poisson-Verteilung annähern lässt. Der Erwartungswert $E(X) = \sum_i a_i p(a_i)$, der jeden möglichen Wert der Zufallsvariable mit seiner Wahrscheinlichkeit gewichtet und aufsummiert, ist eine wichtige Kenngröße und gibt anschaulich an, welchen Wert die Zufallsvariable auf lange Sicht im Schnitt annimmt. Präzise formuliert das schwache Gesetz der großen Zahlen, $\frac{1}{n} \sum_{i=1}^{n} X_i \to \mu$ in Wahrscheinlichkeit, dass sich der Mittelwert einer Folge von identisch verteilten, unabhängigen Zufallsvariablen $X_1, X_2, \ldots$ mit $E|X_i| < \infty$ mit wachsendem n immer mehr dem Erwartungswert $\mu = E(X_i)$ annähert. Die Varianz $\mathrm{Var}(X) = E\big((X - E(X))^2\big)$ gibt an, wie stark die Zufallsvariable um ihren Erwartungswert streut; häufig wird auch die Standardabweichung $\sqrt{\mathrm{Var}(X)}$ als Maß für die Streuung benutzt.

1.4 Dichteverteilte Zufallsvariablen
Größen, die zufällig Werte (aus einem Intervall) annehmen

Im letzten Abschnitt haben wir diskrete Zufallsvariablen vorgestellt, ein Konzept, mit dem sich Zufallsexperimente auf komfortable Weise modellieren lassen. Nun werden wir auch stetige Zufallsvariablen kennenlernen, die mehr als bloß endlich viele oder abzählbar viele Werte annehmen können. Sie haben eine *Wahrscheinlichkeitsdichte* und eine *Verteilungsfunktion*, mit deren Hilfe wir berechnen können, mit welcher Wahrscheinlichkeit eine Zufallsvariable gewisse Werte annimmt; und genau wie im letzten Abschnitt auch können wir durch *Erwartungswert* und *Varianz* angeben, welchen Wert die Zufallsvariable im Schnitt annimmt und wie stark sie streut. Wir behandeln wichtige Beispiele wie die *exponentielle Verteilung*, mit der sich die Lebensdauer von Bauteilen oder Wartezeiten modellieren lassen, wir untersuchen, wie sich Zufallsvariablen verhalten, wenn man sie *transformiert*, indem man sie in eine Funktion einsetzt, und schließlich befassen wir uns mit der *Normalverteilung*, der wichtigsten Verteilung überhaupt: Viele Größen in Natur und Technik (wie Messfehler, Börsenkurse und vieles mehr) können durch die Normalverteilung beschrieben oder angenähert werden.

1.4.1 Definition, Verteilung, Dichtefunktion
Welche Bereiche für den Wert einer Zufallsvariable sind wie wahrscheinlich?

Definition 1.71 (Dichtefunktion). Die Zufallsvariable $X : \Omega \to \mathbb{R}$ heißt *dichteverteilt* oder *stetig*, wenn es eine integrierbare Funktion $f : \mathbb{R} \to \mathbb{R}$ gibt, sodass für alle Intervalle $[a, b] \subset \mathbb{R}$ gilt

$$P(a \leq X \leq b) = \int_a^b f(x)\, dx,$$

siehe Abb. 1.4. Die Funktion f heißt die *Dichtefunktion* oder kurz die *Dichte* der Zufallsvariablen X. Um klarzumachen, dass die Dichte f zu der Zufallsvariablen X gehört, schreiben wir auch f_X.

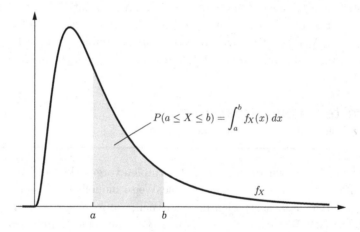

Abb. 1.4: Dichtefunktion f_X der Zufallsvariablen X. Die Fläche unter dem Graphen im Intervall $[a, b]$ entspricht der Wahrscheinlichkeit $P(a \leq X \leq b)$

Satz 1.72. *Eine Dichtefunktion hat die folgenden Eigenschaften:*

$$f(x) \geq 0 \quad \textit{für alle } x \in \mathbb{R}$$
$$\int_{-\infty}^{\infty} f(x) dx = 1.$$

Vergleichen Sie die Eigenschaften mit denen einer Wahrscheinlichkeitsfunktion einer diskreten Zufallsvariablen (Seite 33). Mitunter spricht man auch bei der Wahrscheinlichkeitsfunktion einer diskreten Zufallsvariablen von einer Dichte; wir reservieren den Begriff jedoch für stetige Zufallsvariablen.

Verwechseln Sie nicht die Begriffe *Wahrscheinlichkeitsdichte* und *Wahrscheinlichkeit*: Die Dichte ordnet nicht mehr einzelnen Ergebnissen eine Wahrscheinlichkeit zu, so wie die Wahrscheinlichkeitsfunktion, sondern immer einem Intervall, in dem unendlich viele Ergebnisse liegen. Jedes einzelne Ergebnis hat eine Wahrscheinlichkeit von 0, aber das ganze Intervall $[a, b]$ hat die Wahrscheinlichkeit $P(X \in [a, b]) = P(a \leq X \leq b) = \int_a^b f(x)dx$. Insbesondere kann die Dichte Werte größer als 1 annehmen. Analog zu einer Massendichte, die Masse pro Volumen angibt, gibt die Wahrscheinlichkeitsdichte die Wahrscheinlichkeit pro Länge an.

Definition 1.73 (Verteilungsfunktion). Sei $X : \Omega \to \mathbb{R}$ eine Zufallsvariable. Dann heißt

$$F(x) = P(X \leq x)$$

die *Verteilungsfunktion* von X. $F(x)$ gibt also an, wie wahrscheinlich es ist, dass X einen Wert kleiner oder gleich x annimmt. Um klarzumachen, dass die Verteilungsfunktion F zu der Zufallsvariablen X gehört, schreiben wir auch F_X.

Die Verteilungsfunktion F erhält man als Integral über die Dichte f:

$$F(x) = \int_{-\infty}^x f(t)\, dt$$

Ist die Verteilungsfunktion F differenzierbar, so gilt umgekehrt

$$F'(x) = f(x),$$

das heißt: Die Ableitung der Verteilungsfunktion liefert die Dichte.

Die Verteilungsfunktion ist sowohl für diskrete als auch für dichteverteilte Zufallsvariablen sinnvoll definiert und charakterisiert ihre Verteilung vollständig, denn

$$P(a < X \leq b) = P(X \leq b) - P(X \leq a) = F(b) - F(a).$$

Beispiel 1.74. Kommen wir nochmals zu Beispiel 1.28 und Beispiel 1.54 zurück. Sie produzieren Bauteile für einen Extruder und gehen davon aus, dass sich im Schnitt unter 800 Stück 40 defekte befinden. Sie ziehen zufällig ohne Zurücklegen zwei Teile aus einer Menge und bezeichnen mit X die Anzahl der defekten darunter. Geben Sie die Verteilungsfunktion F_X der diskreten Zufallsvariablen X an.

In Beispiel 1.54 haben wir bereits die Wahrscheinlichkeitsfunktion bestimmt:

$$P(X = 0) = \frac{760}{800} \cdot \frac{759}{799} = 0{,}902$$

$$P(X = 1) = 2 \cdot \frac{760}{800} \cdot \frac{40}{799} = 0{,}095$$

$$P(X = 2) = \frac{40}{800} \cdot \frac{39}{799} = 0{,}002$$

Wir müssen diese nun also nur noch aufsummieren:

$$F_X(0) = P(X \leq 0) = 0{,}902$$

$$F_X(1) = P(X \leq 1) = \frac{760}{800} \cdot \frac{759}{799} + 2 \cdot \frac{760}{800} \cdot \frac{40}{799} = 0{,}998$$

$$F_X(2) = P(X \leq 2) = \frac{760}{800} \cdot \frac{759}{799} + 2 \cdot \frac{760}{800} \cdot \frac{40}{799} + \frac{40}{800} \cdot \frac{39}{799} = 1.$$

Beispiel 1.75. Berechnen Sie für eine stetige Zufallsvariable X, die die Dichte

$$f_X(x) = \begin{cases} e^{-(x-5)} & 5 < x \\ 0 & \text{sonst} \end{cases}$$

besitzt, die folgenden Wahrscheinlichkeiten:

a) $P(1 < X)$

b) $P(2 \leq X \leq 8)$

c) Bestimmen Sie eine Zahl x, sodass $P(X < x) = 0{,}90$.

a) Wir integrieren die Dichtefunktion f_X und erhalten

$$P(1 < X) = \int_5^\infty e^{-(x-5)} \, dx = \left[-e^{-(x-5)} \right]_5^\infty = 1.$$

b) Ebenso ist

$$P(2 \leq X \leq 8) = \int_5^8 e^{-(x-5)} \, dx = \left[-e^{-(x-5)} \right]_5^8$$

$$= 1 - e^{-3} \approx 0{,}95.$$

c) Es ist $P(X < x) = \int_5^x e^{-(t-5)}\, dt$, und damit erhalten wir

$$0{,}9 \overset{!}{=} P(X < x) = \int_5^x e^{-(t-5)}\, dt$$

$$= \left[-e^{-(t-5)}\right]_5^x = 1 - e^{-(x-5)}$$

$$\Leftrightarrow \quad 0{,}1 = e^{-(x-5)}$$

$$\Leftrightarrow \quad x = 5 - \ln(0{,}1) \approx 7{,}3.$$

Dieses x ist das sogenannte *10 %-Quantil* der Verteilung von X; es ist eine wichtige Größe in der Statistik. Mehr dazu erfahren Sie auf den Seiten 96 und 113.

Beispiel 1.76. Betrachten Sie diese beiden Verteilungsfunktionen:

$$F_X(x) = \begin{cases} 0 & -\infty < x \le 1, \\ 0{,}4 & 1 < x \le 4, \\ 0{,}9 & 4 < x \le 5{,}5, \\ 1 & 5{,}5 < x < \infty \end{cases}, \qquad F_Y(y) = \begin{cases} 0 & -\infty < y \le 1, \\ y/4 & 1 < y \le 5, \\ 1 & 5 < y < \infty \end{cases}$$

a) Entscheiden Sie jeweils für X und Y, ob es sich um eine diskrete oder eine stetige Zufallsvariable handelt.

b) Bestimmen Sie (je nach dem) die Wahrscheinlichkeitsfunktion oder die Dichte.

a) F_X ist stückweise konstant und hat Sprünge; X kann also nur endlich viele Werte annehmen (die, in denen F_X sich ändert) und ist damit diskret. F_Y ist stetig und ändert sich fortwährend; Y ist also eine stetige Zufallsvariable. (Es kann auch Mischformen geben, etwa wenn die Verteilungsfunktion nicht stückweise konstant ist, aber trotzdem Sprünge hat; das sind aber Sonderfälle.)

b) F_X ändert sich in den Punkten $x = 1$, $x = 4$ und $x = 5{,}5$. Der Wert, um den sich die Verteilungsfunktion jeweils ändert, ist die zugehörige Wahrscheinlichkeit. Also ergibt sich als Wahrscheinlichkeitsfunktion

$$p_X(k) = \begin{cases} 0{,}4 & k = 1, \\ 0{,}5 & k = 4, \\ 0{,}1 & k = 5{,}5 \end{cases}.$$

Um die Dichte von Y zu bestimmen, leiten wir die Verteilungsfunktion ab. Auf den Bereichen $-\infty < y \le 1$ und $5 < y < \infty$ hat Y eine konstante Verteilungsfunktion und damit die Dichte 0. Im Bereich $1 < y \le 5$ beträgt die Ableitung $1/4$. Also ergibt sich als Wahrscheinlichkeitsdichte

$$f_Y(y) = \frac{1}{4}, \quad 1 < y \le 5.$$

Beispiel 1.77. Die Zeit X (in Minuten), die ein Fräsvorgang benötigt, wird erfahrungsgemäß durch folgende Dichte beschrieben:

$$f_X(x) = e^{-(x-10,5)} \cdot I_{[10,5,\,\infty)}(x)$$
$$= \begin{cases} 0 & x < 10,5 \\ e^{-(x-10,5)} & x \geq 10,5 \end{cases}$$

a) Damit es in der Fertigung nicht zu Stau kommt, sollte der Fräsvorgang höchstens 10,7 Minuten dauern. Wie viel Prozent Ihrer Fräsungen werden diesen Anforderungen wahrscheinlich nicht genügen?

b) Wie viel Prozent der Fräsungen dauern zwischen 10,5 und 10,7 Minuten?

c) Bestimmen Sie die Verteilungsfunktion von X.

a) Die Dichtefunktion und die gesuchte Wahrscheinlichkeit sind in Abb. 1.5a dargestellt. Ein Fräsvorgang dauert zu lange, wenn $X > 10,70$ ist. Die Wahrscheinlichkeit, dass das eintritt, beträgt

$$P(X > 10,7) = \int_{10,7}^{\infty} f_X(x)dx = \int_{10,7}^{\infty} e^{-(x-10,5)}dx$$
$$= \left[-e^{-(x-10,5)}\right]_{10,7}^{\infty} = 0{,}819.$$

b) Die Wahrscheinlichkeit, dass der Fräsvorgang zwischen 10,5 und 10,7 Minuten dauert, ist

$$P(10,5 \leq X \leq 10,7) = \int_{10,5}^{10,7} f_X(x)dx$$
$$= \left[-e^{-(x-10,5)}\right]_{10,5}^{10,7} = 0{,}181.$$

Übrigens ist b) das Gegenereignis von a).

c) $F_X(x)$ besteht aus zwei Abschnitten, und zwar

$$F_X(x) = 0 \quad \text{für } x < 10,5$$

und

$$F_X(x) = \int_{10,5}^{x} e^{-(u-10,5)}du = 1 - e^{-(x-10,5)} \quad \text{für } 10,5 \leq x.$$

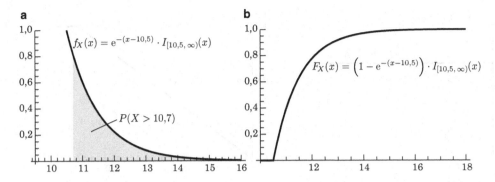

Abb. 1.5: Wahrscheinlichkeitsdichte (**a**) und Verteilungsfunktion (**b**) aus Beispiel 1.77. Die gesuchte Wahrscheinlichkeit aus a) ist die Fläche unter dem Graphen

Somit ergibt sich

$$F_X(x) = \begin{cases} 0, & x < 10{,}5 \\ 1 - e^{-(x-10{,}5)}, & x \geq 10{,}5 \end{cases}$$
$$= (1 - e^{-(x-10{,}5)}) \cdot I_{[10{,}5,\,\infty)}(x).$$

Abbildung 1.5b zeigt den Graphen von $F_X(x)$.

Beispiel 1.78. Sei X eine stetige Zufallsvariable, welche den Fluss in einem Rohr in Litern pro Minute angibt. Nehmen Sie an, dass X im Intervall $[0, 25]$ liegt und erfahrungsgmäß gut durch die Dichtefunktion $f_X(x) = 0{,}04$, für $0 \leq x \leq 25$, modelliert werden kann.

a) Bestimmen Sie die Wahrscheinlichkeit, dass der gemessene Fluss zwischen vier und 15 Litern pro Minute beträgt.

b) Geben Sie die Verteilungsfunktion F_X an.

a) Die gesuchte Wahrscheinlichkeit ist

$$P(4 \leq X \leq 15) = \int_4^{15} f_X(x)\, dx = 0{,}44.$$

Sie ist in Abb. 1.6a dargestellt.

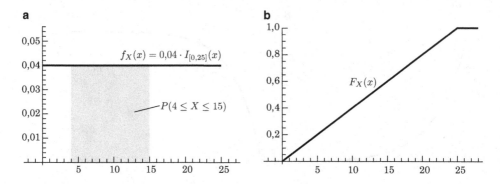

Abb. 1.6: Wahrscheinlichkeitsdichte (**a**) und Verteilungsfunktion (**b**) aus Beispiel 1.78. Die gesuchte Wahrscheinlichkeit aus a) ist die Fläche unter dem Graphen

b) Ist $x < 0$, dann ist $f_X(x) = 0$, somit ist

$$F_X(x) = 0 \quad \text{für } x < 0.$$

Für $0 \leq x < 25$ ist die Dichte $f_X(x) = 0{,}04$, also ist für $0 \leq x < 25$

$$F_X(x) = \int_0^x f_X(t)\, dt = 0{,}04x.$$

Schließlich ist für $25 \leq x$

$$F_X(x) = \int_0^x f_X(t)\, dt = 1,$$

sodass wir als Verteilungsfunktion

$$F_X(x) = \begin{cases} 0, & x < 0 \\ 0{,}04x, & 0 \leq x < 25. \\ 1, & 25 \leq x \end{cases}$$

erhalten. Abbildung 1.6b zeigt den Graphen von $F_X(x)$.

1.4.2 Wichtige stetige Verteilungen
Welche Typen von stetigen Zufallsvariablen häufig auftreten

Wir listen einige wichtige Verteilungen auf:

Gleichverteilung auf dem Intervall $[a, b] \subset \mathbb{R}$

$$f(x) = \begin{cases} \frac{1}{b-a} & \text{für } x \in [a, b] \\ 0 & \text{sonst} \end{cases}$$

Rundungsfehler, gleichmäßige Verteilung von Ereignissen in einem Intervall (Raum oder Zeit)

Exponentielle Verteilung mit Parameter $\lambda > 0$

$$f(x) = \begin{cases} \lambda e^{-\lambda x} & \text{für } x \geq 0 \\ 0 & \text{für } x < 0 \end{cases}$$

Lebensdauer, Wartezeit, stetiges Analogon der geometrischen Verteilung. Für die exponentielle Verteilung gilt

$$P(X \geq x + y \mid X \geq x) = P(X \geq y);$$

wissen wir also, dass eine exponentialverteilte Zufallsvaribale X den Wert x überschreitet, dann ist die Wahrscheinlichkeit, dass sie das um den Wert y tut, genau so groß wie die Wahrscheinlichkeit, dass eine exponentialverteilte Zufallsvariable X, über die wir kein Vorwissen haben, den Wert y überschreitet; dieses Verhalten nennen wir *Gedächtnislosigkeit der Exponentialverteilung* (die Verteilung „erinnert" sich nicht daran, dass sie bereits x überschritten hat).

Gammaverteilung mit Parametern $r > 0, \lambda > 0$

$$\begin{cases} \frac{\lambda^r}{\Gamma(r)} x^{r-1} e^{-\lambda x} & \text{für } x \geq 0 \\ 0 & \text{für } x < 0 \end{cases}$$

$\Gamma(r) = \int_0^\infty x^{r-1} e^{-x} dx$ ist die Gamma-Funktion. Für natürliche Zahlen n gilt:

$$\Gamma(n) = (n-1)!$$

Wartezeit, Risiko eines Schadensfalls in der Versicherungsmathematik, Verallgemeinerung der exponentiellen Verteilung. Die Summe von n exponentialverteilten Zufallsvariablen mit Parameter ν ist Gamma-verteilt mit Parametern $r = n$ und $\lambda = \nu$.

Chi-Quadrat-Verteilung mit f Freiheitsgraden

$$\text{Gammaverteilung mit Parametern } r = f/2 \text{ und } \lambda = 1/2.$$

Wichtige Verteilung bei statistischen Tests und der Datenanalyse

Normalverteilung mit Parametern μ und σ^2

$$f(x) = \frac{1}{\sqrt{2\pi\sigma^2}} e^{-\frac{(x-\mu)^2}{2\sigma^2}}$$

Messfehler, Produktionsungenauigkeiten, Schadensmodellierung, Geschwindigkeit von Gasmolekülen, Kennzahlen wie Größe oder Gewicht bei Lebewesen, Börsenkurse und vieles mehr. Die Normalverteilung ist die wichtigste Verteilung überhaupt: Zufallsvariablen sind normal, wenn sie eine Überlagerung vieler kleiner Zufallsvariablen sind; wir werden später genauer darauf eingehen.

Beispiel 1.79. Das Phosphorisotop ^{32}P hat eine Halbwertszeit von 14,26 Tagen. Die Zerfallszeit T ist exponentialverteilt. Bestimmen Sie

a) den Parameter λ der Exponentialverteilung von T,

b) die Zeit t_0, nach der mit einer Wahrscheinlichkeit von 95 % ein Zerfall erfolgt ist.

a) Die Halbwertszeit ist die Zeit, in der im Schnitt die Hälfte des Stoffs zerfallen ist. Mathematisch kann man das interpretieren als die Zeit, in der die Zerfallswahrscheinlichkeit $1/2$ beträgt.

$$P(^{32}\text{P innerhalb 14,26 d zerfallen}) \overset{!}{=} 1/2$$

Die Rechtfertigung für diese Interpretation ist, dass sich bei einer großen Anzahl von Versuchen die beobachteten relativen Häufigkeiten eines Ereignisses seiner Wahrscheinlichkeit nähern (das sogenannte *empirische Gesetz der großen Zahlen*). Das Ereignis ist hier „^{32}P ist innerhalb 14,26 d zerfallen", und wenn wir zählen, wie oft es in einer großen Menge von Versuchen relativ zur Versuchsanzahl eingetreten ist, sollte auf lange Sicht $1/2$ herauskommen, weshalb wir $P(^{32}\text{P innerhalb 14,26 d}$ zerfallen$) = 1/2$ setzen können.

Es ist ferner

$$P(^{32}\text{P innerhalb } 14{,}26 \, \text{d zerfallen}) = \int_0^{14{,}26} f_T(t) \, dt$$

$$= \int_0^{14{,}26} \lambda e^{-\lambda t} \, dt$$

$$= [-e^{-\lambda t}]_0^{14{,}26}$$

$$= 1 - e^{-14{,}26\lambda}$$

Das setzen wir mit $1/2$ gleich, lösen nach λ auf und erhalten $\lambda = -\ln(1/2)/14{,}26 = 0{,}049$.

b) Wenn nach der Zeit t_0 ein Zerfall mit 95% Wahrscheinlichkeit erfolgt ist, gilt

$$P(^{32}\text{P innerhalb } t_0 \text{ zerfallen}) \overset{!}{=} 0{,}95.$$

Es ist

$$P(^{32}\text{P innerhalb } t_0 \text{ zerfallen}) = \int_0^{t_0} f_T(t) \, dt$$

$$= \int_0^{t_0} \lambda e^{-\lambda t} \, dt$$

$$= [-e^{-\lambda t}]_0^{t_0}$$

$$= 1 - e^{-\lambda t_0},$$

und mit $\lambda = 0{,}049$ aus a) erhalten wir

$$1 - e^{-0{,}049 \cdot t_0} \overset{!}{=} 0{,}95 \quad \Leftrightarrow \quad t_0 = -\frac{\ln 0{,}05}{0{,}049} = 61{,}137,$$

das heißt, nach $61{,}137$ Tagen ist das Phosphorisotop ^{32}P mit Wahrscheinlichkeit 95% zerfallen.

1.4.3 Transformationen dichteverteilter Zufallsvariablen

Was mit Zufallsvariablen passiert, wenn man sie in eine Funktion einsetzt

Mithilfe der Dichte f_X einer stetigen Zufallsvariablen X können wir berechnen, wie wahrscheinlich es ist, dass X Werte in einem bestimmten Bereich annimmt:

$$P(X \in [a, b]) = P(a \leq X \leq b) = \int_a^b f(x) dx$$

Allerdings ist man manchmal nicht daran interessiert zu erfahren, welche Werte X annimmt, sondern X^2, $\sqrt{X}$ oder allgemein $u(X)$, wobei u eine Funktion ist.

Satz 1.80 (Transformationsformel für Dichten). *Es sei X eine Zufallsvariable mit Dichte $f(x)$. Weiter sei $u : I \to \mathbb{R}$ eine differenzierbare und streng monotone Funktion auf einem Intervall $I \subset \mathbb{R}$ und mit Umkehrfunktion $u^{-1}(x)$. Dann hat $Y = u(X)$ die Dichte*

$$g(y) = f(u^{-1}(y)) \left| \frac{d}{dy} u^{-1}(y) \right|.$$

Beispiel 1.81. Sei X eine exponentiell verteilte Zufallsvariable mit Parameter λ. Welche Verteilung hat $\sqrt{X}$?

Wir können die Frage auf zwei verschiedenen Wegen beantworten. Zum einen können wir die Transformationsformel anwenden. Hier ist $u(x) = \sqrt{x}$ und somit $u^{-1}(y) = y^2$. Dann gilt

$$g(y) = f(y^2) \frac{d}{dy} u^{-1}(y) = \lambda e^{-\lambda y^2} 2\, y.$$

Zum anderen können wir auch so vorgehen: X hat die Verteilungsfunktion

$$F(x) = \int_0^x \lambda e^{-\lambda t} dt = -e^{-\lambda t}|_0^x = 1 - e^{-\lambda x}.$$

Also hat $\sqrt{X}$ die Verteilungsfunktion

$$G(y) = P(\sqrt{X} \le y) = P(X \le y^2) = 1 - e^{-\lambda y^2}.$$

Die Dichte $g(y)$ von Y erhalten wir durch Differenzieren von $G(y)$.

1.4.4 Erwartungswert und Varianz
Welche Werte stetige Zufallsvariablen im Schnitt annehmen und wie stark sie streuen

Wie in Abschn. 1.3.4 geben Erwartungswert und Varianz auch bei dichteverteilten Zufallsvariablen einen Überblick über die Lage und die Streuung der Zufallsvariablen.

Definition 1.82 (Erwartungswert einer dichteverteilten Zufallsvariable). Für eine Zufallsvariable X mit Dichte $f(x)$ definieren wir den *Erwartungswert*

$$E(X) = \int_{-\infty}^{\infty} x\, f(x)\, dx,$$

falls die Funktion $x\, f(x)$ integrierbar ist.

Satz 1.63 (Linearität des Erwartungswerts) gilt auch für stetige Zufallsvariablen, das heißt, für Zufallsvariablen X, Y und Zahlen $a, b \in \mathbb{R}$ gilt:

$$E(X + Y) = E(X) + E(Y)$$
$$E(aX) = aE(X)$$
$$E(b) = b$$

Beispiel 1.83. Wir berechnen den Erwartungswert einiger stetiger Verteilungen.

a) X sei gleichverteilt auf $[a, b]$.

$$E(X) = \int_a^b x \frac{1}{b-a} dx = \frac{1}{b-a} \frac{x^2}{2} \Big|_a^b = \frac{b^2 - a^2}{2(b-a)} = \frac{a+b}{2}$$

b) X sei exponentiell verteilt mit Parameter λ.

$$E(X) = \int_0^\infty x\, \lambda e^{-\lambda x} dx = \frac{1}{\lambda} \int y e^{-y} dy = \frac{1}{\lambda}$$

c) X sei normalverteilt mit Parametern μ und σ^2.

$$E(X) = \int_{-\infty}^\infty x \frac{1}{\sqrt{2\pi\sigma^2}} e^{-\frac{(x-\mu)^2}{2\sigma^2}} dx = \int \frac{\mu + \sigma y}{\sqrt{2\pi}} e^{-y^2/2} dy = \mu$$

Wollen wir den Erwartungswert von $u(X)$ berechnen, wobei $u : \mathbb{R} \to \mathbb{R}$ eine gegebene Funktion und X eine Zufallsvariable ist, gibt es zwei Möglichkeiten:

1. Wir bestimmen die Verteilung der Zufallsvariablen $Y = u(X)$ und berechnen dann $E(Y)$ mithilfe der Definition.

2. Wir wenden eine der folgenden Transformationsformeln an (die erste kennen Sie bereits, siehe Satz 1.61).

Satz 1.84 (Erwartungswert transformierter Zufallsvariablen).

$$E(u(X)) = \sum_i u(x_i)p(x_i)$$
$$E(u(X)) = \int u(x)f(x)dx$$

Beispiel 1.85. Für eine dichteverteilte Zufallsvariable X erhalten wir

$$E(X^2) = \int x^2 f(x)dx.$$

Wir definieren auch für stetige Zufallsvariablen die *Varianz* durch

$$\mathrm{Var}(X) = E(X - E(X))^2$$

und die Standardabweichung durch $\sqrt{\mathrm{Var}(X)}$. Satz 1.67 gilt auch für stetige Zufallsvariablen, das heißt, für eine Zufallsvariable X und Zahlen $a, b \in \mathbb{R}$ gilt:

$$\mathrm{Var}(X) = E(X^2) - (E(X))^2$$
$$\mathrm{Var}(aX + b) = a^2\,\mathrm{Var}(X)$$
$$E(X - a)^2 = \mathrm{Var}(X) + (E(X) - a)^2$$

Beispiel 1.86.   i) Für den Fluss X in dem Rohr aus Beispiel 1.78 ergibt sich folgender Erwartungswert:

$$E(X) = \int_{\mathbb{R}} x f_X(x)\, dx = \left[\frac{0{,}04 x^2}{2}\right]_0^{25} = 12{,}5$$

Die Varianz von X ist

$$\mathrm{Var}(X) = \int_{\mathbb{R}} (x - 12{,}5)^2 f_X(x)\, dx = \left[\frac{0{,}04(x - 12{,}5)^3}{3}\right]_0^{25} = 52{,}083.$$

ii) Bei dem Fräsvorgang aus Beispiel 1.77 berechnen wir den Erwartungswert mit partieller Integration:

$$\begin{aligned}
E(X) &= \int_{\mathbb{R}} x f_X(x)dx \\
&= \left[-x e^{-(x-10,5)}\right]_{10,5}^{\infty} + \int_{10,5}^{\infty} e^{-(x-10,5)} dx \\
&= 10{,}5 + \left[-e^{-(x-10,5)}\right]_{10,5}^{\infty} \\
&= 11{,}5
\end{aligned}$$

Die Varianz von X ist

$$\text{Var}(X) = \int_{10,5}^{\infty} (x - 11,5)^2 e^{-(x-10,5)} dx$$

$$= \left[-(x - 11,5)^2 e^{-(x-10,5)} \right]_{10,5}^{\infty} + \int_{10,5}^{\infty} 2(x - 11,5) e^{-(x-10,5)} dx$$

$$= 1 + \left[-2(x - 11,5) e^{-(x-10,5)} \right]_{10,5}^{\infty} + \int_{10,5}^{\infty} 2 e^{-(x-10,5)} dx$$

$$= 1 - 2 + \left[-2 e^{-(x-10,5)} \right]_{10,5}^{\infty} = -1 + 2 = 1.$$

iii) Sei X normalverteilt mit Parametern μ und σ^2. Dann gilt

$$E(X^2) = \int_{-\infty}^{\infty} x^2 \frac{1}{\sqrt{2\pi\sigma^2}} e^{-\frac{(x-\mu)^2}{2\sigma^2}} dx$$

und durch Substitution $x = \mu + \sigma\, y$

$$= \int_{-\infty}^{\infty} (\mu + \sigma\, y)^2 \frac{1}{\sqrt{2\pi}} e^{-\frac{y^2}{2}} dy$$

$$= \int_{-\infty}^{\infty} (\mu^2 + 2\mu\sigma y + \sigma^2 y^2) \frac{1}{\sqrt{2\pi}} e^{-\frac{y^2}{2}} dy$$

$$= \mu^2 \int_{-\infty}^{\infty} \frac{1}{\sqrt{2\pi}} e^{-y^2/2} dy + 2\mu\sigma \int_{-\infty}^{\infty} y \frac{1}{\sqrt{2\pi}} e^{-y^2/2} dy$$

$$+ \sigma^2 \int_{-\infty}^{\infty} y^2 \frac{1}{\sqrt{2\pi}} e^{-y^2/2} dy$$

$$= \mu^2 + \sigma^2.$$

Dabei haben wir im letzten Schritt drei Integrale berechnet:

$$\int_{-\infty}^{\infty} \frac{1}{\sqrt{2\pi}} e^{-y^2/2} dy = 1$$

$$\int_{-\infty}^{\infty} y \frac{1}{\sqrt{2\pi}} e^{-y^2/2} dy = 0$$

$$\int_{-\infty}^{\infty} y^2 \frac{1}{\sqrt{2\pi}} e^{-y^2/2} dy = 1$$

Das erste Integral zu lösen, geht über den Rahmen dieses Buches hinaus. Sie können sich die angegebene Lösung aber plausibel machen, indem Sie uns glauben, dass $(\sqrt{2\pi})^{-1} e^{-y^2/2}$ wirklich eine Dichte ist (nämlich die der Standardnormalverteilung): Das Integral *jeder* Wahrscheinlichkeitsdichte über ganz $\mathbb{R}$ ist immer 1. Das zweite Integral können Sie mithilfe einer Substitution lösen; oder Sie argumentieren, dass $y(\sqrt{2\pi})^{-1} e^{-y^2/2}$ eine ungerade, das heißt punktsymmetrische Funktion ist und deshalb das Integral 0 sein muss. Das dritte Integral frisieren Sie etwas um:

$$\int_{-\infty}^{\infty} y^2 \frac{1}{\sqrt{2\pi}} e^{-y^2/2} \, dy = \int_{-\infty}^{\infty} (-y) \left(-y \frac{1}{\sqrt{2\pi}} e^{-y^2/2} \right) dy$$

Jetzt können Sie partiell integrieren und das erste Integral benutzen, nämlich $\int_{-\infty}^{\infty} (\sqrt{2\pi})^{-1} e^{-y^2/2} \, dy = 1$.

Beispiel 1.87. Wir geben Erwartungswert und Varianz einiger stetiger Verteilungen an.

Gleichverteilung auf $[a, b]$

- Dichtefunktion $f(x) = \frac{1}{b-a} I_{[a,b]}(x)$

- $E(X) = (a + b)/2$

- $\text{Var}(X) = (b - a)^2/12$

Exponentielle Verteilung mit Parameter λ

- Dichtefunktion $f(x) = \lambda e^{-\lambda x} I_{[0,\infty)}(x)$

- $E(X) = 1/\lambda$

- $\text{Var}(X) = 1/\lambda^2$

Gammaverteilung mit Parametern r und λ

- Dichtefunktion $f(x) = \frac{\lambda^r}{\Gamma(r)} x^{r-1} e^{-\lambda x} I_{[0,\infty)}(x)$

- $E(X) = r/\lambda$

- $\text{Var}(X) = r/\lambda^2$

Normalverteilung mit Parametern μ und σ^2

- Dichtefunktion $f(x) = \frac{1}{\sqrt{2\pi\sigma^2}} e^{-\frac{(x-\mu)^2}{2\sigma^2}}$

- $E(X) = \mu$

- $\text{Var}(X) = \sigma^2$

Beispiel 1.88. Sie wollen die Auftragsabwicklung in Ihrer Firma optimieren. Es sei X die Zeit in Minuten zwischen zwei Auftragseingängen. Nehmen Sie an, dass X exponentiell verteilt ist mit Parameter $\lambda = 1{,}2$.

a) Ein Auftrag ist eingegangen. Mit welcher Wahrscheinlichkeit geht innerhalb der nächsten Minute ein weiterer Auftrag ein?

b) Seit vier Minuten ist kein Auftrag eingegangen. Wie hoch ist die Wahrscheinlichkeit, dass in der nächsten Minute einer kommt?

a) Die Wahrscheinlichkeit, dass ein Auftrag in der nächsten Minute eingeht, ist

$$P(X < 1) = 1 - e^{-1{,}2 \cdot 1} = 0{,}699.$$

b) Da Sie bereits vier Minuten vergeblich gewartet haben, könnten Sie vermuten, dass der nächste Auftrag jeden Moment bei Ihnen eingeht und die Wahrscheinlichkeit nun deutlich größer ist als 0,699. Jedoch ist diese Vermutung für eine Exponentialverteilung falsch! Die gesuchte Wahrscheinlichkeit können wir als die bedingte Wahrscheinlichkeit $P(X < 5 \mid X > 4)$ berechnen. Nach Definition der bedingten Wahrscheinlichkeit gilt

$$P(X < 5 \mid X > 4) = \frac{P(4 < X < 5)}{P(X > 4)},$$

wobei

$$\begin{aligned} P(4 < X < 5) &= F_X(5) - F_X(4) \\ &= (1 - e^{-1{,}2 \cdot 5}) - (1 - e^{-1{,}2 \cdot 4}) \\ &= 0{,}00575 \end{aligned}$$

und

$$P(X > 4) = e^{-1{,}2 \cdot 4} = 0{,}00823.$$

Somit ist

$$P(X < 5 \mid X > 4) = \frac{0{,}00575}{0{,}00823} = 0{,}699.$$

Nach vierminütigem Warten ist die Wahrscheinlichkeit, einen Auftrag innerhalb der nächsten Minute zu erhalten, die selbe wie in der ersten Minute. Man spricht von der *Gedächtnislosigkeit der Exponentialverteilung*.

Wir fassen zusammen, was wir über stetige und diskrete Zufallsvariablen erfahren haben (beachten Sie die Analogien):

	X stetig	X diskret
Wertebereich	Intervall aus $\mathbb{R}$	$\{a_1, a_2, \ldots\}$
Dichte/Wahrscheinlichkeitsfunktion	$f(x) = F'(x)$	$p(a_i)$
Verteilungsfunktion	$F(x) = \int_{-\infty}^{x} f(t)\, dt$	$F(x) = \sum_{i:\, a_i \leq x} p(a_i)$
Erwartungswert	$\int_{\mathbb{R}} x f(x)\, dx$	$\sum_i a_i\, p(a_i)$
Varianz	$E((X - E(X))^2)$	$E((X - E(X))^2)$

1.4.5 Die Normalverteilung

Messfehler, Börsenkurse, Größen in der Natur – die wichtigste Verteilung überhaupt

An dieser Stelle wollen wir uns etwas ausführlicher mit der Normalverteilung befassen, die wohl die wichtigste Verteilung in der Statistik überhaupt ist.

Die Verteilung mit Dichtefunktion

$$f(x) = \frac{1}{\sqrt{2\pi\sigma^2}} e^{-\frac{(x-\mu)^2}{2\sigma^2}}$$

heißt *Normalverteilung* (auch *Gauß-Verteilung* oder *Gauß'sche Glockenkurve*) mit Parametern $\mu \in \mathbb{R}$ und $\sigma^2 > 0$. μ ist der Erwartungswert, σ^2 die Varianz der Verteilung. Als Symbol für die Normalverteilung benutzen wir $\mathcal{N}(\mu, \sigma^2)$.

Für die Dichte und die Verteilungsfunktion der Standardnormalverteilung $\mathcal{N}(0,1)$ benutzt man oft die Buchstaben φ und Φ, das heißt:

$$\varphi(x) = \frac{1}{\sqrt{2\pi}} e^{-x^2/2}$$

$$\Phi(x) = \int_{-\infty}^{x} \varphi(t)\, dt = \frac{1}{\sqrt{2\pi}} \int_{-\infty}^{x} e^{-t^2/2}\, dt$$

Eine standardnormalverteilte Zufallsvariable wird oft mit Z bezeichnet.

Leider hat die Normalverteilung die unangenehme Eigenschaft, dass sie keine elementare Stammfunktion besitzt: Es gibt einfach keine Funktion, die man direkt hinschreiben kann und deren Ableitung die Dichte der Normalverteilung ist. Deshalb muss man auf numerisch ausgerechnete Werte zurückgreifen, die in Tabellen aufgelistet sind. Schauen Sie auf Seite 217; dort finden Sie Werte der Verteilungsfunktion der Standardnormalverteilung, das heißt der Verteilung $\mathcal{N}(0,1)$.

Vieles im Leben ist annäherungsweise normalverteilt – Größe und Gewicht bei Lebewesen, Temperatur, Gasmoleküle im thermodynamischen Gleichgewicht, man nimmt ferner an, dass Messfehler, Börsendaten, Regenfälle und vieles andere mehr näherungsweise normalverteilt sind –, die Normalverteilung wird Ihnen daher immer wieder begegnen. Vor allem gilt der bemerkenswerte *zentrale Grenzwertsatz*, siehe Seite 64: Wenn Sie Zufallsvariablen aufaddieren, erhalten Sie, grob gesagt, als Summe annähernd eine normalverteilte Zufallsvariable – fast egal, welche Verteilung die einzelnen Zufallsvariablen haben, die Sie aufsummieren.

Beispiel 1.89. Im Folgenden werden Wahrscheinlichkeiten für eine standardnormalverteile Zufallsvariable Z berechnet. Veranschaulichungen der Wahrscheinlichkeiten finden Sie in Abb. 1.7.

a) $P(Z > 1{,}35)$

Üblicher Weise sind die Werte für $P(Z \leq x)$ tabelliert; wir benutzen also das Gegenereignis.

$$P(Z > 1{,}35) = 1 - P(Z \leq 1{,}35) = 1 - 0{,}911 = 0{,}089$$

b) $P(Z < 0{,}82)$

Bei stetigen Zufallsvariablen wie Z macht es keinen Unterschied, ob wir $P(Z \leq x)$ oder $P(Z < x)$ berechnen, da die Wahrscheinlichkeit, dass Z exakt den Wert x annimmt, 0 ist; deshalb kann man zu einem Ereignis getrost einen einzelnen Wert hinzufügen, ohne die Wahrscheinlichkeit zu ändern.

$$P(Z < 0{,}82) = P(Z \leq 0{,}82) = 0{,}794$$

c) $P(Z > -1{,}31)$

Wir nutzen aus, dass die Dichte der Normalverteilung achsensymmetrisch ist:

$$P(Z > -1{,}31) = P(Z < 1{,}31) = 0{,}905$$

d) $P(-1{,}22 < Z < 0{,}43)$

Es gilt $P(-1{,}22 < Z < 0{,}43) = P(Z < 0{,}43) - P(Z < -1{,}22)$. Die erste Wahrscheinlichkeit beträgt $P(Z < 0{,}43) = 0{,}666$, die zweite beträgt $P(Z < -1{,}22) = P(Z > 1{,}22) = 1 - 0{,}889 = 0{,}111$. Also ist

$$P(-1{,}22 < Z < 0{,}43) = 0{,}666 - 0{,}111 = 0{,}555.$$

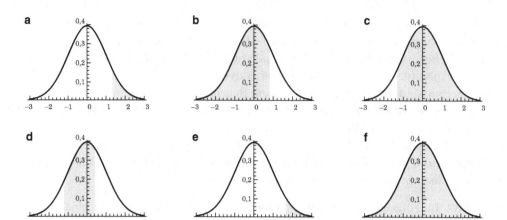

Abb. 1.7: Wahrscheinlichkeiten bei der Normalverteilung. Der Flächeninhalt der Fläche entspricht jeweils den gesuchten Wahrscheinlichkeiten aus Beispiel 1.89, oben: a) bis c), unten d) bis f)

e) Finden Sie einen Wert z, sodass $P(Z > z) = 0,05$.

Wir schreiben diesen Ausdruck als $P(Z \leq z) = 0,95$, was das gleiche ist (denn Z ist eine stetige Zufallsvariable, siehe oben), und benutzen die Tabelle der Standardnormalverteilung in umgekehrter Weise: Wir suchen also denjenigen z-Wert, zu dem die Wahrscheinlichkeit 0,95 gehört. Die beiden Werte 1,64 und 1,65 haben laut Tabelle die Wahrscheinlichkeit 0,949 und 0,951. Es ist üblich und legitim, in so einem Fall den Mittelwert 1,645 als Lösung zu nehmen.

f) Finden Sie einen Wert z, sodass $P(-z < Z < z) = 0,99$.

Wegen der Symmetrie der Normalverteilung gilt: Wenn der gesuchte symmetrische Bereich $[-z, z]$ die Wahrscheinlichkeit 0,99 hat, bleibt den beiden Endstücken nichts anderes übrig, als jeweils die Wahrscheinlichkeit 0,005 zu besitzen. Wir suchen also ein z mit $P(Z < -z) = 0,005$ oder $P(Z > z) = 0,005$. Da in der Tabelle nur Wahrscheinlichkeiten größer als 0,5 notiert sind, müssen wir umformen

$$P(Z > z) = 0,005 \Leftrightarrow P(Z \leq z) = 0,995,$$

und dafür finden wir in den Tabellen den Wert $z = 2,58$. Wir haben hier den mittleren der sieben tabellierten Werte, die die Wahrscheinlichkeit 0,995 besitzen, gewählt.

Natürlich gibt es nicht für jedes erdenkliche μ und σ^2 solche Tabellen der $\mathcal{N}(\mu, \sigma^2)$-Verteilung; man muss sich mit einem Trick behelfen und die Zufallsvariable, die einen interessiert, auf eine Standardnormalverteilung transformieren, man sagt auch *standardisieren*. So reicht es, Tabellen der $\mathcal{N}(0,1)$-Verteilung zu erstellen; aus ihnen kann man durch Standardisieren alle Wahrscheinlichkeiten von normalverteilten Zufallsvariablen ablesen.

Definition 1.90. Ist eine Zufallsvariable X *normalverteilt* mit Erwartungswert μ und Varianz σ^2, so schreiben wir dafür

$$X \sim \mathcal{N}(\mu, \sigma^2).$$

Das Symbol $\sim$ benutzen wir auch für andere Verteilungen (etwa $X \sim \text{Bin}(n, p)$ oder $X \sim \text{Poisson}(\lambda)$) und auch um anzuzeigen, dass eine Zufallsvariable die Verteilungsfunktion F besitzt ($X \sim F$).

Satz 1.91 (Standardisieren). *Ist* $X \sim \mathcal{N}(\mu, \sigma^2)$, *so ist*

$$Z = \frac{X - \mu}{\sigma} \sim \mathcal{N}(0,1).$$

Beispiel 1.92. Die Dauer eines typischen Lötvorgangs an Feinblechen ist normalverteilt mit einem Erwartungswert von 90 Sekunden und Standardabweichung 16.

a) Wie groß ist die Wahrscheinlichkeit, dass ein Lötvorgang zwischen 40 und 80 Sekunden dauert?

b) Wie viel Zeit müssen Sie für einen Lötvorgang einplanen, wenn Sie die eingeplante Zeit nur mit einer Wahrscheinlichkeit von höchstens 10 % überziehen möchten?

a) Es sei $X \sim \mathcal{N}(90, 16^2)$ die Dauer des Lötvorgangs. Um die gesuchten Wahrscheinlichkeiten aus der Tabelle der Verteilungsfunktion einer Standardnormalverteilung ablesen zu können, standardisieren wir:

$$\begin{aligned} P(40 < X < 80) &= P\left(\frac{40 - 90}{16} < Z < \frac{80 - 90}{16}\right) \\ &= P\left(-\frac{25}{8} < Z < -\frac{5}{8}\right) \\ &= P\left(\frac{5}{8} < Z < \frac{25}{8}\right) \\ &= \Phi\left(\frac{25}{8}\right) - \Phi\left(\frac{5}{8}\right) \\ &= 0{,}999 - 0{,}734 = 0{,}265 \end{aligned}$$

Dabei haben wir in der Tabelle den Wert von $\Phi(5/8) = \Phi(0{,}625)$ bestimmt, indem wir den Mittelwert von $\Phi(0{,}62) = 0{,}732$ und $\Phi(0{,}63) = 0{,}736$ gebildet haben.

b) Wir suchen eine Grenze x, sodass X mit höchstens 10 % Wahrscheinlichkeit größer ist als x. Wieder standardisieren wir:

$$0{,}9 \overset{!}{=} P(X < x)$$
$$= P\left(\frac{X - 90}{16} < \frac{x - 90}{16}\right) = \Phi\left(\frac{x - 90}{16}\right)$$
$$\Leftrightarrow \quad \Phi^{-1}(0{,}9) = \frac{x - 90}{16}$$
$$\Leftrightarrow \quad x = 110{,}48,$$

da laut Tabelle $\Phi^{-1}(0{,}9) = 1{,}28$.

Die Normalverteilung ist deshalb so wichtig und besonders, weil sie es erlaubt, Zufallsvariablen mit einer beliebigen Verteilung anzunähern: Summiert man eine große Zahl von Zufallsvariablen auf, die unabhängig voneinander sind und die gleiche Verteilung haben (welche, das ist egal, solange die Varianz endlich ist!), so ist diese Summe, wenn man sie zentriert und normiert, annähernd standardnormalverteilt.

Satz 1.93 (Zentraler Grenzwertsatz). *Es seien* $X_1, X_2, X_3, \ldots$ *unabhängige Zufallsvariablen, die die gleiche Verteilung besitzen (u.i.v. für unabhängig identisch verteilt oder i.i.d. für independent and identically distributed) und deren Erwartungswert* μ *und Varianz* σ^2 *existieren und endlich sind. Es sei*

$$S_n = X_1 + X_2 + \cdots + X_n = \sum_{i=1}^{n} X_i$$

die n-te Teilsumme der Zufallsvariablen. Dann konvergiert die Verteilung von

$$Z_n = \frac{S_n - n\mu}{\sigma\sqrt{n}}$$

für $n \to \infty$ *gegen eine Standardnormalverteilung* $\mathcal{N}(0{,}1)$.

Z_n können wir auf verschiedene Arten aufschreiben, häufig findet sich auch diese Darstellung:

$$Z_n = \frac{S_n - n\mu}{\sigma\sqrt{n}} = \frac{\sum_{i=1}^{n}(X_i - \mu)}{\sqrt{n\sigma^2}}$$

Die Voraussetzung, dass die Zufallsvariablen unabhängig und identisch verteilt sein müssen, kann übrigens abgeschwächt werden: Es gibt Grenzwertsätze, bei denen eine identische Verteilung nicht nötig ist, dafür aber andere Voraussetzungen überprüft werden müssen (es bleibt wichtig, dass die einzelnen Zufallsvariablen, die man aufsummiert, jeweils nur einen geringen Beitrag zur Summe liefern), und es gibt auch Grenzwertsätze für abhängige Zufallsvariablen. In vielen solcher Fälle ist S_n, wenn man es richtig zentriert und skaliert, weiterhin annähernd standardnormalverteilt – auch das zeigt die besondere Wichtigkeit der Normalverteilung im echten Leben. Die Details führen an dieser Stelle aber zu weit.

Wir präzisieren noch kurz, was wir im Zentralen Grenzwertsatz mit der Formulierung „die Verteilung konvergiert" meinen.

Definition 1.94 (Konvergenz in Verteilung). Eine Folge $X_1, X_2, \ldots$ von Zufallsvariablen *konvergiert in Verteilung* gegen die Zufallsvariable X, wenn

$$\lim_{n \to \infty} F_n(x) = F(x)$$

für alle $x \in \mathbb{R}$ gilt, in denen F stetig ist. Dabei bezeichnet F_n die Verteilungsfunktion von X_n und F die Verteilungsfunktion von F. Man schreibt häufig

$$X_n \xrightarrow{\mathcal{D}} X \qquad \text{oder} \qquad X_n \xrightarrow{d} X$$

(für *convergence in distribution*).

Analog zur Schreibweise $X \sim \mathcal{N}(0,1)$, mit der wir ausdrücken, dass X eine Standardnormalverteilung besitzt, notiert man bei Verteilungskonvergenz manchmal auch $X \approx \mathcal{N}(0,1)$, wobei das Symbol $\approx$ bedeutet, dass die linke Seite asymptotisch (für $n \to \infty$ viele Zufallsvariablen) wie die rechte Seite verteilt ist.

Beispiel 1.95. Wir betrachten die Folge $(X_i)_{i \in \mathbb{N}}$ von Zufallsvariablen $X_i \sim$ Bernoulli(0,3). Es ist $\mu = E(X_i) = 0{,}3$ und $\sigma^2 = \text{Var}(X_i) = 0{,}3 \cdot 0{,}7$. Der Zentrale Grenzwertsatz besagt nun, dass die neue Zufallsvariable

$$Z_n = \frac{\sum_{i=1}^n X_i - n\mu}{\sigma \sqrt{n}} = \frac{\sum_{i=1}^n X_i - 0{,}3 \cdot n}{\sqrt{0{,}3 \cdot 0{,}7 \cdot n}}$$

asymptotisch standardnormalverteilt ist. Abbildung 1.8 zeigt die simulierte Verteilung von Z_n für verschiedene n, basierend auf 10.000 Simulationswiederholungen, sowie die Dichte der Standardnormalverteilung; in der Tat erkennt man, dass sich die Verteilung von Z_n der einer Standardnormalverteilung annähert.

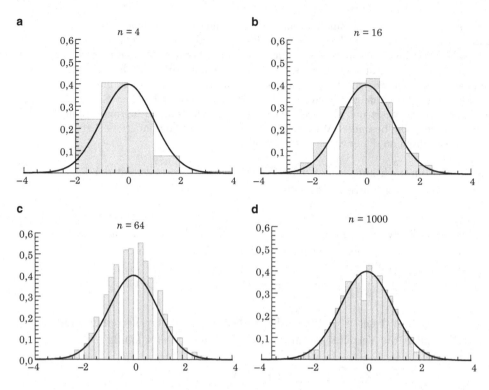

Abb. 1.8: Der Zentrale Grenzwertsatz: Die Verteilung der Zufallsvariablen $Z_n = (S_n - n\mu)/(\sigma\sqrt{n})$ nähert sich für wachsendes n immer mehr einer Standardnormalverteilung an. Dargestellt ist im Histogramm die simulierte Verteilung von Z_n für verschiedene n sowie die Dichte der Standardnormalverteilung

Beispiel 1.96. Sie produzieren Flachdichtungen. Wir nehmen an, dass die Anzahl der defekten Teile binomialverteilt ist und Sie im Schnitt unter 10.000 Dichtungen nur eine finden, die nicht brauchbar ist. Wie groß ist die Wahrscheinlichkeit, dass bei einer Produktion von 1,5 Millionen Dichtungen mehr als 140 defekte zu finden sind?

Sei X die Anzahl der defekten Dichtungen. Dann ist X eine Summe von Bernoulli-verteilten Zufallsvariablen, und $X \sim \text{Bin}(1,5 \cdot 10^6; 10^{-4})$.

$$P(X > 140) = 1 - P(X \le 140)$$
$$= 1 - \sum_{k=0}^{140} \binom{1.500.000}{k} 10^{-4k}(1 - 10^{-4})^{1.500.000-k}.$$

Die Zahlen sind zu unhandlich und die Summanden zu zahlreich, um die Wahrscheinlichkeit exakt zu berechnen, aber wir können sie mithilfe des Zentralen Grenzwertsatzes näherungsweise angeben:

$$P(X > 140) = P\left(\frac{X - 150}{\sqrt{150(1 - 10^{-4})}} > \frac{140 - 150}{\sqrt{150(1 - 10^{-4})}}\right)$$
$$\approx P(Z > -0{,}82)$$
$$= P(Z < 0{,}82)$$
$$= 0{,}794$$

Beispiel 1.97. Betrachten wir erneut die Dichtungsproduktion aus dem vorangegangenen Beispiel 1.96. Um beurteilen zu können, wie gut die dort benutzte Normalapproximation ist, schauen wir uns ein Beispiel mit handlicheren Zahlen an, sodass wir die exakte mit der angenäherten Lösung vergleichen können. Nehmen Sie also an, dass Sie nur $n = 100$ Dichtungen herstellen und dass die Fehlerwahrscheinlichkeit in der Produktion $p = 0{,}1$ ist. Die exakte Wahrscheinlichkeit für vier oder weniger defekte Dichtungen ist in diesem Fall

$$P(X \leq 4) = \binom{100}{0}0{,}9^{100} + \binom{100}{1}0{,}1 \cdot 0{,}9^{99} + \ldots + \binom{100}{4}0{,}1^4 \cdot 0{,}9^{96}$$
$$= 0{,}0237.$$

Mit der Approximation erhalten wir

$$P(X \leq 4) = P\left(\frac{X - 10}{3} < \frac{4 - 10}{3}\right) = P(Z < -2) = 0{,}023.$$

Abbildung 1.9 zeigt, wie sich Näherung und exakte Lösung in diesem Beispiel verhalten.

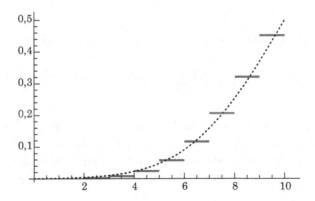

Abb. 1.9: Binomialverteilung (*durchgezogene Linie*) und Normal-Approximation (*gepunktet*) im Beispiel 1.97

Fazit

Wir haben stetige Zufallsvariablen X eingeführt, die nicht bloß (wie diskrete Zufallsvariablen) endlich viele oder abzählbar viele Werte annehmen können, sondern deren Wertebereich ein Bereich in den reellen Zahlen ist. Wir haben gesehen, wie wir mithilfe ihrer Dichte $f_X(x)$ oder ihrer Stammfunktion, der Verteilungsfunktion $F_X(x) = P(X \leq x)$, Wahrscheinlichkeiten ausrechnen:

$$P(a \leq X \leq b) = \int_a^b f_X(x)\,dx = F_X(b) - F_X(a)$$

Wir haben den Erwartungswert einer stetigen Zufallsvariable

$$E(X) = \int_{-\infty}^{\infty} x\,f_X(x)\,dx$$

definiert (der existiert, wenn $x \cdot f_X(x)$ integrierbar ist) und analog zum diskreten Fall die Varianz

$$\mathrm{Var}(X) = E(X - E(X))^2 = E(X^2) - (E(X))^2.$$

Wir haben gesehen, dass der Erwartungswert linear ist, also $E(aX + bY) = aE(X) + bE(Y)$ gilt, die Varianz aber nicht: Es gilt $\mathrm{Var}(aX + b) = a^2\,\mathrm{Var}(X)$ und im Allgemeinen $\mathrm{Var}(X + Y) \neq \mathrm{Var}(X) + \mathrm{Var}(Y)$.

Wir haben ferner gelernt, dass die transformierte Zufallsvariable $Y = u(X)$, die wir erhalten, wenn wir X in die Funktion u einsetzen, die Dichte

$$g(y) = f_X(u^{-1}(y)) \left| \frac{d}{dy} u^{-1}(y) \right|$$

hat, und schließlich die Normalverteilung kennengelernt, die die Dichte

$$\varphi(x) = \frac{1}{\sqrt{2\pi\sigma^2}} e^{-\frac{(x-\mu)^2}{2\sigma^2}}$$

besitzt. Ihre Stammfunktion, das heißt die Verteilungsfunktion Φ der Normalverteilung, kann man nicht als geschlossene Funktion angeben, aber ihre Werte können numerisch errechnet werden und sind tabelliert. Jede normalverteilte Zufallsvariable $X \sim \mathcal{N}(\mu, \sigma^2)$ kann man auf eine Standardnormalverteilung bringen:

$$Z = \frac{X - \mu}{\sigma} \sim \mathcal{N}(0,1).$$

Schließlich haben wir uns mit dem Zentralen Grenzwertsatz befasst, der aussagt, dass die Summe unabhängiger, identisch verteilter Zufallsvariablen $X_1, X_2, X_3, \ldots$ mit Erwartungswert μ und Varianz σ^2 asymptotisch normalverteilt ist:

$$\frac{\sum_{i=1}^{n} X_i - n\mu}{\sigma\sqrt{n}} \xrightarrow{\mathcal{D}} \mathcal{N}(0,1)$$

Mithilfe dieses fundamentalen Satzes können wir Wahrscheinlichkeiten für Partialsummen $\sum_{i=1}^{n} X_i$ näherungsweise ausrechnen.

2 Grundlagen der Statistik

Wir haben nun das theoretische Handwerkszeug beisammen, um uns praktischen
Fragen der Art zu widmen, wie wir sie zu Anfang des ersten Kapitels gestellt haben: Wenn Sie beispielsweise einen Werkstoff hergestellt haben, wollen Sie wissen,
ob er die Anforderungen erfüllt, das heißt, ob er etwa die richtige Biegesteifigkeit
hat oder ob diese vom Sollwert abweicht. Wie viele Proben sollen Sie vermessen,
um eine verlässliche Aussage treffen zu können? Gibt es einen signifikanten Unterschied in der Scherfestigkeit zwischen einem Werkstoff und einem anderen, oder
sind die Unterschiede bloß Messungenauigkeiten? In diesem Kapitel lernen wir, wie
wir *anhand von Messdaten Aussagen treffen*, wie wir sie mit Wahrscheinlichkeiten
verbinden und was wir überhaupt mit Ausdrücken wie *signifikant* meinen. Das ist
Statistik.

Die Aufgabe der Statistik besteht darin, aus Daten Informationen zu destillieren.
Dies kann auf verschiedene Arten geschehen. Wir unterscheiden zwischen *deskriptiver* (beschreibender) und *inferentieller* (schließender) Statistik. In der deskriptiven
Statistik geht es darum, *geeignete Zusammenfassungen* der Daten zu finden, die
die wesentlichen Aspekte wiedergeben; das können sowohl numerische als auch grafische Zusammenfassungen sein. In der inferentiellen Statistik geht es darum, aus
den Daten *Rückschlüsse auf die Mechanismen* zu ziehen, die die Daten erzeugt
haben, und zum Beispiel *Vorhersagen* für die Zukunft zu treffen.

Betrachten wir als Beispiel die Abschlussklausur der Vorlesung Mathematik I
des letzten Semesters. Zunächst haben wir die erreichten Punktzahlen $x_1, \dots, x_n$,
wobei $n = 647$ die Anzahl der Klausurteilnehmer ist. Das ist ein immenses Da-
tenmaterial, in dem die relevanten Informationen, die uns interessieren, verborgen
liegen, etwa: Wie viele Studenten haben eine gute Klausur geschrieben, wie viele
sind durchgefallen, wie ist die Klausur ausgefallen? Wir können zunächst versuchen,
diese Informationen durch geeignete numerische und grafische Zusammenfassungen
sichtbar zu machen. Das ist deskriptive Statistik. Darüberhinaus können wir uns
fragen, welche Zufallsmechanismen die Klausurergebnisse hervorgebracht haben.
Wir fassen dazu die erreichten Punkte $x_1, \dots, x_n$ als Realisierungen von Zufallsvariablen $X_1, \dots, X_n$ auf und fragen uns: Was können wir auf Grundlage der Daten
$x_1, \dots, x_n$ über die Verteilung dieser Zufallsvariablen aussagen? Können wir Noten-
durchschnitt und Durchfallquote für die nächste Klausur vorhersagen? Zumindest
in einem gewissen Rahmen? Das ist inferentielle Statistik.

In diesem Kapitel werden wir kurz die wichtigsten Werkzeuge vorstellen, um
Daten übersichtlich zusammenzufassen, etwa *Mittelwert* und *empirische Varianz*,

A. Rooch, *Statistik für Ingenieure*, DOI 10.1007/978-3-642-54857-4_2,
© Springer-Verlag Berlin Heidelberg 2014

die die Lage und die Streuung der Daten beschreiben, oder den *Boxplot*, der sie graphisch veranschaulicht. Wir lernen *Schätzer* kennen, mathematische Funktionen, in die wir Messdaten einsetzen, um etwas über die Natur der Daten, das heißt über die hinter ihnen stehenden Zufallsvariablen, zu erfahren (zum Beispiel ihren Erwartungswert oder bestimmte Wahrscheinlichkeiten). Es gibt gute und schlechte Schätzer, und wir werden Methoden behandeln, um *Schätzer zu vergleichen*. Mithilfe von *Konfidenzintervallen* werden wir angeben können, wie gut die Schätzung eines unbekannten Parameters den wahren Parameter trifft, und mit *Signifikanztests* können wir schließlich *Vermutungen über Daten bewerten*: Unterscheiden sich zwei Datensätze in ihrer Art? Sind bei zweidimensionalen Daten beide Merkmale unabhängig? Wie stark streuen die Messwerte? Wir lernen, wie solche Tests funktionieren und wie man verschiedene Tests miteinander vergleicht, und wir behandeln viele verschiedene Testverfahren anhand konkreter Beispiele.

2.1 Deskriptive Statistik
Daten übersichtlich zusammenfassen

In der deskriptiven Statistik, auch beschreibende Statistik genannt, sucht man nach geeigneten Zusammenfassungen, die die wesentlichen Aspekte der Daten wiedergeben. Zum einen gibt es *numerische Zusammenfassungen* wie den *Mittelwert* und den *Median*, die die Lage der Daten angeben, die *empirische Varianz* oder den *Interquartilsabstand*, die beschreiben, wie die Daten streuen; zum anderen können wir mit *graphischen Zusammenfassungen* wie einem *Boxplot* und einem *Histogramm* den Datensatz bildlich veranschaulichen. Wir lernen die *empirische Verteilungsfunktion* kennen, mit der wir die wahre Verteilungsfunktion, die die Daten generiert hat, schätzen können. Mithilfe des *Q-Q-Plots* können wir außerdem mit dem Auge die Verteilung eines Datensatzes mit einer vorgegebenen Verteilung vergleichen.

Im Rahmen dieses Buches werden wir uns bloß am Rande mit deskriptiver Statistik befassen und nur die wichtigsten Verfahren behandeln. Für ein gutes Verständnis ist es dennoch wichtig, sie mithilfe eines Rechners selbst anzuwenden – versuchen Sie es einfach, zum Beispiel in Tabellenkalkulationsprogrammen wie `Excel` oder in Statistiksoftware wie `R`.

2.1.1 Numerische Zusammenfassungen eindimensionaler Daten
Einen Datensatz durch Kennzahlen beschreiben

Wir wollen n Daten $x_1, \ldots, x_n \in \mathbb{R}$ analysieren. Es ist oft hilfreich, die Daten dazu der Größe nach zu sortieren, denn durch die sortierten Daten lassen sich wichtige Kenngrößen ausdrücken.

Definition 2.1 (Ordnungsstatistik und Rang). Für Daten $x_1, \ldots, x_n \in \mathbb{R}$ bezeichnen wir mit $x_{(1)}$ die kleinste Beobachtung, mit $x_{(2)}$ die zweitkleinste Beobachtung und so weiter und mit $x_{(n)}$ die größte Beobachtung. Der neue sortierte Datensatz

$$x_{(1)} \leq \cdots \leq x_{(n)}$$

heißt *Ordnungsstatistik*. Tritt ein Wert in der Stichprobe mehrfach auf, so erscheint dieser in der Ordnungsstatistik mit derselben Vielfachheit.

Die Beobachtung mit Wert $x_{(i)}$ hat somit den *Rang i* erhalten. Der Rang der Beobachtung x_j wird mit r_j oder $r(x_j)$ bezeichnet. Treten mehrere gleiche Werte in der Stichprobe auf (sogenannte *Bindungen*), ist der Rang nicht eindeutig; häufig wird gleichgroßen Beobachtungen der Mittelwert der Ränge, die sie belegen, zugeordnet.

Beispiel 2.2. Sie haben nacheinander die Daten

```
7, 2, 24, 17, 7, 6, 7, 10, 16
```

gemessen, das heißt

$$x_1 = 7, \quad x_2 = 2, \quad x_3 = 24, \quad x_4 = 17, \quad x_5 = 7,$$
$$x_6 = 6, \quad x_7 = 7, \quad x_8 = 10, \quad x_9 = 16.$$

Die zugehörige Ordnungsstatistik ist

$$x_{(1)} = 2, \quad x_{(2)} = 6, \quad x_{(3)} = x_{(4)} = x_{(5)} = 7,$$
$$x_{(6)} = 10, \quad x_{(7)} = 16, \quad x_{(8)} = 17, \quad x_{(9)} = 24,$$

und die Ränge sind

$$r_1 = r(x_1) = 4, \quad r_2 = r(x_2) = 1, \quad r_3 = r(x_3) = 9,$$
$$r_4 = r(x_4) = 8, \quad r_5 = r(x_5) = 4, \quad r_6 = r(x_6) = 2,$$
$$r_7 = r(x_7) = 4, \quad r_8 = r(x_8) = 6, \quad r_9 = r(x_9) = 7.$$

Beschreibung der Lage

Wir fassen einige wichtige Kennzahlen zusammen, die die Lage der Daten beschreiben.

Mittelwert

$$\bar{x} = \frac{1}{n} \sum_{i=1}^{n} x_i = \frac{1}{n} \sum_{i=1}^{n} x_{(i)}$$

Der Mittelwert ist der Durchschnittswert der Daten. Schon ein einziger Messfehler (zum Beispiel ein verrutschtes Komma) kann den Mittelwert der Datenreihe so erheblich beeinflussen, dass er ein völlig falsches Bild liefert.

Median

$$\text{med}(x_1, \ldots, x_n) = \begin{cases} x_{\left(\frac{n+1}{2}\right)} & \text{falls } n \text{ ungerade} \\ \frac{1}{2}\left(x_{\left(\frac{n}{2}\right)} + x_{\left(\frac{n}{2}+1\right)}\right) & \text{falls } n \text{ gerade} \end{cases}$$

Der Median teilt die Daten in eine obere und eine untere Hälfte und ignoriert dabei, wie groß die Daten sind. Das macht ihn unempfindlich gegen besonders große und kleine Messwerte (sogenannte *Ausreißer*), die vielleicht nur Messfehler sind: Ob der größte Messwert nun 2,5 oder 25 beträgt, er bleibt der größte, und damit bleibt die Trenngrenze, die die Daten in zwei Hälften teilt, auch die gleiche. Diese Eigenschaft nennen wir *robust (gegen Ausreißer)*.

Quartile

$$Q_1 = x_{\left(\frac{n+1}{4}\right)}, \qquad Q_3 = x_{\left(3\frac{n+1}{4}\right)}$$

Ist $\frac{n+1}{4}$ keine ganze Zahl (was soll zum Beispiel die 3,75. Beobachtung sein?), so nehmen wir den entsprechenden gewichteten Mittelwert der beiden benachbarten Ordnungsstatistiken, etwa

$$x_{(3,75)} = \frac{1}{4}x_{(3)} + \frac{3}{4}x_{(4)},$$

da $3,75 = \frac{1}{4}3 + \frac{3}{4}4$.

Die Quartile Q_1 und Q_3 geben die Werte an, die von 25 % der Daten unter- beziehungsweise überschritten werden. Das Quartil Q_2 gibt den Wert an, der von der Hälfte der Daten überschritten wird – es ist also nichts anderes als der Median.

Bei der Darstellung als gewichteter Mittelwert aus der nächst kleineren und der nächst größeren Beobachtung müssen die Gewichte zusammen immer 1 ergeben.

Quartile sind Sonderfälle sogenannter *p-Quantile*. Ein *p*-Quantil teilt die (nach der Größe sortierten) Daten in zwei Teile, und zwar so, dass $100 \cdot p\%$ der Daten links davon und der Rest $(100 \cdot (1 - p)\%)$ rechts davon liegt. *p* ist eine reelle Zahl zwischen 0 und 1. Häufige Sonderfälle sind der Median (Halbwert, $p = 0{,}5$), die Quartile (Viertelwerte, $p = 0{,}25$, $p = 0{,}5$ und $p = 0{,}75$), die Quintile (Fünftelwerte, $p = 0{,}2$, $p = 0{,}4$, $p = 0{,}6$, $p = 0{,}8$), die Dezile (Zehntelwerte, $p = 0{,}1, 0{,}2, \ldots, 0{,}9$) und die Perzentile (Hundertstelwerte, $p = 0{,}01, 0{,}02, \ldots, 0{,}98, 0{,}99$).

Getrimmter Mittelwert

$$\bar{x}_\alpha = \frac{1}{\lfloor n(1 - 2\alpha) \rfloor} \sum_{i = \lceil n\alpha + 1 \rceil}^{\lfloor n(1-\alpha) \rfloor} x_{(i)},$$

wobei $\lfloor x \rfloor$ die ganze Zahl ist, die man durch Abrunden von x erhält, und $\lceil x \rceil$ die Zahl, die man durch Aufrunden von x erhält.

Das getrimmte Mittel ist der gewöhnliche Mittelwert, allerdings werden vor der Berechnung die kleinsten und größten $\alpha \cdot 100\%$ der Daten abgeschnitten und weggeworfen. Damit ist das getrimmte Mittel nicht mehr so anfällig für Ausreißer wie der Mittelwert, da extrem große und kleine Werte nicht miteinbezogen werden; es ist robust.

Beschreibung der Streuung

Als nächstes stellen wir Kennzahlen vor, die die Streuung der Daten beschreiben.

Empirische Varianz

$$s_x^2 = \frac{1}{n - 1} \sum_{i=1}^{n} (x_i - \bar{x})^2,$$

beziehungsweise die empirische Standardabweichung $\sqrt{s_x^2}$.

Die empirische Varianz misst, wie stark die Daten x_i vom Mittelwert $\bar{x}$ abweichen. Die Abweichungen werden quadriert (damit sich positive und negative Abweichungen nicht zufällig gegeneinander aufheben) und aufsummiert. Durch das Quadrieren können Ausreißer besonders stark ins Gewicht fallen und die Varianz beeinflussen.

Es mag verwirren, dass wir die Summe am Schluss durch $n - 1$ teilen, und nicht durch n. Bei sehr vielen Daten, wenn n also sehr groß ist, macht es keinen Unterschied, aber es lässt sich mathematisch nachweisen, dass man mit dem Vorfaktor

$\frac{1}{n-1}$ im Schnitt die Varianz der Datenart realistischer beschreiben kann: s_x^2 ist ein sogenannter *erwartungstreuer* Schätzer der Varianz. Wir werden später noch sehen, dass die empirische Varianz der beste Schätzer der Varianz ist, wenn die Daten normalverteilt sind (siehe Definition 2.20).

Interquartilsabstand (IQR = interquartile range)

$$IQR = Q_3 - Q_1$$

Der IQR ist die Differenz aus dem oberen und dem unteren Quartil, also ist es die Länge des Bereichs, in dem die mittleren 50 % der Daten liegen. Es ist eine robuste Statistik.

Median absolute deviation (MAD)

$$MAD = \frac{1}{n} \sum_{i=1}^{n} |x_i - \mathrm{med}(x_1, \ldots, x_n)|$$

Die MAD, die mittlere absolute Abweichung vom Median, ist robuster gegen Ausreißer als etwa die empirische Varianz. Außerdem gibt es Verteilungen, für die Erwartungswert und Varianz überhaupt nicht existieren, etwa die *Cauchy-Verteilung*, und wenn wir Daten analysieren, die einer solchen Verteilung folgen, können wir die Streuung durch die MAD beschreiben.

Gelegentlich wird auch die *Mean Absolute Deviation* betrachtet, die absolute Abweichung vom Mittelwert; dabei wird in obiger Formel der Median durch den Mittelwert $\bar{x}$ ersetzt.

Beispiel 2.3. Es liegen Ihnen 19 Luftproben vor, die Sie auf Verschmutzung untersuchen. Sie messen, wie viel Kohlenstoffmonoxid (in ppm, *parts per million*) enthalten ist und erhalten diese Messreihe:

```
45, 30, 38, 42, 63, 43, 102, 86, 99, 63, 58, 34, 37, 55, 58, 153, 75,
58, 36
```

Diese Daten werden der Größe nach sortiert:

```
30, 34, 36, 37, 38, 42, 43, 45, 55, 58, 58, 58, 63, 63, 75, 86, 99, 102, 153
```

Jetzt können wir die Daten wie folgt zusammenfassen:

- Mittelwert $\bar{x} = 61{,}84$

- Median $\tilde{x} = x_{(10)} = 58{,}0$

- Quartile $Q_1 = x_{(20/4)} = x_{(5)} = 38$ und $Q_3 = x_{(3\cdot20/4)} = x_{(15)} = 75$

- Getrimmtes Mittel mit $\alpha = 10\,\%$

$$\bar{x}_\alpha = \frac{1}{\lfloor 15{,}2 \rfloor} \sum_{i=\lceil 2{,}9 \rceil}^{\lfloor 17{,}1 \rfloor} x_{(i)} = \frac{1}{15} \sum_{i=3}^{17} x_{(i)} = 57{,}07$$

- Empirische Varianz $s_x^2 = 934{,}92$

- Interquartilsabstand IQR $= 75 - 38 = 37$

- Median absolute deviation MAD $= 20{,}89$

2.1.2 Grafische Zusammenfassungen eindimensionaler Daten
Einen Datensatz auf einen Blick überschauen

Boxplot

In einem *Boxplot* werden die Kennzahlen Median, Quartile Q_1, Q_3 und der Interquartilsabstand grafisch dargestellt. Außerdem werden *Ausreißer* erfasst, das sind Daten, die extrem von der Mehrheit abweichen und besonders betrachtet werden sollten (eventuell liegen hier grobe Messfehler vor).

Ein Boxplot wird so konstruiert: Die Box, das zentrale Rechteck des Boxplots, verläuft vom oberen (75 %) Quartil zum unteren (25 %) Quartil, das mittlere (50 %) Quartil, der Median, wird deutlich erkennbar in die Box eingezeichnet (der Median liegt keineswegs immer in der Mitte der Box; seine Lage hängt von der Form der Verteilung ab, die somit ebenfalls direkt aus dem Boxplot abgelesen werden kann). Da die Box zwischen dem oberen und dem unteren Quartil verläuft, entspricht ihre Länge genau dem Interquartilsabstand IQR.

Nun wird ein Abstand von jeweils 1,5 IQR auf die obere und die untere Kante der Box addiert, sodass sich ein Feld mit einer Gesamtlänge von 4 IQR ergibt. Zwei Werte, der größte und der kleinste beobachtete Wert, die noch in diesem Bereich von 4 IQR liegen, bilden nun die Grenzpunkte für den oberen und den unteren Zaun (whisker) des Boxplots, die jeweils durch eine Linie mit der Box verbunden werden. Zu beachten ist, dass die Zäune nicht an der Grenze von $\pm$ 1,5 IQR um die beiden Enden der Box liegen, sondern dort, wo der größte beziehungsweise der kleinste Wert der Verteilung innerhalb dieser beiden Abstände liegt. Deshalb sind die Zäune in der Regel nicht gleich lang.

Alle Werte, die außerhalb der Zäune liegen, sind Ausreißer und werden mit einem Kreis gekennzeichnet.

Während die Box eines Boxplots immer das erste und dritte Quartil umfasst, gibt es bei den Zäunen und Ausreißern verschiedene Konventionen: Manchmal werden die Ausreißer mit einem Punkt oder einem Stern markiert, selten auch gar nicht; die Zäune zeigen beispielsweise manchmal das Minimum/Maximum der Daten oder verschiedene Quantile an. Es ist daher ratsam, bei einem Boxplot anzugeben, nach welcher Konvention die Zäune eingezeichnet wurden.

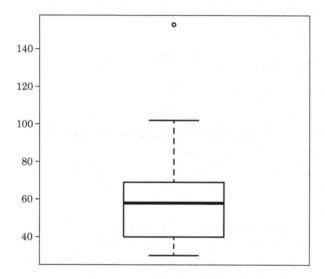

Abb. 2.1: Boxplot der Daten aus Beispiel 2.3

Empirische Verteilungsfunktion

Wenn wir die Daten $x_1, \ldots, x_n$ als Realisierungen einer Zufallsvariablen X betrachten, hat diese Zufallsvariable eine Verteilungsfunktion F_X, die wir aus den Daten heraus schätzen können.

Definition 2.4 (Empirische Verteilungsfunktion). Die *empirische Verteilungsfunktion* der Daten $x_1, \ldots, x_n$ ist

$$F_n(x) = \frac{1}{n} \# \{1 \le i \le n : x_i \le x\}.$$

$F_n(x)$ gibt an, welcher Anteil der Beobachtungen kleiner oder gleich x ist.

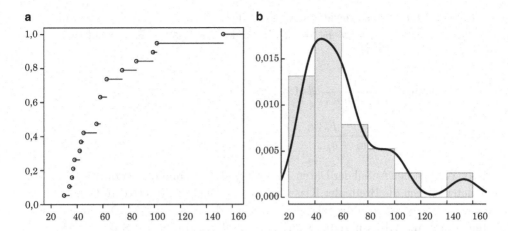

Abb. 2.2: Empirische Verteilungsfunktion (**a**) und Histogramm (**b**) der Daten aus Beispiel 2.3. Beim Histogramm ist eine Dichteschätzung der Daten eingezeichnet,
um zu zeigen, dass das Histogramm, wenn es hinreichend feine Klassen besitzt,
die Dichte schätzt

Wenn man die Daten als Realisierungen unabhängiger Zufallsvariablen auffassen
kann, ist die empirische Verteilungsfunktion der beste Schätzer der Verteilungsfunktion der Zufallsvariablen. Mithilfe der Ordnungsstatistik kann man die empirische
Verteilungsfunktion übrigens einfach bestimmen; es gilt

$$F_n(x_{(k)}) = \frac{k}{n},$$

und bis zum nächsten Wert $x_{(k+1)}$ bleibt die Funktion konstant (fallen mehrere
Ordnungsstatistiken zusammen, ist der größte der so bestimmten Werte zu nehmen;
das heißt, ist zum Beispiel $x_{(4)} = x_{(5)} = x_{(6)}$, so ist $F_n(x_{(3)}) = \frac{3}{n}$ und $F_n(x_{(4)}) =
F_n(x_{(5)}) = F_n(x_{(6)}) = \frac{6}{n}$).

Histogramm

In einem *Histogramm* werden die Daten in Klassen eingeteilt. Jede Klasse wird
durch einen Balken visualisiert, der so hoch ist, dass die Fläche des Balkens proportional zur Anzahl der Daten ist, die in der Klasse liegen.

Wir wollen unsere Daten $x_1, \ldots, x_n$ in Klassen einteilen. Dazu benötigen wir zuerst
Trenngrenzen $a_0, \ldots, a_K$:

$$-\infty < a_0 < a_1 < \ldots < a_K < \infty,$$

wobei die äußeren Grenzen so gewählt sind, dass alle Beobachtungen in das Intervall $(a_0, a_K]$ fallen. Das *Histogramm* ist dann die Funktion $h : \mathbb{R} \to \mathbb{R}$, die auf dem Intervall $(a_{k-1}, a_k]$ den Wert

$$h(x) = \frac{1}{n(a_k - a_{k-1})} \#\{1 \le i \le n : a_{k-1} < x_i \le a_k\}$$

$$= \frac{F_n(a_k) - F_n(a_{k-1})}{a_k - a_{k-1}}$$

hat. Dieser Wert ist der Anteil der Daten, die größer als a_{k-1} und kleiner oder gleich a_k sind, geteilt durch die Breite der Klasse $a_k - a_{k-1}$. Die Höhe des Rechtecks über der Klasse $(a_{k-1}, a_k]$ ist also die relative Häufigkeit der Klasse in der Datenmenge, geteilt durch die Klassenbreite. Man kann das Histogramm als Schätzer der Dichtefunktion auffassen.

Beachten Sie, dass in einem ordnungsgemäßen Histogramm die *Fläche* eines Klassenrechtecks proportional zur relativen Häufigkeit der Klasse ist, und nicht die Höhe, denn die Klassen können verschieden breit sein. In der obigen Definition summieren sich die Flächeninhalte zu 1, man spricht von einem *normierten* Histogramm.

In der Praxis tauchen viele verschiedene Arten von Histogrammen auf, und auch viele Grafiken, die als Histogramm bezeichnet werden, aber keines sind, sondern etwa nur ein Balkendiagramm. Beispielsweise wird manchmal der Vorfaktor $1/(n(a_k - a_{k-1}))$ weggelassen und auf der y-Achse nur die absolute Anzahl eingetragen. Dann jedoch kann das Histogramm missverständlich sein und einen falschen Eindruck der Daten vermitteln.

2.1.3 Numerische Zusammenfassungen zweidimensionaler Daten
Durch Kennzahlen beschreiben, wie zwei Datensätze zusammenhängen

Wir betrachten jetzt Situationen, in der die Daten Zahlenpaare

$$(x_1, y_1), \ldots, (x_n, y_n)$$

sind (zum Beispiel Elastizitätsmodul und Zugfestigkeit von verschiedenen Werkstoffen). Wir interessieren uns für Zusammenhänge zwischen den beiden Größen x und y (die sich in den Realisierungen $x_1, \ldots, x_n$ und $y_1, \ldots, y_n$ zeigen).

Wir können erst die beiden Beobachtungen getrennt betrachten, also $x_1, \ldots, x_n$ und $y_1, \ldots, y_n$, und dabei die Mittelwerte $\bar{x}$, $\bar{y}$ und die Varianzen σ_x^2 und σ_y^2 berechnen.

Definition 2.5 (Empirische Kovarianz und Korrelation). Die *empirische Kovarianz* und der *empirische Korrelationskoeffizient* sind die Größen

$$s_{xy} = \frac{1}{n-1} \sum_{i=1}^{n} (x_i - \bar{x})(y_i - \bar{y})$$

$$r_{xy} = \frac{s_{xy}}{\sqrt{s_x^2 \, s_y^2}}.$$

Die empirische Kovarianz gibt an, ob die beiden Stichproben linear zusammenhängen: Wenn die beiden Stichproben einen linearen Zusammenhang haben (das heißt: wenn x_i groß ist, ist tendenziell auch y_i groß), ist s_{xy} positiv; wenn hingegen hohe x-Werte mit kleinen y-Werten einhergehen (und umgekehrt), ist es negativ. Wenn die empirische Kovarianz 0 ist, hängen die beiden Stichproben nicht linear zusammen; sie können aber noch auf andere Arten miteinander in Beziehung stehen, die die empirische Kovarianz nicht erkennt.

Die reine empirische Kovarianz s_{xy} ist eine Zahl, die man nicht vergleichen kann: Wie hoch sie ist, hängt auch davon ab, wie sehr die einzelnen x- und y-Werte streuen. Zwei verschiedene Sätze an Datenpaaren können den gleichen linearen Zusammenhang besitzen, aber s_{xy} kann verschieden groß sein. Um den linearen Zusammenhang zweier Datensatzpaare zu vergleichen, muss man die empirische Kovarianz noch durch die empirischen Standardabweichungen teilen. Man erhält den empirischen Korrelationskoeffizienten r_{xy}. Der empirische Korrelationskoeffizient ist *skaleninvariant*, das heißt: Wenn Sie x oder y in anderen Einheiten messen, hat dies keinen Einfluss auf r_{xy}.

Beispiel 2.6. Sie stellen in zwei Werken Schraubenspindelpumpen her und analysieren Verkaufszahlen aus den letzten elf Monaten. Sie fragen sich, ob die Absatzzahlen der beiden Werke zusammenhängen. x ist der Absatz aus dem ersten, y aus dem zweiten Werk.

x	404	391	400	332	380	322	405	35	383	431	322
y	261	250	257	236	251	221	246	22	280	345	354

Die Kovarianz beträgt $s_{xy} = 7930{,}005$, die Korrelation $r_{xy} = 0{,}84$. Es besteht also ein nennenswerter linearer Zusammenhang: Wenn in einem Werk mehr verkauft wird, wird auch in dem anderen tendenziell mehr verkauft.

Beispiel 2.7. In Abb. 2.3 sind drei Datensätze von jeweils $n = 200$ Datenpaaren (x_i, y_i) dargestellt. Der empirische Korrelationskoeffizient $r = r_{xy}$ ist für jeden Datensatz angegeben. Wenn kleine x-Werte tendenziell mit kleinen y-Werten und große x-Werte tendenziell mit großen y-Werten einhergehen (Abbildung rechts),

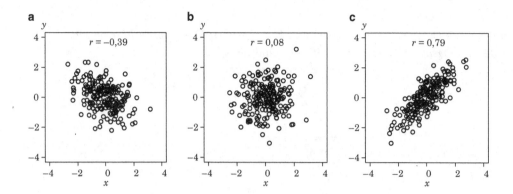

Abb. 2.3: Zweidimensionale Datensätze (x_i, y_i) mit verschiedenen Korrelationen $r = r_{xy}$ der Koordinaten x und y. Jeder Datensatz enthält 200 Datenpaare

schlägt sich dies in einem hohen, positiven Korrelationskoeffizienten nieder. Sind kleine x-Werte eher mit großen y-Werten verknüpft und umgekehrt (Abbildung links), ist der Korrelationskoeffizient negativ. Besteht kein Zusammenhang zwischen der x- und der y-Koordinate bei den Datenpaaren, so ist die Punktewolke unverzerrt, und der empirische Korrelationskoeffizient ist nahe 0.

2.1.4 Q-Q-Plot
Datensätze auf einen Blick vergleichen

Bei der Analyse von Daten $x_1, \ldots, x_n$ geht man davon aus, dass die beobachteten Werte $x_1, \ldots, x_n$ Realisierungen von unabhängigen Zufallsvariablen $X_1, \ldots, X_n$ sind, die alle die gleiche Verteilungsfunktion F besitzen. Eine wichtige Frage ist hier, welcher Verteilung die Daten folgen, das heißt, welches dieses zugrundeliegende F ist, denn nur mit Kenntnis der Verteilung können wir Wahrscheinlichkeiten ausrechnen.

Wir haben bereits die empirische Verteilungsfunktion kennengelernt (in Abschn. 2.1.2), die die Verteilung der Daten schätzt; oft jedoch möchte man bloß wissen, ob die Verteilung eine bestimmte ist, oder nicht, etwa: Sind die Daten normalverteilt?

> Später, ab Abschn. 2.4, werden wir statistische Tests kennenlernen, bei denen verschiedene Fragen anhand gemessener Daten beantwortet werden. Einige Tests setzen voraus, dass die Daten einer bestimmten Verteilung folgen. Bevor man diese Tests anwenden kann, muss also immer erst die Verteilung der Daten überprüft werden, siehe auch Abschn. 2.8.

Eine einfache und schnelle Möglichkeit, diese Frage zu beantworten, ist der *Quantile-Quantile-Plot* (auch *Quantil-Quantil-Diagramm* oder kurz *Q-Q-Plot* genannt). Ein Q-Q-Plot vergleicht die Verteilung einer Stichprobe mit einer theoretischen Verteilung.

Definition 2.8 (Q-Q-Plot). Um die Verteilung einer Stichprobe mit einer theoretischen Verteilung in einem Q-Q-Plot zu vergleichen, bestimmt man die Quantile $q_1, \ldots, q_k$ der Stichprobe sowie die Quantile $\tilde{q}_1, \ldots, \tilde{q}_k$ der theoretischen Verteilung und plottet sie gegeneinander, das heißt, man plottet die Punkte $(\tilde{q}_i, q_i)$, $i = 1, \ldots, k$.

Entstammen die Daten einer *Lokationsskalenfamilie*, das heißt, ist die Verteilungsfunktion, die die Daten erzeugt hat, des Typs

$$F\left(\frac{x - \mu}{\sigma}\right),$$

wobei μ und σ Parameter sind, und liegen die Punkte im Q-Q-Plot näherungsweise auf einer Geraden, so kann man davon ausgehen, dass die beiden Verteilungen denselben Typ haben, also beispielsweise beides Normalverteilungen sind.
Liegen die Punkte etwa auf einer Geraden mit Winkel 45 Grad, so kann man davon ausgehen, dass die beiden Verteilungen übereinstimmen (denn eine solche Gerade bedeutet ja, dass die Quantile identisch sind).

Mit einem Q-Q-Plot lässt sich nicht nur die Verteilung einer Stichprobe mit einer theoretischen Verteilung vergleichen, sondern auch die Verteilung einer Stichprobe mit einer anderen. Dann werden die Quantile der einen Stichprobe nicht gegen die Quantile der theoretischen Verteilung, sondern gegen die Quantile der anderen Stichprobe aufgetragen.

Der Q-Q-Plot ist bloß ein graphisches Mittel. Natürlich gibt es auch objektivere Methoden, um die Verteilungen zweier Stichproben zu vergleichen, beziehungsweise die Verteilung einer Stichprobe mit einer theoretischen Verteilung; sie werden *Anpassungstests* genannt. Beispiele sind der *Kolmogorow-Smirnow-Test* in Abschn. 2.7.2 und der *Chi-Quadrat-Anpassungstest* in Abschn. 2.7.4.

Beispiel 2.9. Sie haben an zwei verschiedenen Fertigungsanlagen die folgenden Abweichungen im Durchmesser der produzierten Bauteile ermittelt:

```
Datensatz A
-0.44, 0.56, 0.44, -0.12, 0.48, -0.37, 0.92, -2.58, 0.83, 0.56, 0.76,
-0.23, 0.90, -0.97, 1.58, -1.62, 0.15, -1.00, 0.18, -0.63, -2.03,
-0.62, -1.10, 1.95, -1.03, -1.36, 1.66, 0.62, -0.09, -0.46, 0.65,
-0.38, -1.00, -0.36, 0.06, 0.70, -0.96, -0.64, 0.34, 0.16, 2.04, 0.46,
-0.42, 0.65, 0.41, 1.22, 0.60, 1.42, 0.88, 0.23
```

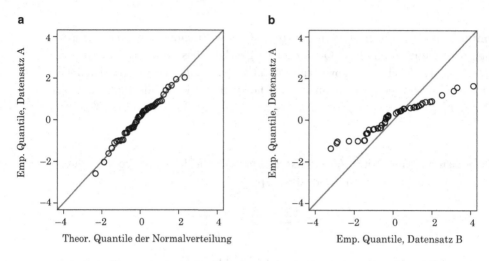

Abb. 2.4: Q-Q-Plot für die Datensätze A und B aus Beispiel 2.9

```
Datensatz B
3.13, 0.36, -1.81, -0.25, -0.28, 0.55, 1.91, 1.06, 2.52, -0.37, -0.63,
-0.58, -5.57, 0.24, 7.77, -0.78, -1.45, -3.2, -1.24, 1.12, 2, 1.33,
1.22, -11.58, 0.40, -0.42, 3.31, -5.51, -2.86, -1.02, -2.27, -0.24,
0.44, -0.35, -1.36, -1.38, 1.45, 1.51, -1.48, 0.89, -0.97, -2.90, 0.58,
-0.42, -1.31, 5.87, -0.65, 1.67, 4.14, 0.15
```

Sie wollen zwei Fragen klären:

a) Ist der Datensatz A normalverteilt?

b) Besitzen der Datensatz A und der Datensatz B die gleiche Verteilung?

Um diese Fragen zu beantworten, stellen wir jeweils einen Q-Q-Plot auf. Zuerst plotten wir die Quantile des Datensatzes A gegen die theoretischen Quantile einer Standardnormalverteilung, anschließend gegen die des Datensatzes B. Abbildung 2.4 zeigt die Q-Q-Plots und verrät: Datensatz A scheint normalverteilt zu sein, Datensatz B hat eine andere Verteilung als A.

Fazit

In diesem Abschnitt haben wir Werkzeuge der deskriptiven Statistik kennengelernt, um einen Datensatz übersichtlich darzustellen. Die Lage der Daten beschreiben etwa der Mittelwert $\bar{x} = \frac{1}{n} \sum_{i=1}^{n} x_i$ und der Median $\text{med}(x_1, \dots, x_n)$, der gewissermaßen die Mitte der Daten angibt und von Ausreißern nicht so heftig beeinträchtigt wird wie der Mittelwert, weil er nicht die Größe der Messwerte, sondern nur ihre Platzierung berücksichtigt, wenn man der Größe nach sortiert. Beliebte Maße für die Streuung der Daten sind die empirische Varianz $s_x^2 = \frac{1}{n-1} \sum_{i=1}^n (x_i - \bar{x})^2$ und die empirische Standardabweichung $\sqrt{s_x^2}$.

Wir haben den Boxplot und das Histogramm kennengelernt, mit denen wir einen Datensatz graphisch darstellen können, sowie die empirische Verteilungsfunktion $F_n(x) = \frac{1}{n} \#\{1 \leq i \leq n : x_i \leq x\}$, die angibt, welcher Anteil der Beobachtungen kleiner oder gleich x ist, und die damit die wahre Verteilungsfunktion $F(x) = P(X \leq x)$ schätzt. Sowohl Mittelwert und Varianz als auch die empirische Verteilungsfunktion werden später beim statistischen Testen eine wichtige Rolle spielen.

Wir haben die empirische Kovarianz und die empirische Korrelation

$$s_{xy} = \frac{1}{n-1} \sum_{i=1}^n (x_i - \bar{x})(y_i - \bar{y}) \qquad \text{und} \qquad r_{xy} = \frac{s_{xy}}{\sqrt{s_x^2 \, s_y^2}}$$

behandelt, mit denen wir ermitteln können, ob zwei Stichproben linear zusammenhängen. Dabei ist die empirische Korrelation r_{xy} zum Vergleichen verschiedener Datensatzpaare besser geeignet, da sie nicht von der Streuung innerhalb der jeweiligen Stichproben beeinflusst wird.

Schließlich haben wir den Q-Q-Plot vorgestellt, bei dem wir (zwar bloß mit dem Auge, aber dafür auf einen Blick) beurteilen können, ob eine Stichprobe aus einer bestimmten theoretischen Verteilung entstanden ist, und ebenso, ob zwei Stichproben die gleiche Verteilung besitzen.

2.2 Grundlagen der Schätztheorie
Anhand von Daten auf unbekannte Parameter schließen

In der inferentiellen Statistik geht es darum, aus einer Reihe von Daten Rückschlüsse auf die Zufallsmechanismen zu ziehen, aus denen sie entstanden sind. Wir fassen dazu die Daten als Realisierungen von Zufallsvariablen auf, deren Verteilung wir nicht kennen. Das Ziel ist es, aus den Realisierungen auf die Eigenschaften der Zufallsvariablen zu schließen. Diesen Vorgang nennen wir *schätzen*. Natürlich hat dies wenig mit umgangssprachlichem Schätzen zu tun, denn wir wollen keinen Schuss ins Blaue riskieren oder raten, sondern fundierte und zuverlässige mathematische Verfahren entwickeln, um Daten zu analysieren. Fragen, die man in der Praxis klären will, sind zum Beispiel:

- Wir gehen davon aus, dass eine Messreihe kleine Ungenauigkeiten enthält, die normalverteilt sind und um 0 schwanken (mit anderen Worten: die mal zu große, mal zu kleine Messungen verursachen). Aber wie stark schwanken sie, das heißt, wie groß ist die Varianz dieser vermuteten Normalverteilung?

- Wenn wir also die Varianz aus den Daten schätzen, wie gut ist diese Schätzung? Kann man etwas darüber sagen, ob die Schätzung nah an der realen Varianz oder eventuell total daneben ist?

- Ist die Annahme, dass die Messfehler normalverteilt sind, überhaupt richtig?

In den ersten beiden Fragen geht es darum, in einem *Modell* (hier: wir gehen von einer Normalverteilung aus) unbekannte Größen zu schätzen und etwas über die Qualität dieser Schätzung auszusagen. Damit befassen wir uns jetzt. Bei der dritten Frage interessiert uns nicht ein Wert, sondern ob eine Annahme korrekt ist, oder nicht. Wir können hier keine hundertprozentig sichere Antwort erwarten (denn wir wissen ja eben nicht, welcher Zufallsprozess hinter den Daten steht), aber man kann trotzdem sagen, ob die Daten dafür sprechen, oder nicht. Das klären wir ab Abschn. 2.4.

In diesem Abschnitt werden wir *Schätzer* kennenlernen, Funktionen, in die wir Messdaten einsetzen können, um etwas über die Zufallsmechanismen hinter ihnen zu erfahren. Wir werden für mathematisch interessierte Leser formal exakt definieren, was das mathematische Schätzen eigentlich ist, und dann mit dem *Maximum-Likelihood-Verfahren* eine Methode vorstellen, wie wir in bestimmten Situationen gute Schätzer konstruieren können. Wir werden der Frage nachgehen, welche *Eigenschaften* Schätzer haben, und werden sehen, dass manche Schätzer einen *Bias* aufweisen, das heißt, im Schnitt gar nicht das schätzen, was uns interessiert, und dass das *Risiko* eines Schätzers angibt, wie sehr Schätzwerte von dem unbekannten wahren Wert, den wir ermitteln wollen, abweichen können.

2.2.1 Statistische Modelle
Was Schätzen mathematisch exakt bedeutet

Wir gehen davon aus, dass die Daten $x_1, \ldots, x_n$, die wir erhoben haben, Realisierungen einer Zufallsvariable X sind. Das Ziel ist es nun, eine Formel aufzustellen, in die wir die erhobenen Daten $x_1, \ldots, x_n$ einsetzen können, um einige Eigenschaften dieser Zufallsvariablen herauszufinden. Eine solche Funktion heißt *Schätzer*.

Anders als in der Wahrscheinlichkeitstheorie haben wir in der Statistik also nicht nur eine einzige Verteilung P der Zufallsvariablen X, sondern viele Möglichkeiten P_θ, wobei θ ein unbekannter Parameter ist. Viele θ sind als Parameter möglich, wir wissen jedoch nicht, welches θ vorliegt. Mithilfe eines Schätzers wollen wir es herausfinden. Der Parameter θ ist im obigen Beispiel die Varianz der Normalverteilung, die wir nicht kennen – es ist irgendeine positive Zahl, die wir hoffen, aus den Daten zumindest einigermaßen genau herausfiltern zu können.

> Natürlich müssen wir die eben anschaulich eingeführten Begriffe mathematisch formal definieren. Außerdem ist es ebenfalls nötig, die Dinge, die wir über unseren Datensatz sicher wissen, und die Dinge, die wir nicht wissen, übersichtlich aufzuschreiben – das heißt zu modellieren.

Definition 2.10 (Statistisches Modell). Ein *statistisches Modell* besteht aus folgenden Bestandteilen:

- Zufallsvariable X, die Werte im Stichprobenraum $\mathcal{X}$ annimmt

- Familie von Wahrscheinlichkeitsverteilungen P_θ auf dem Stichprobenraum – dies sind die möglichen Verteilungen der Zufallsvariable X, wobei wir den Parameter θ nicht kennen

- Parameterraum Θ, in dem alle möglichen Parameter θ der Verteilung versammelt sind

Beispiel 2.11. a) Wir führen n unabhängige Bernoulli-Experimente durch, bei denen wir die Erfolgswahrscheinlichkeit nicht kennen. Wir notieren mit X die Anzahl der Erfolge; dann hat X eine Binomialverteilung mit Parametern n und θ, wobei $\theta \in [0,1]$ die unbekannte Erfolgswahrscheinlichkeit ist. In diesem Fall ist der Stichprobenraum also $\mathcal{X} = \{0, \ldots, n\}$, der Parameterraum ist $[0,1]$ und die Familie der Wahrscheinlichkeitsverteilungen $(P_\theta)_{\theta \in [0,1]}$ ist gegeben durch die Wahrscheinlichkeitsfunktion

$$p_\theta(k) = \binom{n}{k} \theta^k (1 - \theta)^{n-k}.$$

b) Wir wollen eine physikalische Konstante μ bestimmen und führen dazu n unabhängige Messungen durch. Die Messungen haben jeweils Messfehler (sonst reicht eine einzige Messung, und dann brauchen wir keine Statistik), die wir mit ε bezeichnen und von denen wir annehmen, dass sie $\mathcal{N}(0, \sigma^2)$-verteilt sind, wobei wir μ und σ^2 nicht kennen. Das Messergebnis setzt sich also aus dem wahren Wert der Konstante und dem Messfehler zusammen. Da wir n unabhängige Messungen vornehmen, haben wir das Modell

$$X_i = \mu + \varepsilon_i, \quad 1 \leq i \leq n,$$

wobei $\varepsilon_1, \ldots, \varepsilon_n$ unabhängige $\mathcal{N}(0, \sigma^2)$-verteilte Zufallsvariablen sind. Damit hat die i-te Messung eine $\mathcal{N}(\mu, \sigma^2)$-Verteilung. Das Ergebnis aller Messungen fügen wir zu dem Vektor $X = (X_1, \ldots, X_n)$ zusammen. Der Stichprobenraum ist also in diesem Fall $\mathcal{X} = \mathbb{R}^n$, der Parameterraum ist $\Theta = \{(\mu, \sigma^2) : \mu \in \mathbb{R}, \sigma^2 > 0\}$ und die Verteilung P_{μ, σ^2} hat die Dichtefunktion

$$f_{\mu, \sigma^2}(x_1, \ldots, x_n) = \frac{1}{\sqrt{2\pi\sigma^2}} e^{-\frac{(x_1-\mu)^2}{2\sigma^2}} \cdot \ldots \cdot \frac{1}{\sqrt{2\pi\sigma^2}} e^{-\frac{(x_n-\mu)^2}{2\sigma^2}}.$$

(Hier benutzen wir, dass die gemeinsame Dichte bei unabhängigen Beobachtungen das Produkt der Einzeldichten ist, siehe Satz 3.27.)

In einem statistischen Modell $(\mathcal{X}, (P_\theta)_{\theta \in \Theta})$ für die Verteilung einer Zufallsvariablen X wollen wir aufgrund einer Realisierung x von X eine Schätzung des unbekannten Parameters θ geben. θ kann eine einzelne Zahl wie in Beispiel 2.11 a) oder auch ein Vektor wie in Beispiel 2.11 b) sein. Auch die Realisierung x kann eine einzelne Zahl wie in Beispiel 2.11 a) oder ein Vektor $(x_1, \ldots, x_n)$ wie in Beispiel 2.11 b) sein.

Definition 2.12 (Schätzer). Im statistischen Modell $(\mathcal{X}, (P_\theta)_{\theta \in \Theta})$ ist ein *Schätzer* für θ eine Abbildung

$$t : \mathcal{X} \to \Theta.$$

Bei gegebenem $x \in \mathcal{X}$ heißt der Wert $t(x) \in \Theta$ *Schätzung* für den Parameter θ.

Ein Schätzer ist also eine Vorschrift, die einer Beobachtung $x \in \mathcal{X}$ den Wert $t(x) \in \Theta$ zuordnet, der dann unsere Schätzung für den Paramter θ ist. Es ist wichtig, dass wir die Begriffe *Schätzer* und *Schätzung* sauber auseinanderhalten. Die Schätzung $t(x)$ ist einfach eine Zahl, und da wir den wahren Wert des Parameters nicht kennen, können wir nicht sagen, wie gut diese Zahl den wahren Wert beschreibt. Allerdings können wir die Eigenschaften eines Schätzers quantifizieren und damit verschiedene Schätzer vergleichen.

Beispiel 2.13.   a) Sei X die Anzahl der Erfolge in n unabhängigen Bernoulli-Experimenten mit unbekannter Erfolgswahrscheinlichkeit θ, siehe Beispiel 2.11 a). Ein Schätzer für θ ist

$$t(x) = \frac{x}{n},$$

also die relative Häufigkeit der Erfolge.

b) Wir betrachten unabhängige $\mathcal{N}(\mu, \sigma^2)$-verteilte Beobachtungen $X_1, \ldots, X_n$ mit unbekanntem Parameter (μ, σ^2), siehe Beispiel 2.11 b). Ein Schätzer für (μ, σ^2) ist (t_1, t_2) mit

$$t_1(x_1, \ldots, x_n) = \frac{1}{n} \sum_{i=1}^{n} x_i$$

$$t_2(x_1, \ldots, x_n) = \frac{1}{n-1} \sum_{i=1}^{n} (x_i - \bar{x})^2,$$

also der Mittelwert und die empirische Varianz der Beobachtungen.

Dieses sind mögliche Schätzer, es gibt durchaus Alternativen (beispielsweise kann man μ auch durch den Median schätzen); die hier genannten Schätzer sind aber in gewissem Sinne optimal. „Optimal" bedeutet dabei: Die Schätzer sind unter allen erwartungstreuen Schätzern diejenigen mit dem kleinsten Risiko – das heißt, sie liefern im Schnitt nicht nur den richtigen unbekannten Wert, sondern unter allen Schätzern, die das tun, liefern sie Einzelschätzungen, die im Schnitt am geringsten vom wahren Wert abweichen.

2.2.2 Maximum-Likelihood-Schätzer
Wie man gute Schätzer finden kann

Dass die Schätzer aus Beispiel 2.11 eine vernünftige Wahl sind, um den unbekannten Parameter zu schätzen, leuchtet intuitiv ein: Die relative Häufigkeit der Erfolge wird in einer langen Reihe von Experimenten (das heißt, wenn n groß ist) die Erfolgswahrscheinlichkeit wiedergeben. Doch wie finden wir in allgemeinen Situationen geeignete Schätzer?

In diesem Abschnitt wollen wir eine Technik vorstellen: das Maximum-Likelihood-Verfahren. Es zeichnet sich dadurch aus, dass es *asymptotisch beste Schätzer* liefert – Schätzer, die bei großen Datenmengen annähernd normalverteilt sind und das kleinst mögliche Risiko besitzen.

Wir betrachten ein statistisches Modell, bei dem die Verteilung der Zufallsvariablen X, $(P_\theta)_{\theta \in \Theta}$, entweder eine Dichte $p_\theta(x)$ oder eine Wahrscheinlichkeitsfunktion $p_\theta(x)$ hat.

Definition 2.14 (Maximum-Likelihood-Schätzer). Zu gegebener Beobachtung $x \in \mathcal{X}$ definieren wir die *Likelihoodfunktion*

$$L(\theta) = p_\theta(x),$$

das heißt, wir setzen die Beobachtung x in die Wahrscheinlichkeitsfunktion/Dichte ein und interpretieren jene als Funktion des Parameters θ. Der *Maximum-Likelihood-Schätzer* $\hat\theta_{\mathrm{ML}}$ für θ ist derjenige Wert von θ, in dem die Likelihoodfunktion ihr Maximum annimmt.

Anstelle des Maximums der Likelihoodfunktion können wir auch das Maximum der Loglikelihoodfunktion

$$l(\theta) = \ln L(\theta) = \ln p_\theta(x)$$

berechnen; das gibt denselben θ-Wert, ist aber meist einfacher.

Beispiel 2.15. a) In Beispiel 2.11 a) erhalten wir nach Ausführung des Experiments x Erfolge und können dann die Likelihoodfunktion und die Loglikelihoodfunktion berechnen:

$$L(\theta) = \binom{n}{x} \theta^x (1-\theta)^{n-x}$$

$$l(\theta) = \ln\binom{n}{x} + x \ln\theta + (n-x)\ln(1-\theta)$$

Wir bestimmen den Maximum Likelihood Schätzer durch Differenzieren der Loglikelihoodfunktion:

$$\frac{d}{d\theta}\ln L(\theta) = \frac{d}{d\theta}\left(\ln\binom{n}{x} + x\ln\theta + (n-x)\ln(1-\theta)\right)$$

$$= \frac{x}{\theta} - \frac{n-x}{1-\theta}$$

Die Loglikelihoodfunktion hat eine Nullstelle in $\theta = x/n$, und somit erhalten wir den ML-Schätzer

$$\hat{\theta}_{\mathrm{ML}} = \frac{x}{n}.$$

Mithilfe der zweiten Ableitung sehen wir schnell, dass es sich tatsächlich um eine Maximalstelle von $L(\theta)$ handelt.

b) Wir betrachten die experimentelle Bestimmung der physikalischen Konstante μ durch n unabhängige Messungen mit $\mathcal{N}(0,\sigma^2)$-verteilten Messfehlern aus Beispiel 2.11 b). In diesem Fall hat die unbekannte Verteilung von $X = (X_1,\ldots,X_n)$ die Dichtefunktion

$$p_{\mu,\sigma^2}(x_1,\ldots,x_n) = \prod_{i=1}^{n}\frac{1}{\sqrt{2\pi\sigma^2}}e^{-\frac{(x_i-\mu)}{2\sigma^2}} = \frac{1}{(2\pi\sigma^2)^{n/2}}e^{-\frac{1}{2\sigma^2}\sum_{i=1}^{n}(x_i-\mu)^2}.$$

Nach Abschluss der Messungen liegen die Werte $x_1,\ldots,x_n$ vor, und wir können die Loglikelihoodfunktion bestimmen

$$l(\mu,\sigma) = -\frac{n}{2}\ln(2\pi\sigma^2) - \frac{1}{2\sigma^2}\sum_{i=1}^{n}(x_i-\mu)^2.$$

Um den Maximum-Likelihood-Schätzer für (μ,σ) zu finden, bestimmen wir die partiellen Ableitungen der Loglikelihoodfunktion und setzen sie gleich null.

$$\frac{\partial}{\partial\mu}l(\mu,\sigma) = \frac{1}{\sigma^2}\sum_{i=1}^{n}(x_i-\mu) = 0$$

$$\frac{\partial}{\partial\sigma}l(\mu,\sigma) = -\frac{n}{\sigma} + \frac{1}{\sigma^3}\sum_{i=1}^{n}(x_i-\mu)^2 = 0,$$

Daraus erhält man die beiden Schätzer

$$\hat{\mu}_{\mathrm{ML}} = \frac{1}{n} \sum_{i=1}^{n} x_i = \bar{x}$$

$$\hat{\sigma}_{\mathrm{ML}}^2 = \frac{1}{n} \sum_{i=1}^{n} (x_i - \bar{x})^2 \quad \left(= \frac{n-1}{n} s_x^2 \right).$$

(Hier liegt die besondere Situation vor, dass wir zwei Gleichungen erhalten, von denen eine sofort $\hat{\mu}$ und eine sofort $\hat{\sigma}$ liefert; im Allgemeinen erhalten wir ein Gleichungssystem.)

Beispiel 2.16. Sie wollen ermitteln, wie lange ein bestimmter Silikondichtstoff zum Aushärten braucht, und messen die Aushärtezeit bei 22°C Raumtemperatur von 10 Proben (in Stunden):

21.60, 21.48, 22.42, 21.33, 21.86, 22.18, 21.72, 22.26, 21.81, 22.04

Sie nehmen an, dass die Aushärtezeit normalverteilt ist, aber Sie kennen die Parameter (Erwartungswert und Varianz) nicht, deshalb machen Sie eine ML-Schätzung mit den Formeln aus Beispiel 2.15:

$$\bar{x} = 21{,}87, \qquad \hat{\sigma}^2 = 0{,}11$$

Da die Standardabweichung im Verhältnis zum Mittelwert gering ausfällt, können Sie guten Gewissens $\bar{x} = 21{,}87$ als Schätzung für die Aushärtezeit nehmen.

Natürlich gibt es einen Haken beim Maximum-Likelihood-Verfahren: Die Schwachstelle liegt darin, dass man zur Bestimmung des Maximum-Likelihood-Schätzers ein nichtlineares Gleichungssystem lösen muss – was nur in wenigen Fällen ohne Computer klappt.

Oft wollen wir nicht den gesamten Parameter θ schätzen, sondern nur einen Aspekt, zum Beispiel im Modell normalverteilter Fehler statt (μ, σ^2) bloß μ oder im Allgemeinen eine Funktion des Parameters (hier ist diese Funktion $g(\theta_1, \theta_2) = \theta_1$). Dazu erweitern wir unsere Definition entsprechend. Wir betrachten ein statistisches Modell $(P_\theta)_{\theta \in \Theta}$ und eine Funktion $g : \Theta \to \Gamma$.

Definition 2.17. (i) Ein Schätzer für $g(\theta)$ ist eine Abbildung

$$t : \mathcal{X} \to \Gamma.$$

Bei gegebenem $x \in X$ heißt der Wert $t(x) \in \Gamma$ Schätzung für den Parameter $g(\theta)$.
(ii) Der ML-Schätzer für $g(\theta)$ wird definiert als $g(\hat{\theta}_{\mathrm{ML}})$, wobei $\hat{\theta}_{\mathrm{ML}}$ der gewöhnliche ML-Schätzer für θ ist.

2.2.3 Verteilung und Eigenschaften von Schätzern
Kenngrößen für die Qualität eines Schätzers

Wenn wir x beobachten und diese Beobachtung in einen Schätzer t einsetzen, so ist $t(x)$ unsere Schätzung für den unbekannten Parameter θ. Sie ist eine Realisierung einer Zufallsvariablen; bei einer erneuten Durchführung desselben Experiments werden wir ein anderes Ergebnis x und somit eine andere Schätzung $t(x)$ erhalten. Das wirft die essentielle Frage auf: Wie gut ist eine einzelne Schätzung?

Da wir die Beobachtung x als Realisierung einer Zufallsvariablen X sehen, können wir die Schätzung $t(x)$ genau so als Realisierung einer Zufallsvariablen $t(X)$ interpretieren. Wenn wir wissen, wie diese Zufallsvariable verteilt ist, können wir zumindest statistisch etwas über ihr Verhalten aussagen – und damit über die Qualität eines Schätzers.

Die Verteilung von $t(X)$ zu bestimmen, ist im Allgemeinen eine anspruchsvolle Aufgabe in der Wahrscheinlichkeitsrechnung. An dieser Stelle können wir nur die Ergebnisse mitteilen; Begründungen werden wir, wenn überhaupt, erst im nächsten Abschnitt geben. In unseren Beispielen verwenden wir oft eines der folgenden Resultate.

Satz 2.18. *Seien* $X_1, \ldots, X_n$ *unabhängige* $\mathcal{N}(\mu, \sigma^2)$*-verteilte Zufallsvariablen. Dann gilt:*

$$\frac{1}{\sqrt{n}} \sum_{i=1}^{n} X_i \sim \mathcal{N}\left(\sqrt{n}\mu, \sigma^2\right)$$

$$\sum_{i=1}^{n} \left(\frac{X_i - \mu}{\sigma}\right)^2 \sim \chi_n^2$$

$$\frac{(n-1)s_X^2}{\sigma^2} = \sum_{i=1}^{n-1} \left(\frac{X_i - \bar{X}}{\sigma}\right)^2 \sim \chi_{n-1}^2$$

$$\frac{\bar{X} - \mu}{s_X/\sqrt{n}} = \frac{1}{\sqrt{n}} \frac{1}{s_X} \sum_{i=1}^{n} (X_i - \mu) \sim t_{n-1}$$

Satz 2.19. *Sind* $X_1, \ldots, X_n$ *unabhängige* $\Gamma(r, \lambda)$*-verteilte Zufallsvariablen, so gilt:*

$$\sum_{i=1}^{n} X_i \sim \mathrm{Gamma}(nr, \lambda)$$

Ein Schätzer t ist zunächst einmal eine beliebige Funktion der erhobenen Daten. Wir wollen nun aber etwas darüber aussagen, wie geeignet er ist, den unbekannten

Parameter θ oder die Funktion $g(\theta)$ zu schätzen. Dazu betrachten wir die Zufallsvariable $t(X)$, wobei X die Zufallsvariable sein soll, die die Beobachtung x generiert hat.

Definition 2.20 (Bias und Risiko). (i) Der Schätzer t heißt *erwartungstreu* (unbiased) für $g(\theta)$, falls

$$E_\theta(t(X)) = g(\theta).$$

(ii) Die Differenz $E_\theta(t(X)) - g(\theta)$ heißt *Bias* (Verzerrung) des Schätzers t.
(iii) Das *Risiko* des Schätzers wird definiert durch

$$R_t(\theta) = E_\theta(t(X) - g(\theta))^2.$$

Dabei ist jeweils E_θ der Erwartungswert, der jedoch noch vom unbekannten Parameter θ abhängt.

Das Risiko eines Schätzers misst, wie stark der Schätzer von dem wahren Wert $g(\theta)$ abweicht. Bei einem einzelnen Experiment kennen wir die Abweichung nicht; wir können darüber bloß eine statistische Aussage machen.

Satz 2.21 (Risiko eines Schätzers). *Für einen Schätzer* $t : \mathcal{X} \to \Gamma$ *gilt*

$$R_t(\theta) = \mathrm{Var}_\theta(t(X)) + (E_\theta(t(X)) - g(\theta))^2.$$

Insbesondere gilt für einen erwartungstreuen Schätzer

$$R_t(\theta) = \mathrm{Var}_\theta(t(X)).$$

Dabei ist $\mathrm{Var}_\theta(t(X))$ *die Varianz von* $t(X)$, *die jedoch noch vom unbekannten Parameter* θ *abhängt.*

Beispiel 2.22.   a) Sei X binomialverteilt mit unbekanntem Parameter θ und bekanntem n. Der ML-Schätzer für θ ist dann

$$\hat{\theta}_{\mathrm{ML}} = \frac{X}{n}.$$

Es gilt

$$E_\theta(\hat{\theta}_{\mathrm{ML}}) = E_\theta\left(\frac{X}{n}\right) = \frac{1}{n}E_\theta(X) = \theta$$
$$\mathrm{Var}_\theta(\hat{\theta}_{\mathrm{ML}}) = \mathrm{Var}_\theta\left(\frac{X}{n}\right) = \frac{\theta(1-\theta)}{n}.$$

Der ML-Schätzer für den Parameter θ einer Binomialverteilung ist also erwartungstreu und hat Varianz (Risiko)

$$\frac{\theta(1-\theta)}{n}.$$

b) Seien $X_1, \ldots, X_n$ normalverteilt mit Parametern (μ, σ^2). Wir betrachten erst den ML-Schätzer für μ,

$$\hat{\mu}_{\mathrm{ML}} = \frac{1}{n}\sum_{i=1}^n X_i.$$

Es gilt

$$E_{(\mu,\sigma^2)}(\hat{\mu}_{\mathrm{ML}}) = E_\theta(\bar{X}) = \mu$$
$$\mathrm{Var}_{(\mu,\sigma^2)}(\hat{\mu}_{\mathrm{ML}}) = \mathrm{Var}_\theta(\bar{X}) = \frac{\sigma^2}{n}.$$

Also ist der ML-Schätzer für μ erwartungstreu mit Risiko σ^2/n. Wir können auch die Verteilung des Schätzers bestimmen; $\bar{X}$ ist $\mathcal{N}(\mu, \frac{\sigma^2}{n})$- verteilt.

c) Jetzt betrachten wir den Schätzer für σ^2 und nehmen dazu nicht den ML-Schätzer, sondern die empirische Varianz

$$s_X^2 = \frac{1}{n-1}\sum_{i=1}^n (X_i - \bar{X})^2.$$

Die Verteilung dieses Schätzers zu bestimmen, ist nicht ganz einfach, und wir lassen die Details der Berechnungen hier weg. Es gilt:

$$(n-1)s_X^2/\sigma^2 \text{ ist } \chi_{n-1}^2\text{-verteilt.}$$

Hieraus lässt sich berechnen, dass s_X^2 ein erwartungstreuer Schätzer für σ^2 ist. Das Risiko dieses Schätzers ist

$$\mathrm{Var}(s_X^2) = \frac{2\sigma^4}{n-1}.$$

In allen drei Beispielen oben haben wir mathematisch gerechtfertigt, was man intuitiv im Gefühl hat: Eine statistische Aussage wird genauer, wenn man mehr Daten berücksichtigt. Wir haben bei n Daten jeweils das Risiko (die Varianz) des Schätzers ausgerechnet und Ausdrücke erhalten, bei denen n im Nenner steht. Wenn n wächst, wird also das Risiko kleiner, und das bedeutet: Bei wachsender Anzahl an Daten, die wir einfließen lassen, weicht der Schätzwert immer weniger vom tatsächlichen unbekannten Wert ab.

Fazit

In diesem Abschnitt haben wir Schätzer vorgestellt, Funktionen t, in die wir Messdaten $x_1, \ldots, x_n$ einsetzen und deren Funktionswert $t(x_1, \ldots, x_n)$ uns dann Aufschluss über unbekannte Parameter der Verteilung gibt, die hinter den Daten steht. Beispielsweise schätzen wir die Erfolgswahrscheinlichkeit p bei einer Reihe von n Bernoulli-Experimenten durch $\hat{p} = x/n$, wobei x die Anzahl der Erfolge ist; und bei n Messdaten $x_1, \ldots, x_n$, die einer Normalverteilung mit den unbekannten Parametern μ und σ^2 folgen, schätzen wir diese Parameter durch den Mittelwert $\hat{\mu} = \bar{x} = 1/n \sum_{i=1}^{n} x_i$ und die empirische Varianz $\hat{\sigma}^2 = s_x^2 = 1/(n-1) \sum_{i=1}^{n} (x_i - \bar{x})^2$. Wir interpretieren Daten $x_1, \ldots, x_n$ dabei immer als Realisierungen von unabhängigen, identisch verteilten Zufallsvariablen $X_1, \ldots, X_n$, und mit dieser Sichtweise können wir Eigenschaften von Schätzern t untersuchen, indem wir die Verteilung der Zufallsvariablen $t(X_1, \ldots, X_n)$ betrachten.

So nennen wir Schätzer erwartungstreu oder unbiased, wenn sie zumindest in Erwartung den Parameter $g(\theta)$ schätzen, der uns interessiert, das heißt, wenn $E_\theta(t(X_1, \ldots, X_n)) = g(\theta)$ gilt. Dabei zeigt der Index θ am Erwartungswert an, dass die Verteilung von $X_1, \ldots, X_n$ und damit auch der Erwartungswert von θ abhängt. Abweichungen des Schätzers vom wahren Parameter messen wir durch das Risiko $R_t(\theta) = E_\theta(t(X_1, \ldots, X_n) - g(\theta))^2$.

2.3 Konfidenzintervalle
Beurteilen, wie sehr man einer Schätzung vertrauen kann

Im letzten Abschnitt haben wir uns mit Punktschätzern befasst, das heißt mit Schätzern, die als Ergebnis genau einen Schätzwert für den unbekannten Parameter liefern. In konkreten Anwendungen ist dies unbefriedigend, weil wir keine Ahnung haben, mit welcher Unsicherheit diese eine Schätzung behaftet ist. Wenn wir allerdings wissen, wie der Schätzer verteilt ist, können wir, statt bloß einen Punkt zu schätzen, auch einen ganzen Bereich schätzen, in dem der unbekannte Parameter mit einer bestimmten Wahrscheinlichkeit liegt.

Wir werden in diesem Abschnitt diese *Konfidenzintervalle* erörtern und Konfidenzintervalle für verschiedene Schätzer bestimmen; manchmal gelingt uns das *exakt*, manchmal nur *asymptotisch*, das heißt in der Theorie nur für eine unendlich große Stichprobengröße (in der Praxis können wir die Resultate also nur bei sehr großen Datensätzen anwenden). Eine wichtige Rolle spielen dabei die *Quantile einer Verteilung*, es sind Grenzen, oberhalb derer Zufallsvariablen nur mit einer gewissen Wahrscheinlichkeit Werte annehmen. Mithilfe von Quantilen können wir Konfidenzintervalle bestimmen, die ja gerade Bereiche sind, in denen ein unbekannter Parameter mit einer gewissen Wahrscheinlichkeit liegt.

2.3.1 Konfidenzintervalle und Quantile
Welcher Bereich überdeckt den wahren Wert?

Zuerst definieren wir formal, was ein Konfidenzintervall ist.

Definition 2.23 (Bereichsschätzer, Konfidenzintervall). Sei $(P_\theta)_{\theta \in \Theta}$ ein statistisches Modell für die Zufallsvariable $X : \Omega \to \mathcal{X}$. Eine Vorschrift, die jedem $x \in \mathcal{X}$ nicht bloß einen einzelnen Wert $t(x)$ zuordnet, sondern eine Teilmenge $C(x) \subset \Theta$, heißt *Bereichsschätzer* für θ. Der Bereichsschätzer heißt ein 95%-*Konfidenzintervall* für den Parameter, wenn

$$P_\theta(C(X) \ni \theta) \geq 0{,}95$$

für jedes $\theta \in \Theta$.

Etwas ungenau sagt man oft, dass der wahre Parameter θ mit 95%-iger Wahrscheinlichkeit im Konfidenzintervall liegt. Wenn das Experiment abgeschlossen ist, kann man jedoch nicht mehr von Wahrscheinlichkeit sprechen; richtig ist, dass *a priori* die Wahrscheinlichkeit, mit der Aussage $C(X) \ni \theta$ richtig zu liegen, 95% beträgt.

Um Konfidenzintervalle zu bestimmen, benötigen wir Quantile von Verteilungen. Sie wissen bereits, was die Quantile einer Stichprobe sind (siehe Seite 75); der Begriff bei einer Verteilung meint etwas Ähnliches.

Definition 2.24 (Quantil einer Verteilung). Das α-*Quantil* der Verteilung der Zufallsvariablen X ist der Wert q_α, für den gilt

$$P(X \geq q_\alpha) = \alpha.$$

Die Wahrscheinlichkeit, dass X Werte annimmt, die größer sind als q_α, beträgt also $\alpha \cdot 100\%$. Grob gesprochen, sind die $\alpha \cdot 100\%$ größten Beobachtungen also mindestens so groß wie q_α. Für die meist verwendeten statistischen Verteilungen sind folgende Symbole für die Quantile üblich:

$$z_\alpha, \; t_{n;\alpha}, \; \chi^2_{f;\alpha}, \; F_{f,g;\alpha}$$

für die $\mathcal{N}(0{,}1)$-Verteilung, t-Verteilung, χ^2-Verteilung und F-Verteilung.

In manchen Büchern und Tabellen wird das α-Quantil $\bar{q}_\alpha$ durch die Gleichung

$$P(X \leq \bar{q}_\alpha) = \alpha$$

definiert; das α-Quantil trennt dann also die $\alpha \cdot 100\,\%$ kleinsten Realisierungen ab, nicht die $\alpha \cdot 100\,\%$ größten. Es gilt $\bar{q}_\alpha = q_{1-\alpha}$.

2.3.2 Konfidenzintervalle für die Parameter einer Normalverteilung
Welche Bereiche überdecken die wahren Parameter einer Normalverteilung?

Die Normalverteilung ist die wichtigste Verteilung in der Statistik: Viele Messgrößen sind normalverteilt oder zumindest näherungsweise normalverteilt, sodass man in vielen Bereichen guten Gewissens annehmen kann, dass eine unbekannte Größe einer Normalverteilung folgt. Wie eingangs beschrieben, möchte man für weitere Berechnungen oder Prognosen meist aber detaillierter wissen, welche Parameter die Normalverteilung hat, also welchen Erwartungswert μ und welche Varianz σ^2. Wir geben im Folgenden Konfidenzintervalle an.

Konfidenzintervall für μ bei bekannter Varianz

Es seien $X_1, \ldots, X_n$ unabhängige normalverteilte Zufallsvariablen mit bekannter Varianz σ^2 und unbekanntem Erwartungswert μ. Wir suchen ein Konfidenzintervall für μ. Wir wissen bereits aus Beispiel 2.22 b), dass der Mittelwert $\bar{X}$ ein guter Schätzer für μ ist: Er ist ein ML-Schätzer und erwartungstreu. Der echte Parameter μ wird irgendwo in der Nähe liegen:

$$\mu \in \left[\bar{X} - z, \; \bar{X} + z\right]$$

Die Frage ist nun also, wie groß z sein muss, damit μ mit einer vorgegebenen Wahrscheinlichkeit (man nimmt oft 95 %) tatsächlich in diesem Intervall liegt. Wir bestimmen also eine Zahl z, sodass

$$P(\bar{X} - z \leq \mu \leq \bar{X} + z) \geq 0{,}95$$

ist. Um das z zu finden, formen wir nun so lange um, bis ein Ausdruck der Form

$$\sqrt{n}\frac{\bar{X} - \mu}{\sigma}$$

entsteht, denn das ist standardnormalverteilt, siehe Satz 1.91, und damit können wir rechnen:

$$P(\bar{X} - z \leq \mu \leq \bar{X} + z) \geq 0{,}95$$

$$\Leftrightarrow \qquad P(-z \leq \bar{X} - \mu \leq z) \geq 0{,}95$$

$$\Leftrightarrow \qquad P\left(-\frac{\sqrt{n}}{\sigma}z \leq \sqrt{n}\frac{\bar{X} - \mu}{\sigma} \leq \frac{\sqrt{n}}{\sigma}z\right) \geq 0{,}95$$

$$\Leftrightarrow \qquad P\left(-\frac{\sqrt{n}}{\sigma}z \leq Z \leq \frac{\sqrt{n}}{\sigma}z\right) \geq 0{,}95,$$

und das gerade heißt, dass $\sqrt{n}z/\sigma$ und $-\sqrt{n}z/\sigma$ diejenigen Punkte sind, oberhalb und unterhalb derer nur noch 5 % der Werte liegen, mit anderen Worten: $\sqrt{n}z/\sigma$ ist das 2,5 %-Quantil der Standardnormalverteilung. Aus der Quantil-Tabelle entnehmen wir $z_{0{,}025} = 1{,}96$, siehe Abschn. B.2, und so folgt

$$1{,}96 = \frac{\sqrt{n}}{\sigma}z.$$

Das bedeutet also, dass mit Wahrscheinlichkeit 95 %

$$\bar{X} - 1{,}96\frac{\sigma}{\sqrt{n}} \leq \mu \leq \bar{X} + 1{,}96\frac{\sigma}{\sqrt{n}},$$

gilt.

Ein 95 %-Konfidenzintervall für μ bei bekannter Varianz σ^2 ist also

$$\left[\bar{X} - 1{,}96\frac{\sigma}{\sqrt{n}},\ \bar{X} + 1{,}96\frac{\sigma}{\sqrt{n}}\right].$$

Konfidenzintervall für μ bei unbekannter Varianz

Es seien nun $X_1, \ldots, X_n$ unabhängig normalverteilt mit unbekannten Parametern μ, σ^2. Wir gehen zunächst so vor wie im Fall der bekannten Varianz und betrachten

$$\sqrt{n}\frac{\bar{X} - \mu}{\sigma} \sim \mathcal{N}(0{,}1).$$

Wir ersetzen dann σ^2 durch den Schätzer $s_X^2 = \frac{1}{n-1}\sum_{i=1}^{n}(X_i - \bar{X})^2$ und erhalten also

$$T = \sqrt{n}(\bar{X} - \mu)/\sqrt{s_X^2}.$$

Man kann mit wahrscheinlichkeitstheoretischen Berechnungen zeigen, dass T eine t_{n-1}-Verteilung hat (zur t-Verteilung, siehe Definition 3.47). In der Tabelle in Abschn. B.2 können wir die 2,5 %-Quantile $t_{n-1;0,025}$ der t_{n-1}-Verteilung ablesen, das heißt den Wert, für den

$$P(T \geq t_{n-1;0,025}) = 0{,}025$$

gilt. Die t-Verteilung ist symmetrisch, deshalb gilt auch

$$P(T \leq -t_{n-1;0,025}) = 0{,}025.$$

Also ist mit Wahrscheinlichkeit 95 %

$$-t_{n-1;0,025} \leq \sqrt{n}(\bar{X} - \mu)/\sqrt{s_X^2} \leq t_{n-1;0,025}.$$

Somit erhalten wir nach Umformen das 95 %-Konfidenzintervall für μ bei unbekannter Varianz

$$\left[\bar{X} - t_{n-1;0,025}\sqrt{\frac{s_X^2}{n}}, \ \bar{X} + t_{n-1;0,025}\sqrt{\frac{s_X^2}{n}}\right].$$

Beispiel 2.25. Betrachten Sie die Aushärtezeiten des Dichtestoffs aus Beispiel 2.16. Nehmen Sie an, dass die Werte einer Normalverteilung unterliegen, und geben Sie ein 95 %-Konfidenzintervall für die Aushärtezeit an.

a) Nehmen Sie an, die Varianz beträgt 0,09 Stunden^2.

b) Nehmen Sie an, die Varianz ist unbekannt.

c) Wie viele Proben müssten Sie untersuchen, damit das Konfidenzintervall im Fall der bekannten Varianz eine Breite von höchstens 0,2 Stunden hat?

a) Wenn wir ein 95 %-Konfidenzintervall berechnen wollen, müssen wir zuerst α bestimmen:

$$1 - \alpha = 0{,}95 \Leftrightarrow \alpha = 0{,}05$$

Das $(1 - \alpha)$-Konfidenzintervall hat die Gestalt

$$\bar{x} \pm z_{\alpha/2}\frac{\sigma}{\sqrt{n}},$$

wobei $z_{\alpha/2} = z_{0,025} = 1{,}96$ ist.

Die untere Grenze des Intervalls ist also

$$u = \bar{x} - z_{\alpha/2}\frac{\sigma}{\sqrt{n}}$$
$$= 21{,}87 - 1{,}96\frac{0{,}30}{\sqrt{10}}$$
$$= 21{,}87 - 0{,}186$$
$$= 21{,}68,$$

und für die obere Grenze erhalten wir

$$o = \bar{x} + z_{\alpha/2}\frac{\sigma}{\sqrt{n}}$$
$$= 21{,}87 + 1{,}96\frac{0{,}30}{\sqrt{10}}$$
$$= 21{,}87 + 0{,}186$$
$$= 22{,}06,$$

Somit erhalten wir das Intervall $[21{,}68; 22{,}06]$.

b) Anstelle der Standardabweichung setzen wir nun die Wurzel der Stichprobenvarianz $s_{\bar{x}}^2 = 0{,}125$ ein, und das Quantil ist das der t-Verteilung: $t_{9;0,025} = 2{,}26$, siehe oben und Satz 2.18. Also ergibt sich als 95 %-Konfidenzintervall

$$\bar{x} \pm 2{,}26\sqrt{\frac{0{,}125}{10}} = \bar{x} \pm 2{,}26\sqrt{\frac{0{,}125}{10}}$$
$$= 21{,}87 \pm 0{,}253,$$

beziehungsweise $[21{,}617; 22{,}123]$. Wir sehen, dass das Konfidenzintervall etwas größer ist, das heißt die Schätzung etwas ungenauer als im Fall, dass wir die Varianz sicher wissen.

c) Das Konfidenzintervall ist symmetrisch um den Mittelwert, das heißt, auf beiden Seiten darf höchstens 0,1 liegen:

$$1{,}96\frac{\sigma}{\sqrt{n}} \overset{!}{\leq} 0{,}1$$
$$\Leftrightarrow \quad 1{,}96\frac{\sigma}{0{,}1} \leq \sqrt{n}$$
$$\Leftrightarrow \quad n \geq \left(1{,}96\frac{\sqrt{0{,}09}}{0{,}1}\right)^2 = 34{,}574$$

Sie müssen also mindestens 35 Proben vermessen, um die gewünschte Genauigkeit zu erzielen.

Konfidenzintervall für σ^2

Man kann nachweisen, dass

$$X = (n-1)\frac{s_X^2}{\sigma^2}$$

eine χ_{n-1}^2-Verteilung hat (wie man darauf kommt, ist eine Aufgabe für Mathematiker, wir interessieren uns hier nur für die Resultate). In der Tabelle in Abschn. B.3 finden wir die Quantile der χ^2-Verteilung, das heißt die Werte $\chi_{n-1;0,975}^2$ und $\chi_{n-1;0,025}^2$, für die gilt

$$P(X \leq \chi_{n-1;0,975}^2) = 0,025, \quad P(X \geq \chi_{n-1;0,025}^2) = 0,025.$$

Also gilt mit Wahrscheinlichkeit 0,95

$$\chi_{n-1;0,975}^2 \leq (n-1)\frac{s_X^2}{\sigma^2} \leq \chi_{n-1;0,025}^2.$$

Durch Umformen erhalten wir daraus das 95 %-Konfidenzintervall für σ^2:

$$\left[(n-1)s_X^2/\chi_{n-1;0,025}^2, \ (n-1)s_X^2/\chi_{n-1;0,975}^2\right]$$

Beispiel 2.26. Sie stellen für einen Großkunden Gewindespindeln her. Natürlich gibt es bei der Fertigung Ungenauigkeiten; wir nehmen an, dass der Durchmesser normalverteilt ist. Der Kunde verlangt von Ihnen gleichmäßige Produkte: Die Standardabweichung des Durchmessers soll nicht größer sein als 0,5. Eine Stichprobe von 20 Gewindespindeln ergibt die Stichprobenvarianz $s_x^2 = 0,113$. Berechnen Sie ein 95 %-Konfidenzintervall um zu testen, ob die Anforderungen des Kunden erfüllt werden.

Im vorliegenden Beispiel ist $n = 20$, $s_x^2 = 0,113$; aus der Quantil-Tabelle in Abschn. B.3 entnehmen wir die Werte $\chi_{19;0,025}^2 = 32,90$ und $\chi_{19;0,975}^2 = 8,91$. Damit erhalten wir das 95 %-Konfidenzintervall für σ^2

$$\left[\frac{19 \cdot 0,113}{32,90}, \ \frac{19 \cdot 0,113}{8,91}\right] = [0,065, \ 0,241]$$

und schließlich das 95 %-Konfidenzintervall für σ

$$[0,255, \ 0,491].$$

Wir können also mit einer 95 %-igen Sicherheit sagen, dass die Standardabweichung zwischen 0,255 und 0,491 liegt.

Beispiel 2.27. Wir bleiben bei Beispiel 2.26. Eine geringe Standardabweichung ist nicht tragisch (sondern sogar wünschenswert), wir interessieren uns hier vor allem dafür, ob σ nicht zu groß ist. In solchen Situationen kann es sinnvoll sein, ein *einseitiges* 95 %-Konfidenzintervall zu berechnen. Wie oben erwähnt, hat $(n-1)s_X^2/\sigma^2$ eine χ_{n-1}^2-Verteilung. Also gilt mit Wahrscheinlichkeit 0,95

$$\chi_{n-1;0,95}^2 \leq (n-1)\frac{s_X^2}{\sigma^2},$$

somit erhalten wir das (halbseitige) 95 %-Konfidenzintervall für σ:

$$\sigma \leq \sqrt{(n-1)\frac{s_x^2}{\chi_{n-1;0,95}^2}} = \sqrt{\frac{19 \cdot 0,113}{10,12}} = 0,461.$$

In den Beispielen 2.26 und 2.27 wollen wir eigentlich keine Konfidenzbereiche für σ bestimmen, sondern letzten Endes die Frage beantworten: Ist $\sigma \leq 0,5$? Dies ist ein sogenanntes *Testproblem*. Wir werden uns ab Abschn. 2.4 ausführlich mit diesem Thema befassen, halten hier aber bereits fest: Zwischen statistischen Tests und Konfidenzintervallen gibt es eine Eins-zu-eins-Beziehung. Ob wir ein Konfidenzintervall für einen unbekannten Parameter berechnen oder bei einem statistischen Test Aussagen über einen unbekannten Parameter treffen, ist letztlich das gleiche: Wir schätzen den unbekannten Parameter und können über die Verteilung des Schätzers oft etwas über den Parameter aussagen.

2.3.3 Konfidenzintervall für Parameter der Binomialverteilung
Welcher Bereich überdeckt den wahren Parameter einer Binomialverteilung?

Wir klären nun die Frage, wie wir ein Konfidenzintervall für den Parameter p einer Binomialverteilung finden können.

Beispiel 2.28. Sie wollen schätzen, wie groß der Anteil p unbrauchbarer Gewindespindeln in Ihrer Produktion ist. Sie haben unter $n = 1000$ Gewindespindeln 42 gefunden, die nicht brauchbar sind, und benutzten als Schätzer für p den ML-Schätzer

$$\hat{p}_{\mathrm{ML}} = \frac{42}{1000} = 4,2\,\%.$$

Wie weit ist diese Schätzung nun vom wahren Parameter p entfernt? Dürfen Sie guten Gewissens mit einer Ausschussquote von 4 bis 5 Prozent rechnen? Oder sollten Sie besser mit 3 bis 6 Prozent rechnen?

Sei X $\mathrm{Bin}(n,p)$-verteilt; nach dem Zentralen Grenzwertsatz ist

$$\frac{X/n - p}{\sqrt{p(1-p)/n}}$$

approximativ standardnormalverteilt. Dann gilt also mit ungefähr 95 % Wahrscheinlichkeit

$$-1{,}96 \leq \frac{(X/n - p)}{\sqrt{p(1-p)/n}} \leq 1{,}96,$$

also

$$\frac{X}{n} - 1{,}96\sqrt{p(1-p)/n} \leq p \leq \frac{X}{n} + 1{,}96\sqrt{p(1-p)/n}.$$

Wir haben damit noch kein Konfidenzintervall, weil in den beiden Grenzen noch die unbekannte Wahrscheinlichkeit p auftaucht. Ein erstes Verfahren, das bei großem n gut funktioniert, besteht darin, p durch den ML-Schätzer $\hat{p} = \hat{p}_{\mathrm{ML}} = X/n$ zu ersetzen.

Dann erhalten wir das approximative 95 %-Konfidenzintervall für den Parameter p der Binomialverteilung

$$\left[\frac{X}{n} - 1{,}96\sqrt{\hat{p}(1-\hat{p})/n}, \; \frac{X}{n} + 1{,}96\sqrt{\hat{p}(1-\hat{p})/n}\right].$$

Beispiel 2.29. Beim obigen Beispiel 2.28 haben wir $n = 1000$, $X = 42$ und somit $\hat{p} = \hat{p}_{\mathrm{ML}} = 0{,}042$ und $1{,}96\sqrt{\hat{p}(1-\hat{p})/n} = 0{,}012$. Also erhalten wir das asymptotische Konfidenzintervall

$$0{,}042 \pm 0{,}012 = [0{,}030, \; 0{,}054].$$

2.3.4 Asymptotische Konfidenzintervalle
Welcher Bereich überdeckt den wahren Wert, zumindest näherungsweise?

Das Verfahren, das wir zur Konstruktion eines Konfidenzintervalls für den Parameter p einer Binomialverteilung verwendet haben, kann man recht universell verwenden. In vielen Fällen sind Schätzer, zum Beispiel Maximum-Likelihood-Schätzer, asymptotisch normalverteilt:

$$\frac{\hat{\theta} - \theta}{\sqrt{\sigma_{\hat{\theta}}^2}} \xrightarrow{\mathcal{D}} \mathcal{N}(0,1),$$

wobei $\sigma_{\hat{\theta}}^2 = \mathrm{Var}(\hat{\theta})$ die Varianz des Schätzers $\hat{\theta}$ ist. Dann wissen wir, dass mit ungefähr 95 % Wahrscheinlichkeit

$$-1{,}96 \leq \frac{\hat{\theta} - \theta}{\sqrt{\sigma_{\hat{\theta}}^2}} \leq 1{,}96$$

gilt. Das kann man umformen zu

$$\hat{\theta} - 1{,}96\,\sqrt{\sigma_{\hat{\theta}}^2} \leq \theta \leq \hat{\theta} + 1{,}96\,\sqrt{\sigma_{\hat{\theta}}^2}.$$

Meist ist die Varianz von $\hat{\theta}$, die Größe $\sigma_{\hat{\theta}}^2$, nicht bekannt und muss geschätzt werden; wir ersetzen dann $\sigma_{\hat{\theta}}^2$ durch einen Schätzer $\hat{\sigma}_{\hat{\theta}}^2$.

Es ergibt sich das approximative 95 %-Konfidenzintervall für den unbekannten Parameter θ, wenn der Schätzer $\hat{\theta}$ asymptotisch normalverteilt ist:

$$\left[\hat{\theta} - 1{,}96\,\hat{\sigma}_{\hat{\theta}},\ \hat{\theta} + 1{,}96\,\hat{\sigma}_{\hat{\theta}}\right]$$

Faustregel: Schätzer $\pm\, 2 \cdot$ (geschätzte Standardabweichung des Schätzers)
Beachte: Dies gilt nur für große Stichproben!

Dass diese Regel nur auf große Stichproben angewandt werden kann, können Sie sich schnell klarmachen, indem Sie zurückblättern: Wir haben ja eben ein Konfidenzintervall für μ bei einer Normalverteilung mit unbekannter Varianz bestimmt:

$$\left[\bar{X} - t_{n-1;0,025}\sqrt{\frac{s_X^2}{n}},\ \bar{X} + t_{n-1;0,025}\sqrt{\frac{s_X^2}{n}}\right].$$

Das approximative 95 %-Konfidenzintervall hingegen ist $[\hat{\theta} - 1{,}96\,\hat{\sigma}_{\hat{\theta}},\ \hat{\theta} + 1{,}96\,\hat{\sigma}_{\hat{\theta}}]$, wobei $\hat{\theta}$ der Schätzer für μ ist, also $\bar{X}$, und $\hat{\sigma}_{\hat{\theta}}^2$ ein Schätzer für dessen Varianz, also zum Beispiel s_X^2/n (siehe Beispiel 2.22 b)). Damit ist das approximative 95 %-Konfidenzintervall

$$\left[\bar{X} - 1{,}96\,\sqrt{\frac{s_X^2}{n}},\ \bar{X} + 1{,}96\,\sqrt{\frac{s_X^2}{n}}\right].$$

Das exakte und das approximative Konfidenzintervall unterscheiden sich in diesem Beispiel nur dadurch, dass im exakten Fall die Quantile $t_{n-1;0,025}$ eingesetzt werden (wobei n die Größe der Stichprobe ist) und in der Näherung immer 1,96. Das ist jedoch erst für große Werte von n in der Nähe des Quantils $t_{n-1;0,025}$:

$$t_{4;0,025} = 2{,}78$$
$$t_{9;0,025} = 2{,}26$$
$$t_{19;0,025} = 2{,}09$$
$$t_{49;0,025} = 2{,}01$$

Fazit

In diesem Abschnitt haben wir Konfidenzintervalle kennengelernt. Es sind Bereiche, in denen der unbekannte Parameter θ der Verteilung einer Zufallsvariablen X mit einer bestimmten Wahrscheinlichkeit liegt; beispielsweise ist $C(X)$ ein 95 %-Konfidenzintervall für θ, wenn $P_\theta(\theta \in C(X)) \geq 0{,}95$ für jedes mögliche θ gilt. Praktisch konstruieren wir ein Konfidenzintervall, indem wir einen Schätzer $\hat{\theta}$ für θ finden und dann seine Verteilung ausrechnen, denn wir gehen davon aus, dass $\hat{\theta}$ in der Nähe von θ liegt. Von dieser Verteilung benötigen wir dann Quantile.

Wir haben dazu das α-Quantil der Verteilung der Zufallsvariablen X als den Wert q_α eingeführt, für den $P(X \geq q_\alpha) = \alpha$ gilt.

Wir haben schließlich gesehen, dass man die Verteilung eines Schätzers oft nicht exakt, sondern nur asymptotisch angeben kann; entsprechend erhält man dann asymptotische Konfidenzintervalle, die dann oft erst bei sehr großen Stichproben stimmen.

2.4 Grundlagen der Testtheorie
Anhand von Daten Fragen beantworten

Im vorherigen Abschnitt haben wir Verfahren kennengelernt, um ausgehend von Messdaten einen unbekannten Wert zu schätzen, etwa die Ausschussquote bei einer Produktion oder Abweichungen bei einem Bauteil. Oft interessiert in der Anwendung aber, ob gewisse Toleranzen eingehalten werden: Ist der Ausschuss höher als 5 %? Ist die Abweichung noch im festgelegten Rahmen von $\pm 0{,}4$ Millimeter? In diesem Abschnitt werden wir Verfahren kennenlernen, um solche Fragen anhand vorliegender Daten zu beantworten, sogenannte *statistische Tests* (auch *Hypothesentests* oder *Signifikanztests* genannt).

Ein Test entscheidet anhand von Daten, ob wir unsere Grundannahme über die Daten (die *Hypothese*) verwerfen (dann nehmen wir an, dass die *Alternative* gilt); er ist formal gesehen eine Funktion, in die man die Messwerte einsetzt und die dann entweder den Wert 0 (für ‚Hypothese beibehalten') oder 1 (für ‚Hypothese verwerfen') ausgibt. Die Entscheidung eines Tests (beibehalten oder vewerfen) hängt von den Daten ab und ist somit nicht hundertprozentig verlässlich – ein Test kann auch falsch entscheiden und *Fehler* machen (und da uns nur ein einziger Datensatz vorliegt, werden wir nie erfahren, ob der Test richtig entschieden hat, oder nicht) –, aber wir werden Tests so konstruieren, dass gewisse Fehlentscheidungen nur selten passieren.

In diesem Abschnitt lernen wir die grundlegenden Ideen kennen: was Tests sind und wie sie prinzipiell funktionieren. Dabei beschränken wir uns zunächst auf *parametrische Tests*, das sind Tests, die Aussagen über einen ganz konkreten Parameter machen (Ist der Erwartungswert größer als 5? Sind die Varianzen dieser beiden Stichproben identisch?). Später werden wir *nicht-parametrische Tests* behandeln, bei denen Aussagen nicht über eine einzelne Kennzahl, sondern über die gesamte Zufallsverteilung gemacht werden sollen (Handelt es sich bei diesen Daten um Realisierungen einer Normalverteilung? Stammen diese beiden Datensätze aus der gleichen Verteilung?). Wir werden kennenlernen, wie man verschiedene Tests anhand der Kenngrößen *Niveau* und *Güte* vergleichen kann.

Wir werden im Folgenden eine Menge verschiedener Testverfahren behandeln; schon jetzt verweisen wir auf unseren *Test-Wegweiser* in Anhang A.

2.4.1 Mathematische Formulierung eines Testproblems
Was Testen mathematisch bedeutet

Mit einem statistischen Test wollen wir eine Aussage über einen Parameter treffen; das kann ein konkreter Parameter wie der Erwartungswert sein, aber allgemeiner auch die ganze Art der Verteilung. Das wollen wir mathematisch formalisieren. Gegeben sei ein statistisches Modell P_θ für die Verteilung einer Zufallsvariablen $X : \Omega \to \mathcal{X}$. Hier haben wir wieder die Situation, dass X nicht genau eine bekannte Verteilung P hat, sondern wir von einer Verteilung P_θ ausgehen, die noch von einem Parameter θ abhängt, der in der Menge Θ aller möglichen Parameter liegt und den wir nicht kennen. In einem Testproblem wählen wir nun zwei disjunkte Teilmengen

$$\Theta_0 \subset \Theta \quad \text{und} \quad \Theta_1 \subset \Theta$$

aus. Es soll dann auf Grund des Ergebnisses des Experiments entschieden werden, ob wir davon ausgehen, dass die *Hypothese*

$$H : \theta \in \Theta_0$$

oder die *Alternative*

$$A : \theta \in \Theta_1$$

gilt, also ob der unbekannte Parameter θ in der Menge Θ_0 oder in der Menge Θ_1 liegt. Ein Test ist eine mathematische Vorschrift, die entweder für *H beibehalten* oder für *H verwerfen und A annehmen* entscheidet, wenn man Daten einsetzt.

Was wir als Hypothese und was wir als Alternative formulieren, ist nicht beliebig. Wir gehen darauf in Abschn. 2.4.2 ein.

In vielen Büchern wird die Hypothese auch mit H_0 und die Alternative mit H_1 bezeichnet.

Beispiel 2.30. Sie fragen sich, ob die Standardabweichung beim Umfang von Gewindespindeln kleiner als 0,5 ist. Dann testen Sie beispielsweise

$$H : \sigma^2 \le 0{,}25 \quad \text{gegen} \quad A : \sigma^2 > 0{,}25.$$

Es ist in diesem Testproblem also $\Theta_0 = [0; 0{,}25]$ und $\Theta_1 = (0{,}25; \infty)$.

Definition 2.31 (Statistischer Test). Gegeben sei ein Testproblem, das heißt ein statistisches Experiment $(\mathcal{X}, (P_\theta)_{\theta \in \Theta})$ und disjunkte Teilmengen $\Theta_0 \subset \Theta$, $\Theta_1 \subset \Theta$. Ein Test ist eine Abbildung

$$\phi : \mathcal{X} \to \{0,1\},$$

wobei $\phi(x) = 0$ (beziehungsweise $\phi(x) = 1$) bedeutet, dass wir uns für die Hypothese (beziehungsweise die Alternative) entscheiden, wenn $x \in \mathcal{X}$ das Ergebnis des Experiments ist. Die Menge

$$C = \{x \in \mathcal{X} : \phi(x) = 1\}$$

heißt Verwerfungsbereich des Tests ϕ.

Wir sagen, wir *verwerfen* die Hypothese, wenn $\phi(x) = 1$, und wir *nehmen sie an*, wenn $\phi(x) = 0$.

Beispiel 2.32. Wenn Sie, wie im vorigen Beispiel 2.30, die Standardabweichung beim Umfang von Gewindespindeln testen und das Testproblem

$$H : \sigma^2 \leq 0{,}25 \quad \text{gegen} \quad A : \sigma^2 > 0{,}25$$

haben, dann ist ein Test zum Beispiel durch

$$\phi(x_1, \ldots, x_n) = \begin{cases} 1 & \text{wenn } \frac{(n-1)s_x^2}{0{,}25} > 35{,}2 \\ 0 & \text{sonst} \end{cases}$$

gegeben. Wir berechnen also anhand der Messwerte $x_1, \ldots, x_n$ die empirische Varianz s_x^2 und setzen sie in die obige Formel ein. Wenn dabei ein Wert herauskommt, der größer als 35,2 ist, dann verwerfen wir die Hypothese und sagen, dass wahrscheinlich die Alternative $\sigma^2 > 0{,}25$ gilt. Wie man konkret auf diesen Test und die Zahl 35,2 kommt, erfahren Sie in Kürze (siehe Beispiel 2.38).

2.4.2 Fehler, Niveau und Güte eines Tests
Welche Fehler ein Test machen kann

Bei einem statistischen Test kann man Fehler machen. Der Test entscheidet schließlich aufgrund einer Datenlage, und die Wahrheit (die Größe eines Parameters oder die Art der Verteilung) spiegelt sich in den Daten bloß wieder. (Beim Würfeln können Sie ja zehn Mal hintereinander eine 6 werfen, was zwar den Anschein erweckt, der Würfel sei manipuliert, aber mit einem fairen Würfel durchaus möglich ist, wenn auch extrem unwahrscheinlich.)

Definition 2.33 (Fehler erster/zweiter Art). Bei einem statistischen Test unterscheiden wir zwei mögliche Fehler.

Fehler erster Art: Eine gültige Hypothese verwerfen, das heißt

$$\theta \in \Theta_0, \text{ aber } \phi(x) = 1.$$

Fehler zweiter Art: Eine ungültige Hypothese annehmen, das heißt

$$\theta \in \Theta_1, \text{ aber } \phi(x) = 0.$$

Was der Fehler erster Art und der Fehler zweiter Art konkret sind, hängt davon ab, was wir als Hypothese und Alternative formuliert haben. Wir achten in erster Linie auf den Fehler erster Art und stellen sicher, dass dieser nur mit geringer Wahrscheinlichkeit auftreten kann (etwa 5 % oder 1 %). Deshalb ist es wichtig, Hypothese und Alternative so zu formulieren, dass der Fehler erster Art derjenige Fehler von beiden ist, der uns schlimmer erscheint und den wir eher vermeiden wollen.

> Wir wählen Hypothese und Alternative so, dass der Fehler erster Art, der sich ergibt, unbedingt vermieden werden sollte.

Beispiel 2.34. Wenn Sie die Standardabweichung im Umfang von Gewindespindeln testen wollen, hängt es stark von der Situation ab, was Sie als Hypothese formulieren:

- Wenn Sie eine ordnungsgemäße Marge an Spindeln nicht aufgrund eines falschen Alarms zurückrufen wollen, testen Sie

$$H : \sigma^2 \leq 0,25 \quad \text{gegen} \quad A : \sigma^2 > 0,25.$$

Der Fehler erster Art ist hier, dass der Test $\sigma^2 > 0,25$ ausgibt, obwohl in Wahrheit $\sigma^2 \leq 0,25$ gilt; die Standardabweichung ist also gar nicht zu groß, obwohl der Test das behauptet. Die Wahrscheinlichkeit, dass der Test diesen Fehler macht, haben wir durch die Wahl von H und A beschränkt.

- Wenn es besonders wichtig ist, dass die Spindeln nicht zu stark im Umfang variieren, also dass $\sigma^2 \leq 0,25$ gilt, testen Sie

$$H : \sigma^2 > 0,25 \quad \text{gegen} \quad A : \sigma^2 \leq 0,25.$$

Der Fehler erster Art ist hier, dass der Test $\sigma^2 \leq 0{,}25$ ausgibt, obwohl in Wahrheit $\sigma^2 > 0{,}25$ gilt; die Standardabweichung ist also zu groß, aber der Test gibt Entwarnung. Die Wahrscheinlichkeit für diesen Fehler haben wir durch die Wahl von H und A beschränkt.

Wie „gut" ein Test ist, geben Niveau und Güte an.

Definition 2.35 (Niveau, Gütefunktion). Gegeben seien ein Testproblem, das heißt ein statistisches Experiment $(\mathcal{X}, (P_\theta)_{\theta \in \Theta})$ und disjunkte Teilmengen $\Theta_0 \subset \Theta$, $\Theta_1 \subset \Theta$, sowie ein Test

$$\phi : \mathcal{X} \to \{0,1\}.$$

Dieser Test hat das *Niveau* α, wenn gilt

$$P_\theta(\phi(X) = 1) \leq \alpha, \quad \text{für alle } \theta \in \Theta_0.$$

Für $\theta \in \Theta_1$ heißt

$$\beta_\phi(\theta) = P_\theta(\phi(X) = 1)$$

die *Güte* (auch: *Macht*; englisch: *power*) des Tests im Punkt θ.

Ein Test hat also das Niveau α, wenn er eine in Wirklichkeit zutreffende Hypothese mit einer Wahrscheinlichkeit von höchstens α verwirft. Die Güte gibt an, mit welcher Wahrscheinlichkeit der Test eine vorliegende Alternative richtig erkennt. Es gilt: $\beta_\phi(\theta) = 1 - \beta$, wobei β die Wahrscheinlichkeit für einen Fehler 2. Art ist.

Beispiel 2.36. Wir wollen in einem Beispiel kennenlernen, wie man einen statistischen Test konstruiert. Es seien $X_1, \ldots, X_n$ normalverteilt mit Parametern μ und σ^2, wobei σ^2 bekannt sei (das ist zwar unrealistisch, aber im Moment ist es sinnvoll, diesen Fall zu betrachten, um an ihm die Struktur eines Tests zu erkennen). Wir wollen

$$H : \mu = \mu_0 \quad \text{gegen} \quad A : \mu > \mu_0$$

testen, das heißt, wir wollen wissen, ob der Erwartungswert wohl einem konkreten Wert μ_0 entspricht oder größer ist. Es erscheint sinnvoll, die Hypothese zu verwerfen, wenn die Beobachtungen $X_1, \ldots, X_n$ wesentlich größer als μ_0 sind, wir nehmen also

$$\phi(X_1, \ldots, X_n) = \begin{cases} 1 & \text{falls } \sum_{i=1}^n (X_i - \mu_0) > c \\ 0 & \text{falls } \sum_{i=1}^n (X_i - \mu_0) \leq c \end{cases}.$$

Das heißt, wir ziehen von jeder Beobachtung X_i den Wert μ_0 ab und summieren alle diese Differenzen auf. Wenn die Summe groß ist, dann waren die einzelnen X_i wohl im Mittel größer als μ_0, und dann verwerfen wir die Hypothese. Es muss allerdings noch der *kritische Wert* c festgelegt werden – der Wert, der die Grenze markiert, wann wir die Beobachtungen „wesentlich" größer finden sollen. Soll der Test das Niveau α haben, das heißt, soll er eine zutreffende Hypothese höchstens mit Wahrscheinlichkeit α fälschlicherweise verwerfen, muss gelten

$$P_{\mu_0}\left(\sum_{i=1}^{n}(X_i - \mu_0) > c\right) \leq \alpha.$$

Das ist eine hässliche Gleichung. Wir können aber $\leq$ durch $=$ ersetzen. Denn c soll möglichst klein werden (ist c groß, verwirft der Test nur bei sehr großen Abweichungen und erkennt vielleicht gar nicht immer, wenn die Alternative vorliegt, sprich: Die Güte ist gering). An der Stelle, an der c minimal ist, ist die Wahrscheinlichkeit genau gleich α (je kleiner c wird, desto eher verwirft der Test selbst unter der Nullhypothese, wenn keine großen Abweichungen von μ_0 vorliegen, sprich: Das Niveau ist irgendwann größer als α). Also lösen wir

$$\alpha = P_{\mu_0}\left(\sum_{i=1}^{n}(X_i - \mu_0) > c\right).$$

Dazu standardisieren wir auf eine $\mathcal{N}(0,1)$-Zufallsvariable Z:

$$\begin{aligned}
\alpha &= P_{\mu_0}\left(\sum_{i=1}^{n}(X_i - \mu_0) > c\right)\\
&= P_{\mu_0}\left(\frac{1}{\sigma\sqrt{n}}\sum_{i=1}^{n}(X_i - \mu_0) > \frac{c}{\sigma\sqrt{n}}\right)\\
&= P\left(Z > \frac{c}{\sigma\sqrt{n}}\right),
\end{aligned}$$

das heißt, es muss $\frac{c}{\sigma\sqrt{n}} = z_\alpha$ gelten, oder $c = \sigma\sqrt{n}z_\alpha$.

Wir haben hier also intuitiv eine Teststatistik gewählt, haben unter der Annahme, wie die Daten verteilt sind, die Verteilung dieser Teststatistik ausgerechnet und dann mithilfe des Quantils dieser Verteilung und des Niveaus α, das wir festgelegt haben, den kritischen Wert bestimmt. Genau so konstruiert man im Allgemeinen statistische Tests. Wir werden das in den folgenden Abschnitten anhand von Beispielen lernen.

2.4.3 Anleitung: Wie geht man beim Testen vor?
Fünf Schritte, um einen statistischen Test durchzuführen

Ein statistischer Test funktioniert prinzipiell so:

1. Formuliere die **Nullhypothese** H und die **Alternative** A.

2. Wähle eine geeignete **Teststatistik** T.

3. Lege das **Niveau** α fest (oft: 5 %) und bestimme den **kritischen Wert** c, so-dass der Test höchstens in α der Fälle fälschlicherweise verwirft (also für A entscheidet, obwohl H gilt). Dazu bestimme, wie T unter der Nullhypothese verteilt ist und was die α unwahrscheinlichsten Werte sind, die T anneh-men kann – wenn der Test diese Werte ausgibt, wollen wir die Nullhypothese verwerfen

4. Setze die vorliegenden **Daten** $x_1, \ldots, x_n$ in die Statistik T ein.

5. Entscheide, ob der entstehende Wert $T(x_1, \ldots, x_n)$ im **Verwerfungsbereich** liegt. Wenn ja: Verwirf die Nullhypothese. Wenn nein: Behalte die Nullhypo-these bei.

Schritt 1 heißt: Zuerst muss man sich klarmachen, was einen interessiert. Möchte man wissen, ob der Erwartungswert oder die Varianz in einem bestimmten Bereich liegen, ob die Daten unabhängig sind, ob drei Stichproben die gleiche Varianz haben, ob zwei Stichproben aus der gleichen Verteilung stammen – oder was?

Für Schritt 2 gibt es eine Fülle von etablierten Teststatistiken, deren Verteilung bekannt ist, sodass man kritische Werte bloß aus einer Tabelle ablesen muss. (Im Allgemeinen ist es schwer bis unmöglich, die Verteilung einer Statistik exakt aus-zurechnen; das ist allerdings ein Problem für Mathematiker.) Wir werden einige wichtige Teststatistiken in den nächsten Abschnitten kennenlernen.

Viele Tests haben technische Voraussetzungen (unter denen man es geschafft hat, die Verteilung zu bestimmen); sind sie nicht erfüllt, kann man den Test nicht anwenden, denn die Ergebnisse, zu denen er kommt, sind dann Unsinn. Hier muss man gegebenenfalls erst mit einem anderen Test überprüfen, ob die Voraussetzun-gen überhaupt erfüllt sind (zum Beispiel, dass die Daten normalverteilt sind). Wir werden in Abschn. 2.8 ein paar Klassiker kennenlernen, die einen Test kaputtma-chen.

Für Schritt 3 nimmt man als kritischen Wert je nach dem, wie man die Hy-pothese formuliert hat, das α-Quantil (das die α größten Werte abtrennt – wenn große Beobachtungen für die Alternative sprechen), das $(1 - \alpha)$-Quantil (das die α kleinsten Werte abtrennt – wenn kleine Beobachtungen für die Alternative spre-chen) oder das $\alpha/2$-Quantil und $(1 - \alpha)/2$-Quantil (die die α größten und kleinsten

Werte abtrennen – wenn besonders große und besonders kleine Beobachtungen für die Alternative sprechen).

Betrachten wir exemplarisch einen einseitigen Test, der auf einer Teststatistik T basiert. Damit der Test *Verwirf für $T \geq k$* das Niveau α hat, muss er unter der Nullhypothese H höchstens mit Wahrscheinlichkeit 5 % verwerfen, das heißt, es muss

$$P_\theta(T \geq k) \leq \alpha, \text{ für alle } \theta \in \Theta_0$$

gelten. Ein solches k suchen wir nun konkret. Natürlich könnte man ein sehr großes k nehmen – wenn es groß genug ist, ist diese Bedingung immer erfüllt, allerdings würde der Test dann auch sehr selten oder nie verwerfen, also auch eine vorliegende Alternative nicht erkennen. Um also eine größtmögliche Güte zu erreichen, nehmen wir das kleinste k, das die Bedingung erfüllt – dies wird dann unser kritischer Wert $k = k_\alpha$. Im Fall einer einfachen Hypothese, das heißt, wenn Θ_0 nur einen einzigen Wert θ_0 enthält, also

$$H : \theta = \theta_0 \quad \text{gegen} \quad A : \theta > \theta_0,$$

bedeutet dies

$$k_\alpha = \inf\{k : P_{\theta_0}(T \geq k) \leq \alpha\},$$

und damit ist k_α das α-Quantil der Verteilung von T unter P_{θ_0}, siehe Abb. 2.5. Oft ist die Abbildung $\theta \mapsto P_\theta(T \geq k)$ monoton – je kleiner θ ist, desto kleiner ist auch die Wahrscheinlichkeit, dass der Test verwirft –, deshalb reicht es auch beim Testproblem

$$H : \theta \leq \theta_0 \quad \text{gegen} \quad A : \theta > \theta_0,$$

als kritischen Wert

$$k_\alpha = \inf\{k : P_{\theta_0}(T \geq k) \leq \alpha\},$$

zu wählen.

In der Praxis benutzt man statt des kritischen Wertes häufig den sogenannten *p-Wert*, um den Test auszuwerten. Die Teststatistik T hat nach Einsetzen der Daten einen konkreten Wert, und der p-Wert gibt an, wie wahrscheinlich es ist, diesen (oder einen noch extremeren) Teststatistik-Wert zu erhalten, wenn die Nullhypothese gilt. Man verwirft die Hypothese, wenn der p-Wert kleiner als das festgelegte Niveau α ist, das heißt also: wenn die Wahrscheinlichkeit, einen solchen Testwert zu erhalten, geringer als α ist. Wir gehen darauf in Abschn. 2.6 ein.

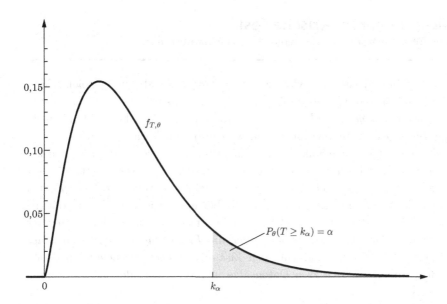

Abb. 2.5: α-Quantil k_α der Verteilung von T unter P_θ

Fazit

In diesem Abschnitt haben wir statistische Tests kennengelernt. Es sind Funktionen, in die man Messdaten einsetzt und die anhand dieser Daten entscheiden, ob eine bestimmte Hypothese H über die Daten verworfen und eine Alternative A angenommen werden sollte oder ob wie die Hypothese lieber beibehalten sollten.

Ein solcher Test findet allerdings nie sicher die Wahrheit heraus (wie soll er das auch können, wenn die Daten beispielsweise zufällig irreführend sind?), er kann auch Fehler machen: Einen Fehler erster Art nennen wir, wenn der Test für A entscheidet, aber in Wirklichkeit H gilt. Ein Fehler zweiter Art tritt auf, wenn die Hypothese H nicht gilt, aber der Test trotzdem für H entscheidet. Bei einem konkreten Test wissen wir allerdings nie, ob ein Fehler (und gegebenenfalls welcher) aufgetreten ist. Wir haben aber gelernt, dass wir die Qualität eines Tests beziffern können, indem wir die Wahrscheinlichkeit für solche Fehler bestimmen: Der Test hat das Niveau α, wenn die Wahrscheinlichkeit für einen Fehler erster Art, also für ein fälschliches Verwerfen einer zutreffenden Hypothese, höchstens α beträgt. Wenn wir Tests konstruieren, richten wir es meistens so ein, dass der Test das Niveau $\alpha = 0{,}05$ hat; es ist Konvention, und wir wissen dann, dass dem Test auf lange Sicht in höchstens 5 % der Fälle ein Fehler erster Art unterläuft. Die Güte eines Tests gibt an, wie wahrscheinlich es ist, dass der Test eine vorliegende Alternative erkennt und also tatsächlich H verwirft. Wir haben in diesem Abschnitt eine Anleitung gegeben, wie man Tests durchführt.

2.5 Wichtige parametrische Tests
Fragen über unbekannte Größen hinter den Daten beantworten

In diesem Abschnitt lernen wir viele wichtige Tests anhand von Beispielen kennen; dabei beschränken wir uns zunächst auf *parametrische Tests*, bei denen wir *Aussagen über einen ganz konkreten Parameter* machen. Wir betrachten sowohl *einseitige Tests*, bei denen wir nur wissen wollen, ob ein Parameter größer (oder kleiner) als eine vorgegebene Sollgröße ist, als auch *zweiseitige Tests*, bei denen wir wissen wollen, ob der Parameter genau den vorgegebenen Sollwert trifft. Wir lernen beispielsweise zu testen, ob der *Erwartungswert einer Normalverteilung* einen bestimmten Wert hat, und sehen, dass wir dabei unterscheiden müssen, ob uns die *Varianz bekannt* oder *unbekannt* ist. Ebenso testen wir auch Aussagen über die *Varianz der Normalverteilung* oder über die *Erfolgswahrscheinlichkeit einer Bernoulli-Verteilung*. Wir behandeln auch *Zwei-Stichproben-Probleme*, bei denen wir erkennen wollen, ob sich zwei Datensätze in ihrer Lage oder ihrer Streuung unterscheiden.

Wir werden im Folgenden eine ganze Menge verschiedener Testverfahren kennenlernen; bei der Orientierung, welcher Test in welcher Situation verwendet wird, hilft Ihnen vielleicht der *Test-Wegweiser* in Anhang A.

2.5.1 Tests für den Erwartungswert einer Normalverteilung
Wo liegen die Daten?

Im Folgenden seien $X_1, \ldots, X_n$ unabhängig normalverteilt mit Parametern μ und σ^2.

Einseitige Alternative

Zunächst betrachten wir eine *einseitige Alternative*

$$H : \mu = \mu_0 \quad \text{gegen} \quad A : \mu > \mu_0,$$

wobei μ_0 eine gegebene Zahl ist. Wir wollen also herausfinden, ob μ unserem vermuteten Wert μ_0 entspricht oder größer ist.

σ^2 **bekannt:**   Als Testgröße nehmen wir

$$T = \frac{\sum_{i=1}^{n}(X_i - \mu_0)}{\sqrt{n\,\sigma^2}}.$$

Wenn T groß ist, heißt das, viele X_i sind größer als μ_0. Große Werte von T deuten also in Richtung der Alternative, und so verwerfen wir für große T-Werte. Wenn H gilt, hat T eine Standardnormalverteilung; also nehmen wir als kritischen Wert z_α, das α-Quantil der Standardnormalverteilung.

Wir erhalten den *einseitigen Gauß-Test*:

$$\text{Verwirf } H, \text{ falls } \frac{\sum_{i=1}^{n}(X_i - \mu_0)}{\sqrt{n\,\sigma^2}} \geq z_\alpha.$$

Dabei bezeichnet z_α das α-Quantil der Standardnormalverteilung.

Die Annahme, dass man die Varianz kennt, ist in der Praxis unrealistisch; man verwendet eher den t-Test, den wir im Folgenden behandeln.

σ^2 unbekannt: Als Testgröße nehmen wir

$$T = \frac{\sum_{i=1}^{n}(X_i - \mu_0)}{\sqrt{n\,s_X^2}}.$$

Wir haben also die unbekannte Varianz σ^2 im einseitigen Gauß-Test durch den Schätzer s_X^2 ersetzt. Große Werte von T deuten auch hier in Richtung der Alternative, und so verwerfen wir für große T-Werte. Wenn H gilt, hat T eine t_{n-1}-Verteilung; also nehmen wir als kritischen Wert $t_{n-1;\alpha}$, das α-Quantil der t_{n-1}-Verteilung.

Wir erhalten den *einseitigen Student t-Test*:

$$\text{Verwirf } H, \text{ falls } \frac{\sum_{i=1}^{n}(X_i - \mu_0)}{\sqrt{n\,s_X^2}} \geq t_{n-1;\alpha}.$$

Dabei ist $t_{n-1;\alpha}$ das α-Quantil der t-Verteilung mit $n-1$ Freiheitsgraden.

Die gleichen Tests, das heißt den Gauß- und den t-Test, verwenden wir für

$$H : \mu \leq \mu_0 \quad \text{gegen} \quad A : \mu > \mu_0,$$

wenn also sowohl Hypothese als auch Alternative nicht einpunktig, sondern zusammengesetzt sind. Die Testgrößen bleiben dieselben, nur müssen wir jetzt den kritischen Wert so festlegen, dass der Test unter H (also wenn $\mu \leq \mu_0$ gilt) höchstens mit Wahrscheinlichkeit α verwirft, das heißt in Formeln, dass

$$\sup_{\mu \leq \mu_0} P_\mu(T > k) \leq \alpha.$$

Man kann zeigen, dass $\mu \mapsto P_\mu(T > k)$ eine monotone Funktion ist – je kleiner μ, desto kleiner ist die Wahrscheinlichkeit, dass der Test verwirft. Also reicht es, wenn

$$P_{\mu_0}(T > k) \leq \alpha;$$

und damit erhalten wir dieselben kritischen Werte und dieselben Tests wie im Fall des obigen Hypothese-Alternative-Paars $H : \mu = \mu_0$ gegen $A : \mu > \mu_0$.

Wie in Abschn. 2.4.3 erwähnt, gilt das nicht nur für den Gauß-Test und den t-Test, sondern sehr allgemein.

Zweiseitige Alternative

Jetzt betrachten wir eine *zweiseitige Alternative*

$$H : \mu = \mu_0 \quad \text{gegen} \quad A : \mu \neq \mu_0.$$

Wir wollen also überprüfen, ob μ gleich einem vermuteten Wert μ_0 ist, und interessieren uns dabei für Abweichungen in beide Richtungen.

σ^2 bekannt: Wir nehmen dieselbe Teststatistik wie oben, das heißt

$$T = \frac{\sum_{i=1}^n (X_i - \mu_0)}{\sqrt{n\,\sigma^2}}.$$

Jetzt weisen sowohl große als auch kleine Werte von T in Richtung der Alternative, das heißt, wir verwerfen, falls $T \leq k_1$ oder $T \geq k_2$. Die kritischen Werte k_1, k_2 werden so bestimmt, dass

$$P_{\mu_0}(T \leq k_1) = \alpha/2 \quad \text{und} \quad P_{\mu_0}(T \geq k_2) = \alpha/2.$$

Die kritischen Werte müssen so bestimmt werden, dass die Wahrscheinlichkeit, eine richtige Hypothese zu verwerfen, höchstens α beträgt. Nun verwerfen wir, wenn T besonders groß und wenn T besonders klein ist, wir haben also zwei nicht zusammenhängende Verwerfungsbereiche, und deshalb teilen wir die Wahrscheinlichkeit α auf: T soll höchstens mit Wahrscheinlichkeit $\alpha/2$ kleiner als k_1 und höchstens mit Wahrscheinlichkeit $\alpha/2$ größer als k_2 werden. Deshalb kommen hier $\alpha/2$-Quantile zum Einsatz, und nicht α-Quantile wie bisher.

Konkret bei der Normalverteilung können wir die Spiegelsymmetrie ausnutzen, sodass wir statt $T \leq -z_{\alpha/2}$ oder $T \geq z_{\alpha/2}$ auch schlicht $|T| \geq z_{\alpha/2}$ als Verwerfungsregel formulieren dürfen.

Wir erhalten den *zweiseitigen Gauß-Test*:

$$\text{Verwirf } H, \text{ falls } \left| \frac{\sum_{i=1}^{n}(X_i - \mu_0)}{\sqrt{n\,\sigma^2}} \right| \geq z_{\alpha/2}.$$

Dabei bezeichnet $z_{\alpha/2}$ das $\alpha/2$-Quantil der Standardnormalverteilung.

Auch hier ist die Annahme, dass man die Varianz kennt, unrealistisch, sodass man in der Anwendung eher den t-Test benutzt.

σ^2 **unbekannt:** Wir nehmen die gleiche Teststatistik wie oben, das heißt, wir ersetzen die unbekannte Varianz σ^2 im Gauß-Test durch die empirische Varianz s_X^2.

Mit den gleichen Überlegungen wie beim zweiseitigen Gauß-Test erhalten wir den *zweiseitigen Student t-Test*:

$$\text{Verwirf } H, \text{ falls } \left| \frac{\sum_{i=1}^{n}(X_i - \mu_0)}{\sqrt{n\,s_X^2}} \right| \geq t_{n-1;\alpha/2}.$$

Dabei ist $t_{n-1;\alpha/2}$ das $\alpha/2$-Quantil der t-Verteilung mit $n-1$ Freiheitsgraden.

Mit der Identität $\bar{X} = \frac{1}{n}\sum_{i=1}^{n} X_i$ ist die Teststatistik des Gauß-Tests darstellbar als

$$\sqrt{n}\frac{\bar{X} - \mu_0}{\sigma}.$$

Analog ist die Teststatistik des t-Tests darstellbar als $\sqrt{n}\frac{\bar{X}-\mu_0}{s_X}$.

Beispiel 2.37. Sie produzieren Epoxidharz. Es ist wichtig, das Verhalten bei Spannung und Dehnung genau zu kennen: Der Elastizitätsmodul Ihres Harzes muss 25 betragen (gemessen in $10^8\,\text{N/m}^2$). Nehmen wir an, der Elastizitätsmodul in Ihren Proben ist durch produktionsbedingte Schwankungen $\mathcal{N}(\mu, \sigma^2)$-verteilt, und aus Erfahrung wissen Sie, dass die Standardabweichung dabei $\sigma = 2$ beträgt. Sie führen einen Test zum Niveau $\alpha = 0{,}05$ durch um zu verifizieren, ob Ihre Produkte den Anforderungen genügen. Dazu wählen Sie eine Stichprobe von $n = 25$ und erhalten $\bar{x} = 26{,}1$. Welche Schlüsse können Sie daraus ziehen?

Bei Tests gehen wir immer schrittweise vor:

- Welcher Parameter soll getestet werden?

- Was ist die Hypothese und was die Alternative?

- Was ist das Niveau α?

- Welche Teststatistik ist geeignet?

- Wie ist die Teststatistik unter der Hypothese verteilt, und welche Regel über Verwerfen oder Annehmen folgt daraus?

- Berechnen der Teststatistik mit konkreten Werten

- Ergebnisauswertung

Im vorliegenden Beispiel ist das:

- Der zu testende Parameter ist μ.

- $H : \mu = 25$ gegen $A : \mu \neq 25$

- $\alpha = 0{,}05$

- Die Teststatistik beim Testen auf den Erwartungswert einer normalverteilten Zufallsvariable mit bekannter Varianz ist

$$T = \frac{\bar{x} - \mu_0}{\sigma/\sqrt{n}}.$$

- Die Teststatistik ist $\mathcal{N}(0,1)$-verteilt. Wenn H gilt, also der Erwartungswert $\mu = 25$ ist, ist der Mittelwert $\bar{x}$ ebenfalls nahe an 25, und somit ist T klein. Verwirf H also, wenn T nicht nahe 0 ist, das heißt, wenn T übernatürlich groß oder klein ist. Übernatürlich heißt: Wenn T einen Wert annimmt, der bei Gültigkeit der Hypothese nur in α aller Fälle auftritt. Damit lautet die Regel: Verwirf H, falls $|T| \geq z_{0,025} = 1{,}96$ ist.

- Berechne T mit $\bar{x} = 26{,}1$ und $\sigma = 2$:

$$T = \frac{26{,}1 - 25}{2/\sqrt{25}} = 2{,}75$$

- Da $2{,}75 > 1{,}96$, wird die Hypothese verworfen: Sie können annehmen, dass der Erwartungswert über 25 liegt.

2.5.2 Tests für die Varianz einer Normalverteilung
Wie stark streuen die Daten?

Seien $X_1, \ldots, X_n$ wieder unabhängig $\mathcal{N}(\mu, \sigma^2)$-verteilt; wir gehen davon aus, dass μ **unbekannt** ist und wollen testen, ob die Varianz einem gegebenen σ_0^2 entspricht.

Einseitige Alternative

Zunächst betrachten wir die *einseitige Alternative*

$$H : \sigma^2 = \sigma_0^2 \quad \text{gegen} \quad A : \sigma^2 > \sigma_0^2.$$

Wir testen also, ob die Varianz σ^2 den Wert σ_0^2 hat oder ob sie größer ist. Als Testgröße nehmen wir

$$T = (n-1)\frac{s_X^2}{\sigma_0^2}$$

und verwerfen die Hypothese für große T-Werte. Denn wenn A gilt und damit $\sigma^2 > \sigma_0^2$ ist, wird sich dies in großen Werten der Stichprobenvarianz s_X^2 und somit in großen Werten der Statistik T widerspiegeln. Falls die Hypothese gilt, hat T eine χ_{n-1}^2-Verteilung; also nehmen wir als kritischen Wert $k = \chi_{n-1;\alpha}^2$.

Insgesamt erhalten wir so den *einseitigen χ^2-Test für die Varianz einer Normalverteilung*:

$$\text{Verwirf } H, \text{ falls } (n-1)\frac{s_X^2}{\sigma_0^2} \geq \chi_{n-1;\alpha}^2.$$

Dabei bezeichnet $\chi_{n-1;\alpha}^2$ das α-Quantil der χ^2-Verteilung mit $n-1$ Freiheitsgraden.

Denselben Test nehmen wir für $H : \sigma^2 \leq \sigma_0^2$ gegen $A : \sigma^2 > \sigma_0^2$.

Zweiseitige Alternative

Jetzt betrachten wir die *zweiseitige Alternative*

$$H : \sigma^2 = \sigma_0^2 \quad \text{gegen} \quad A : \sigma^2 \neq \sigma_0^2.$$

Wir nehmen dieselbe Teststatistik wie oben, nur verwerfen wir jetzt sowohl für große als auch für kleine Werte von T. Als kritische Werte nehmen wir

$$k_1 = \chi_{n-1;1-\alpha/2}^2, \quad k_2 = \chi_{n-1;\alpha/2}^2.$$

Die χ_{n-1}^2-Verteilung ist nicht spiegelsymmetrisch, das heißt, wir können die Verwerfungsregel nicht so einfach formulieren wie beim zweiseitigen Gauß- und zweiseitigen t-Test.

Wir erhalten den *zweiseitigen χ^2-Test für die Varianz einer Normalverteilung*:

$$\text{Verwirf } H, \text{ falls } (n-1)\frac{s_X^2}{\sigma_0^2} \leq \chi^2_{n-1;1-\alpha/2} \text{ oder } \geq \chi^2_{n-1;\alpha/2}$$

Dabei bezeichnet $\chi^2_{n-1;\alpha/2}$ das $\alpha/2$-Quantil der χ^2-Verteilung mit $n-1$ Freiheitsgraden.

Der Fall, dass μ **bekannt** ist, tritt in der Praxis selten auf; wenn doch, dann ersetzt man in den obigen Tests

$$s_X^2 = \frac{1}{n-1}\sum_{i=1}^{n}(X_i - \bar{X})^2$$

durch

$$\hat{\sigma}^2 = \frac{1}{n}\sum_{i=1}^{n}(X_i - \mu)^2.$$

Jetzt hat $T = n\,\hat{\sigma}^2/\sigma_0^2$ eine χ_n^2-Verteilung; wir ersetzen also oben stets $n-1$ durch n. Der einseitige Test lautet damit:

$$\text{Verwirf } H, \text{ falls } n\frac{\hat{\sigma}^2}{\sigma_0^2} \geq \chi^2_{n;\alpha};$$

analog erhält man den zweiseitigen Test.

Beispiel 2.38. Betrachten Sie die Herstellung von Gewindespindeln aus Beispiel 2.26. Eine Stichprobe vom Umfang 24 liefert Ihnen die Stichprobenvarianz $s_x^2 = 0,3$. Nach wie vor soll die Standardabweichung des Durchmessers nicht größer sein als $0,5$. Testen Sie die Hypothese, dass Standardabweichung des Durchmessers kleiner oder gleich $0,5$ ist, auf dem Niveau $\alpha = 0,05$.

- Von Interesse ist σ^2.

- $H : \sigma^2 \leq 0,25$ gegen $A : \sigma^2 > 0,25$

- $\alpha = 0,05$

- Die Teststatistik lautet

$$T = \frac{(n-1)s_x^2}{\sigma_0^2}.$$

- T ist (unter H) χ^2_{n-1}-verteilt. Wenn A gilt, ist die wahre Varianz größer als $\sigma_0^2 = 0{,}25$, also ist dann wohl auch T groß. Wir verwerfen also H, falls T zu den 5 % größten Werten gehört, also falls $T > \chi^2_{23;0,05} = 35{,}17$.

- Wir setzen konkrete Werte ein und erhalten

$$T = \frac{23 \cdot 0{,}3}{0{,}25} = 27{,}6,$$

also verwerfen wir nicht, da $27{,}6 < 35{,}17$.

Intuitiv hätte man wahrscheinlich entschieden, die Hypothese $\sigma^2 \leq 0{,}25$ zu verwerfen, da die Stichprobenvarianz $0{,}3$ beträgt. Das Testverfahren verwirft die Hypothese trotzdem nicht, denn es berücksichtigt die Natur der vorliegenden Daten und auch den Stichprobenumfang.

2.5.3 Exakter Binomialtest

Wie groß ist die Erfolgswahrscheinlichkeit bei einem Experiment mit zwei möglichen Ausgängen?

Wir betrachten n unabhängige Bernoulli-Experimente (mit jeweils den zwei möglichen Ergebnissen „Erfolg" und „Misserfolg") mit unbekannter Erfolgswahrscheinlichkeit $\theta \in [0,1]$.

Einseitige Alternative

Wir wollen zunächst

$$H : \theta \leq \theta_0 \quad \text{gegen} \quad A : \theta > \theta_0$$

testen, wobei $\theta_0 \in [0,1]$ eine bekannte Zahl ist; wir testen also, ob die unbekannte Erfolgswahrscheinlichkeit höchstens θ_0 beträgt oder ob sie größer ist. Als Testgröße nehmen wir

$$X = \text{Anzahl der Erfolge.}$$

Große Werte von X deuten darauf hin, dass nicht die Hypothese vorliegt, sondern die Alternative gilt. Wir bestimmen den kritischen Wert k, der festlegt, ab wann wir eine Realisierung von X groß finden, durch Auflösen der Gleichung

$$P_{\theta_0}(X \geq k) = \alpha,$$

das heißt: Wenn der unbekannte Parameter θ_0 ist, soll die Wahrscheinlichkeit, dass X die Grenze k überschreitet, α sein. Mit diesem k als kritischem Wert ist also dafür gesorgt, dass der Test das Niveau α hat. Da X jedoch eine diskrete Verteilung hat und somit nur eine Handvoll Wahrscheinlichkeiten auftreten (und α vielleicht nicht dabei ist), können wir die Gleichung im Allgemeinen nicht lösen; stattdessen wählen wir das kleinste k mit

$$P_{\theta_0}(X \geq k) \leq \alpha,$$

nennen dieses $b_{n,\theta_0;\alpha}$ und verwerfen, falls $X \geq b_{n,\theta_0;\alpha}$, siehe Abb. 2.6.

Wir erhalten den *einseitigen Binomialtest*:

$$\text{Verwirf } H, \text{ falls } X \geq b_{n,\theta_0;\alpha},$$

wobei $b_{n,\theta_0;\alpha} = \min\{k \mid P_{\theta_0}(X \geq k) \leq \alpha\}$.

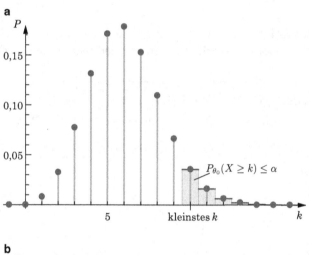

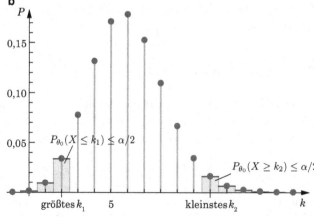

Abb. 2.6: Kritische Werte beim exakten Binomialtest aus den Beispielen 2.39 und 2.41 (**a** einseitiger Test, **b** zweiseitiger Test). Dargestellt ist eine Bin(30; 0,2)-Verteilung

Beispiel 2.39. Wenn wir anhand von 30 Bernoulli-Experimenten, bei denen die Erfolgswahrscheinlichkeit $\theta \in [0,1]$ unbekannt ist,

$$H : \theta \leq 0,2 \quad \text{gegen} \quad A : \theta > 0,2$$

auf dem Niveau $\alpha = 10\,\%$ testen, haben wir $n = 30$, $\theta_0 = 0,2$ und $\alpha = 0,1$. Unter der Hypothese H gehen wir also davon aus, dass die Zufallsvariable $X =$ Anzahl der Erfolge eine Bin(30, 0,2)-Verteilung besitzt. Der kritische Wert ist in diesem Fall $b_{30;0,02;0,1} = 10$, da $P_{\theta_0}(X \geq 10) = 0,06$ und $P_{\theta_0}(X \geq 9) = 0,12$; es ist also die kleinste Grenze k, für die $P_{\theta_0}(X \geq k) \leq \alpha$ ist, siehe Abb. 2.6.

Beispiel 2.40. Sie stellen Steuerungssysteme für Klimaanlagen her und wollen den Kunden garantieren, dass die Ausfallwahrscheinlichkeit weniger als 6 % beträgt. Sie untersuchen 20 Systeme und wollen wissen: Können Sie diese Garantie guten Gewissens geben? Sie wollen allerdings auch nicht unnötigerweise eine ganze Produktion zurückrufen.

Wir haben also das Testproblem

$$H : \theta \leq 0,06 \quad \text{gegen} \quad A : \theta > 0,06.$$

Zur Bestimmung des kritischen Werts benötigen wir die Verteilung von X (Anzahl der Erfolge) bei $\theta = 0,06$ und $n = 20$:

$$P_{0,06}(X = k) = \binom{20}{k}(0,06)^k(0,94)^{20-k}$$

Wir setzen nun für k verschiedene Werte ein, um die entsprechenden Wahrscheinlichkeiten zu erhalten:

k	0	1	2	3	4	5	$\cdots$	20
$P_{0,06}(X = k)$	0,29	0,37	0,22	0,09	0,02	0,00	$\cdots$	0,00

Der Test zum Niveau $\alpha = 0,05$ verwirft also, falls $X \geq 4$, mit anderen Worten: Wenn Sie unter den 20 Systemen weniger als 4 defekte finden, gibt dies keinen Anlass, die Hypothese $H : \theta \leq 0,06$ zu verwerfen – obwohl bei drei defekten bereits 15 % der Systeme defekt sind.

Zweiseitige Alternative

Wenn wir zweiseitig testen wollen, das heißt

$$H : \theta = \theta_0 \quad \text{gegen} \quad A : \theta \neq \theta_0,$$

dann trifft H wohl nicht zu, wenn X deutlich größer oder kleiner ist als die Anzahl der Erfolge, die man erwarten kann, falls H gilt (das heißt: falls die Erfolgswahrscheinlichkeit θ_0 ist). Also verwerfen wir H, wenn $X \leq k_1$ oder $X \geq k_2$, wobei k_2, ähnlich wie beim einseitigen Test, das kleinste k ist mit $P_{\theta_0}(X \geq k) \leq \alpha/2$ und k_1 analog das größte k mit $P_{\theta_0}(X \leq k) \leq \alpha/2$, siehe Abb. 2.6.

Wir erhalten den *zweiseitigen Binomialtest*:

$$\text{Verwirf } H, \text{ falls } X \leq a_{n,\theta_0;\alpha/2} \text{ oder } X \geq b_{n,\theta_0;\alpha/2},$$

wobei

$$a_{n,\theta_0;\alpha/2} = \max\{k \mid P_{\theta_0}(X \leq k) \leq \alpha/2\}$$
$$b_{n,\theta_0;\alpha/2} = \min\{k \mid P_{\theta_0}(X \geq k) \leq \alpha/2\}.$$

Beispiel 2.41. Wenn wir anhand von 30 Bernoulli-Experimenten, bei denen die Erfolgswahscheinlichkeit $\theta \in [0,1]$ unbekannt ist,

$$H : \theta = 0{,}2 \quad \text{gegen} \quad A : \theta \neq 0{,}2$$

auf dem Niveau $\alpha = 10\,\%$ testen, haben wir $n = 30$, $\theta_0 = 0{,}2$ und $\alpha = 0{,}1$. Unter der Hypothese H gehen wir daher davon aus, dass die Zufallsvariable $X =$ Anzahl der Erfolge eine Bin(30, 0,2)-Verteilung besitzt. Die kritischen Werte sind in diesem Fall $a_{30;0,02;0,05} = 2$ und $b_{30;0,02;0,05} = 11$, da $P_{\theta_0}(X \leq 2) = 0{,}04$ und $P_{\theta_0}(X \geq 11) = 0{,}03$ und $P_{\theta_0}(X \leq 3) = 0{,}12$ und $P_{\theta_0}(X \geq 10) = 0{,}06$, siehe Abb. 2.6.

2.5.4 Binomialtest mit Normalapproximation
Bei umfangreichen Datensätzen Erfolgswahrscheinlichkeit ermitteln

Der exakte Binomialtest aus Abschn. 2.5.3 lässt sich nur bei kleinen n durchführen; bei größeren Werten verwendet man eine Normalapproximation zur Bestimmung des kritischen Werts, das heißt, wir nähern die Binomialverteilung durch eine Normalverteilung an, mit der wir gut rechnen, beziehungsweise deren Eigenschaften wir in Tabellen nachschlagen können.

Wir betrachten weiterhin das Testproblem

$$H : \theta \leq \theta_0 \quad \text{gegen} \quad A : \theta > \theta_0$$

und nehmen als Testgröße X die Anzahl der Erfolge. Wir suchen dann nach wie vor das kleinste k, für das $P_{\theta_0}(X \geq k) \leq \alpha$ ist. Zur Berechnung der linken Seite verwenden wir jetzt aber die Normalapproximation (siehe Satz 1.93 und Beispiel 1.96):

$$
\begin{aligned}
P_{\theta_0}(X \geq k) &= P_{\theta_0}\left(\frac{X - n\theta_0}{\sqrt{n\theta_0(1-\theta_0)}} \geq \frac{k - n\theta_0}{\sqrt{n\theta_0(1-\theta_0)}}\right) \\
&\approx P\left(Z \geq \frac{k - n\theta_0}{\sqrt{n\theta_0(1-\theta_0)}}\right),
\end{aligned}
$$

wobei Z nun eine standardnormalverteilte Zufallsvariable ist, das heißt $Z \sim \mathcal{N}(0,1)$, deren Quantile wir in der Tabelle in Abschn. B.2 nachsehen können. Wenn wir die rechte Seite gleich α setzen, erhalten wir

$$
k_\alpha = n\theta_0 + \sqrt{n\theta_0(1-\theta_0)}z_\alpha.
$$

Wir verwerfen, falls $X \geq k_\alpha$.

Beispiel 2.42. Für Beispiel 2.40 ergibt sich $k_{0,05} = 2{,}94$.

Eventuell kann man noch die Stetigkeitskorrektur anwenden. Sie macht die Näherung der (diskreten) Binomialverteilung durch die (stetige) Normalverteilung etwas genauer, indem man die untere Grenze um 0,5 verkleinert und die obere Grenze um 0,5 vergrößert.

Beispiel 2.43. Für die Stetigkeitskorrektur bei der Normalapproximation von Beispiel 2.40 müssen wir die obere Grenze um 0,5 erhöhen (eine untere Grenze gibt es nicht) und erhalten $k_\alpha = 3{,}44$.

2.5.5 Zwei normalverteilte Stichproben
Zwei Datensätze vergleichen

Wir wollen uns jetzt mit dem sogenannten Zwei-Stichproben-Problem befassen. Es liegen dabei zwei verschiedene Stichproben vor, zum Beispiel zwei Messreihen:

$$
\begin{aligned}
X_1, \ldots, X_m &\sim \mathcal{N}(\mu_1, \sigma_1^2) \\
Y_1, \ldots, Y_n &\sim \mathcal{N}(\mu_2, \sigma_2^2),
\end{aligned}
\tag{2.1}
$$

wobei alle Beobachtungen als unabhängig angenommen werden. Unser Ziel ist es, anhand dieser Stichproben Aussagen über die zugrundeliegenden Populationen zu treffen. In so einer Situation gibt es viele Fragen, die von Interesse sind: Sind die Größen, die in den beiden Messreihen ermittelt werden sollen, gleich? Deuten die Daten darauf, dass die eine Größe kleiner oder größer ist als die andere? Oder haben die beiden Größen eine gleich starke Streuung? Um solche Fragen zu beantworten, gibt es viele Testverfahren und Konfidenzintervalle, von denen wir hier die wichtigsten vorstellen wollen.

Varianztests/F-Tests

An dieser Stelle begegnet uns die F-Verteilung.

Definition 2.44 (F-Verteilung). Sind X und Y unabhängige χ_f^2- beziehungsweise χ_g^2-verteilte Zufallsvariablen, so hat

$$F = \frac{X/f}{Y/g}$$

eine F-*Verteilung* mit (f, g) Freiheitsgraden (kurz: $F_{f,g}$-Verteilung).

Uns interessieren hier nicht die (komplizierte) Dichte und die Verteilungsfunktion, sondern nur die Quantile der F-Verteilung. Mit obiger Definition sehen wir sofort, dass $1/F$ eine $F_{g,f}$-Verteilung besitzt, und das gibt uns die Möglichkeit, die Quantile der $F_{g,f}$-Verteilung aus einer Tabelle der Quantile der $F_{f,g}$-Verteilung abzulesen. Es gilt:

$$F_{g,f;\alpha} = \frac{1}{F_{f,g;1-\alpha}}$$

Diese Formel hilft in zwei Situationen, nämlich wenn in Ihrer Tabelle nur die $F_{f,g}$-Quantile für $f \leq g$ angegeben sind und wenn Ihre Tabelle zwar alle (f, g)-Paare, aber dafür nur die oberen Quantile enthält.

Wir betrachten die Situation (2.1) und gehen davon aus, dass die **Erwartungswerte μ_1 und μ_2 unbekannt** sind.

Einseitige Alternative: Wir wollen zunächst die Hypothese, dass die Varianzen in beiden Populationen gleich sind, gegen die Alternative testen, dass die Varianz in der zweiten Verteilung größer ist, das heißt

$$H : \sigma_1^2 = \sigma_2^2 \quad \text{gegen} \quad A : \sigma_2^2 > \sigma_1^2.$$

Dazu nehmen wir folgende Teststatistik

$$F = \frac{s_Y^2}{s_X^2},$$

den Quotienten der empirischen Varianzen s_X^2 und s_Y^2 der beiden Stichproben. Wenn σ_2^2 größer ist als σ_1^2, erwarten wir große Werte von F, also verwerfen wir, falls

F größer als ein kritischer Wert k wird. Unter der Hypothese hat F eine $F_{n-1,m-1}$-Verteilung, daher nehmen wir als kritischen Wert das Quantil $k = F_{n-1,m-1;\alpha}$.

Insgesamt lautet der *einseitige F-Test*:

$$\text{Verwirf } H, \text{ falls } \frac{s_Y^2}{s_X^2} \geq F_{n-1,m-1;\alpha}.$$

Dabei bezeichnet $F_{n-1,m-1;\alpha}$ das α-Quantil der F-Verteilung mit $n - 1, m - 1$ Freiheitsgraden.

Denselben Test verwenden wir für $H : \sigma_2^2 \leq \sigma_1^2$ gegen $A : \sigma_2^2 > \sigma_1^2$. Der einseitige Test ist angebracht, wenn wir vor Beginn der Messungen die begründete Vermutung haben, dass die Varianz der zweiten Verteilung größer ist, zum Beispiel weil eine billigere Messapparatur verwendet wird.

Zweiseitige Alternative: Bei dem Testproblem

$$H : \sigma_1^2 = \sigma_2^2 \quad \text{gegen} \quad A : \sigma_1^2 \neq \sigma_2^2$$

nehmen wir dieselbe Teststatistik. Wenn $\sigma_2^2 > \sigma_1^2$, wird F groß, wenn $\sigma_1^2 > \sigma_2^2$, wird F klein; also verwerfen wir jetzt, wenn F groß oder klein wird.

Wir erhalten den *zweiseitigen F-Test*:

$$\text{Verwirf H, falls } \frac{s_Y^2}{s_X^2} \geq F_{n-1,m-1;\alpha/2} \text{ oder } \leq F_{n-1,m-1;1-\alpha/2}.$$

Dabei bezeichnet $F_{n-1,m-1;\alpha/2}$ das $\alpha/2$-Quantil der F-Verteilung mit $n - 1, m - 1$ Freiheitsgraden.

Der zweiseitige Test ist angebracht, wenn wir vorab keinen Anlass zu der Vermutung haben, dass die Varianz etwa der zweiten Population größer ist.

Beispiel 2.45. Wir betrachten noch einmal die Daten aus Beispiel 2.16, die Aushärtezeiten eines Dichtstoffs:

21.60, 21.48, 22.42, 21.33, 21.86, 22.18, 21.72, 22.26, 21.81, 22.04

Sie ermitteln nun die Aushärtezeiten eines anderen Dichtstoffs und messen dabei die folgenden Werte:

21.80, 22.53, 21.38, 21.51, 22.05, 23.25, 22.61, 20.87, 22.15, 21.16

a) Bestimmen Sie jeweils ein 95 %-Konfidenzintervall für die Varianz σ_X^2 und σ_Y^2 der beiden Stichproben.

b) Testen Sie auf Niveau 10 %, ob die Varianzen gleich sind.

c) Zeichnen Sie einen Boxplot der beiden Stichproben.

a) Wir haben jeweils $n = 10$ Daten, und die empirischen Varianzen sind

$$s_X^2 = \frac{1}{n-1} \sum_{i=1}^{n} (x_i - \bar{x})^2 = 0{,}125,$$

$$s_Y^2 = \frac{1}{n-1} \sum_{i=1}^{n} (y_i - \bar{y})^2 = 0{,}538.$$

Mit den Quantilen $\chi^2_{9;0,025} = 19{,}02$ und $\chi^2_{9;0,975} = 2{,}70$ ergibt sich das 95 %-Konfidenzintervall für σ_X^2, siehe Abschn. 2.3.2, zu

$$\left[\frac{9s_X^2}{\chi^2_{9;0,025}}, \frac{9s_X^2}{\chi^2_{9;0,975}} \right] = [0{,}059,\ 0{,}417]$$

und das 95 %-Konfidenzintervall für σ_Y^2 zu

$$\left[\frac{9s_Y^2}{\chi^2_{9;0,025}}, \frac{9s_Y^2}{\chi^2_{9;0,975}} \right] = [0{,}255,\ 1{,}793].$$

b) Die Konfidenzbereiche überlappen sich, es kann also gut sein, dass die wahren Varianzen identisch sind. Zur Sicherheit machen wir einen Varianztest. Wir verwerfen die Hypothese, dass die Varianzen gleich sind, falls

$$\frac{s_Y^2}{s_X^2} \geq F_{n-1,m-1;0,05} = F_{9,9;0,05} = 3{,}18$$

oder falls

$$\frac{s_Y^2}{s_X^2} \leq F_{n-1,m-1;0,95} = F_{9,9;0,95} = \frac{1}{F_{9,9;0,05}} = 0{,}31.$$

Da $s_Y^2/s_X^2 = 4{,}30$, verwerfen wir die Hypothese: Die Varianzen sind mit einer Irrtumswahrscheinlichkeit von 10 % nicht identisch.

c) Auch im Boxplot in Abb. 2.7 erkennen wir, dass die zweite Stichprobe stärker streut als die erste.

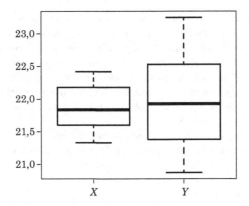

Abb. 2.7: Boxplot der Daten aus Beispiel 2.45

Erwartungswerte

Wir wollen die Hypothese testen, ob die beiden Erwartungswerte identisch sind (oder der eine größer), gegen die Alternative, dass der Erwartungswert in der zweiten Population größer ist als in der ersten:

$$H : \mu_1 = \mu_2 \quad \text{gegen} \quad A : \mu_2 > \mu_1$$

Varianzen bekannt: Wenn wir die Varianzen σ_1^2, σ_2^2 kennen, nehmen wir als Testgröße

$$T = \frac{\bar{Y} - \bar{X}}{\sqrt{\frac{\sigma_1^2}{m} + \frac{\sigma_2^2}{n}}}.$$

Die X- und die Y-Variablen sind unabhängig normalverteilt, und man kann beweisen, dass dann auch $\bar{X}$ und $\bar{Y}$ sowie $\bar{Y} - \bar{X}$ normalverteilt sind; im Nenner steht die Standardabweichung des Zählers, denn

$$\text{Var}(\bar{Y} - \bar{X}) = \text{Var}(\bar{X}) + \text{Var}(\bar{Y}) = \frac{\sigma_1^2}{m} + \frac{\sigma_2^2}{n},$$

siehe Satz 3.25. Also ist T unter der Hypothese standardnormalverteilt.

So erhalten wir den *einseitigen Zwei-Stichproben-Gauß-Test*:

Verwirf H, falls $T \geq z_\alpha$,

wobei z_α das α-Quantil der Standardnormalverteilung ist.

An der Testgröße T erkennen Sie schön, wie der Umfang der beiden Stichproben (m X-Beobachtungen, n Y-Beobachtungen) in den Test einfließt. Denn wie man intuitiv erwartet, ist es einfacher, eine Aussage über die beiden Stichproben zu machen, wenn von beiden viele Daten vorliegen. Liegen von beiden wenig Daten vor oder von einer Stichprobe viel und von der anderen nur wenig, so geht das über die Größen m und n in die Testgröße mit ein, und der Test kommt womöglich zu einem anderen Ergebnis. Vor allem ist aber das Problem, dass der Test dann eine geringe Macht hat.

Die Annahme, dass man die Varianzen kennt, ist in der Praxis allerdings unrealistisch; man verwendet eher den Zwei-Stichproben-t-Test, den wir gleich im Anschluss behandeln.

Denselben Test verwenden wir bei

$$H : \mu_2 \leq \mu_1 \quad \text{gegen} \quad A : \mu_2 > \mu_1.$$

Beim zweiseitigen Testproblem, das heißt

$$H : \mu_1 = \mu_2 \quad \text{gegen} \quad A : \mu_2 \neq \mu_1,$$

verwenden wir dieselbe Teststatistik, verwerfen jetzt aber sowohl für große als auch für kleine Werte von T.

Der *zweiseitige Zwei-Stichproben-Gauß-Test* lautet:

Verwirf H, falls $T \leq z_{1-\alpha/2}$ oder $T \geq z_{\alpha/2}$.

Dabei bezeichnet $z_{\alpha/2}$ das $\alpha/2$-Quantil der Standardnormalverteilung.

Varianzen unbekannt: Wenn wir die Varianzen nicht kennen, können wir sie schätzen. Analog zum Ein-Stichproben-Gauß-Test in Abschn. 2.5.1 ändert sich dadurch aber die Verteilung der Teststatistik. Wir benötigen die wichtige Annahme, dass die unbekannten **Varianzen in beiden Stichproben gleich** sind, das heißt

$$\sigma_1^2 = \sigma_2^2.$$

Als Testgröße nehmen wir nun

$$T = \frac{\bar{Y} - \bar{X}}{\sqrt{\left(\frac{1}{m} + \frac{1}{n}\right) s_{X,Y}^2}},$$

wobei

$$s_{X,Y}^2 = \frac{m-1}{m+n-2} s_X^2 + \frac{n-1}{m+n-2} s_Y^2.$$

Man kann zeigen, dass $s_{X,Y}^2$ der beste Schätzer für die gemeinsame Varianz $\sigma_1^2 = \sigma_2^2$ ist. Unter der Hypothese hat T eine t_{m+n-2}-Verteilung.

So erhalten wir den *einseitigen Zwei-Stichproben-t-Test*:

$$\text{Verwirf } H, \text{ falls } T \geq t_{m+n-2;\alpha}.$$

Dabei bezeichnet $t_{m+n-2;\alpha}$ das α-Quantil der t-Verteilung mit $m+n-2$ Freiheitsgraden.

Denselben Test verwenden wir bei

$$H : \mu_2 \leq \mu_1 \quad \text{gegen} \quad A : \mu_2 > \mu_1.$$

Beim zweiseitigen Testproblem, das heißt

$$H : \mu_1 = \mu_2 \quad \text{gegen} \quad A : \mu_2 \neq \mu_1,$$

verwenden wir dieselbe Teststatistik, verwerfen jetzt aber sowohl für große als auch für kleine Werte von T.

Der *zweiseitige Zwei-Stichproben-t-Test* lautet:

$$\text{Verwirf } H, \text{ falls } T \leq -t_{m+n-2;\alpha/2} \text{ oder } T \geq t_{m+n-2;\alpha/2}.$$

Dabei bezeichnet $t_{m+n-2;\alpha/2}$ das $\alpha/2$-Quantil der t-Verteilung mit $m+n-2$ Freiheitsgraden.

Beachten Sie die Voraussetzungen zum Test: Die beiden Stichproben müssen erstens normalverteilt sein, zweitens unabhängig und drittens müssen die Varianzen übereinstimmen. Ob die Daten normalverteilt sind, lässt sich etwa mit einem *Q-Q-Plot* (Abschn. 2.1.4) oder dem *Kolmogorow-Smirnow-Anpassungstest* (Abschn. 2.7.2) überprüfen. Ob die Varianzen übereinstimmen, können Sie mit obigem Varianztest (in diesem Abschnitt) herausfinden. Sollten die Varianzen nicht übereinstimmen oder die beiden Stichproben abhängig oder nicht normalverteilt sein, können Sie trotzdem testen, ob die Erwartungswerte übereinstimmen – für all diese Situationen gibt es passende Tests. Im Rahmen dieser Einführung führen sie jedoch zu weit, weshalb wir hier nicht näher auf sie eingehen.

Wenn Sie mehr als zwei normalverteilte Stichproben auf Gleichheit der Erwartungswerte testen wollen, können Sie eine sogenannte *Varianzanalyse (ANOVA, analysis of variance)* benutzen. Darauf kommen wir in Abschn. 3.4.2 zu sprechen.

Beispiel 2.46. Um Komponenten auf einer Leiterplatte zu befestigen, benutzen Sie Klebstoff. Sie haben zwei Sorten zur Auswahl, eine neue (Sorte 1) und eine altbekannte (Sorte 2). Wir wollen herausfinden, ob der neue Klebstoff weniger Zeit braucht, bis er getrocknet ist, als der alte. Wir nehmen an, dass die Trocknungszeit in beiden Fällen normalverteilt ist und beide Sorten gleich starke Schwankungen in der Trocknungszeit aufweisen. Aus Erfahrung wissen Sie, dass die Standardabweichung beim Trocknen 7 Sekunden beträgt. 12 Leiterplatten haben Sie mit Klebstoff 1 beklebt, 10 weitere mit Klebstoff 2. Die durchschnittliche Trocknungszeit in Sekunden betrug $\bar{x}_1 = 115$ und $\bar{x}_2 = 121$. Welchen Schluss können Sie daraus ziehen? Testen Sie auf Niveau $\alpha = 0{,}05$.

Wir führen die (schon altbekannten?) Einzelschritte durch:

- Die Größe $\mu_2 - \mu_1$ ist von Interesse.

- $H : \mu_1 = \mu_2,\ A : \mu_1 < \mu_2$

- $\alpha = 0{,}05$

- Die Teststatistik ist

$$T = \frac{\bar{x}_2 - \bar{x}_1}{\sqrt{\frac{\sigma_1^2}{m} + \frac{\sigma_2^2}{n}}}$$

  mit $\sigma_1^2 = \sigma_2^2 = 7^2 = 49$ und $m = 12$, $n = 10$.

- Die Teststatistik ist normalverteilt, da die Varianzen bekannt sind. Wenn A gilt, ist $\mu_1 < \mu_2$, also erwarten wir große Werte von $\bar{x}_2 - \bar{x}_1$; der Zähler von T ist dann groß. Also verwerfen wir H, falls T besonders groß wird, genauer: wenn es zu den 5 % größten Werten zählt.

- Einsetzen der Werte ergibt

$$T = \frac{121 - 115}{\sqrt{\frac{49}{12} + \frac{49}{10}}} = 2{,}00.$$

- Die 5 % größten Werte bei einer Normalverteilung sind größer als das α-Quantil 1,64. Da $T = 2{,}00 > 1{,}64$, verwerfen wir H. Die Daten geben Anlass anzunehmen, dass der neue Klebstoff schneller trocknet.

Beispiel 2.47. Betrachten Sie das Beispiel 2.46 erneut. Sie sind sich zwar sicher, dass beide Klebstoffe die gleichen Schwankungen bei der Trockenzeit haben, jedoch ist der Erfahrungswert 7 als Standardabweichung vielleicht nicht richtig. Sie messen also nach, wie stark die Messwerte um den Mittelwert schwanken. Bei Klebstoff 1 erhalten Sie als empirische Varianz $s_x^2 = 39$, bei Klebstoff 2 $s_y^2 = 50$. Führen Sie den Test mit diesen Daten erneut aus.

- Die Größe $\mu_1 - \mu_2$ ist nach wie vor von Interesse.

- $H : \mu_1 = \mu_2$, $A : \mu_1 < \mu_2$ bleiben gleich.

- $\alpha = 0{,}05$ ebenso

- Die Teststatistik ist jetzt allerdings

$$T = \frac{\bar{x}_2 - \bar{x}_1}{\sqrt{s_{x,y}^2 \left(\frac{1}{m} + \frac{1}{n}\right)}}$$

mit

$$s_{x,y}^2 = \frac{m-1}{m+n-2}s_x^2 + \frac{n-1}{m+n-2}s_y^2.$$

- Die Teststatistik ist nun t_{m+n-2}-verteilt (unter H). Wenn A gilt, ist $\mu_1 < \mu_2$, also wird wohl auch für die Mittelwerte $\bar{x}_1 < \bar{x}_2$ gelten, der Zähler von T ist dann groß. Also verwerfen wir H, falls T besonders groß wird, genauer: Wenn es zu den 5 % größten Werten zählt.

- Einsetzen der Werte ergibt

$$T = \frac{121 - 115}{\sqrt{\left(\frac{12-1}{12+10-2}39 + \frac{10-1}{12+10-2}50\right)\left(\frac{1}{12} + \frac{1}{10}\right)}} = 2{,}11.$$

- Die 5 % größten Werte bei einer t_{20}-Verteilung sind größer als das α-Quantil 1,72. Da $T = 2{,}11 > 1{,}72$, verwerfen wir H wie gehabt.

Wir wissen ja, wie die Differenz der Mittelwerte verteilt ist, nämlich

$$\frac{\bar{Y} - \bar{X}}{\sqrt{\left(\frac{1}{m} + \frac{1}{n}\right)s_{X,Y}^2}} \sim t_{m+n-2},$$

und mit diesem Wissen können wir auch ein Konfidenzintervall für $\mu_2 - \mu_1$ bestimmen:

Ein $(1 - \alpha)$-*Konfidenzintervall für* $\mu_2 - \mu_1$ ist

$$\bar{Y} - \bar{X} \pm t_{m+n-2;\alpha/2}\sqrt{\left(\frac{1}{m} + \frac{1}{n}\right)s_{X,Y}^2},$$

wobei $t_{m+n-2;\alpha/2}$ das $\alpha/2$-Quantil der t-Verteilung mit $m + n - 2$ Freiheitsgraden bezeichnet.

Fazit

Anhand vieler Beispiele haben wir in diesem Abschnitt gelernt, wie wir wichtige statistische Tests durchführen. Wir haben den Gauß-Test kennengelernt, bei dem wir Aussagen über den Erwartungswert einer Normalverteilung anhand des Mittelwertes testen; dabei setzen wir voraus, dass wir die Varianz kennen. Ist auch die Varianz unbekannt, so ersetzen wir sie in der Test-Statistik des Gauß-Tests schlicht durch die empirische Varianz und erhalten so den t-Test. Wir haben Aussagen über die Varianz einer Normalverteilung getestet und dabei die χ^2-Verteilung gebraucht, und bei Varianztests mit zwei Stichproben ist uns die F-Verteilung begegnet. Wir haben bei zwei Stichproben, die beide einer Normalverteilung folgen, in Tests neben den Varianzen auch die Mittelwerte verglichen.

Wir haben in diesem Abschnitt außerdem den exakten Binomialtest kennengelernt, mit dem wir etwas über die unbekannte Erfolgswahrscheinlichkeit in einer Reihe von Bernoulli-Experimenten herausfinden können.

Der *Test-Wegweiser* in Anhang A gibt eine Übersicht über verschiedene Testverfahren.

2.6 p-Wert
Wie wahrscheinlich ist mein Testergebnis?

Wir haben gelernt, wie ein statistischer Test funktioniert: Zu einem Paar aus Hypothese und Alternative wird eine geeignete Statistik aufgestellt. Kennt man die Verteilung dieser Statistik unter der Nullhypothese, so ist es vernünftig, als Testanleitung zu formulieren: Verwirf die Nullhypothese, wenn der Wert der Statistik, wenn man die Daten einsetzt, unter der Annahme, dass die Hypothese gilt, besonders unwahrscheinlich ist, das heißt, wenn er zum Beispiel zu den 5 % unwahrscheinlichsten Werten gehört, also wenn er etwa beim einseitigen Testen das 5 %-Quantil überschreitet. In der Praxis hat sich inzwischen durch den Einsatz von Computern eine andere Möglichkeit etabliert, das Ergebnis eines Tests zu bewerten, der sogenannte *p-Wert*. In diesem Abschnitt stellen wir das Konzept vor.

In der Praxis benutzt man selten Quantile, um die Verwerfungsregel zu formulieren, sondern den *p-Wert*. Er gibt an, wie wahrscheinlich es ist, dass man, wenn die Nullhypothese gilt, just ein solches oder extremeres Testergebnis erhält als das, das man erhalten hat.

Wir geben eine formale mathematische Definition:

Definition 2.48 (*p*-Wert). Sei $(\mathcal{X}, (P_\theta)_{\theta \in \Theta})$ ein statistisches Modell für die Verteilung der Zufallsvariablen $X : \Omega \to \mathcal{X}$, sei

$$H : \theta \in \Theta_0 \quad \text{gegen} \quad A : \theta \in \Theta_1$$

ein Testproblem, und sei die Teststatistik $T = t(X)$ so gewählt, dass wir für große Werte von T verwerfen. Ist $X = x$ der Ausgang des Experiments, so heißt

$$p = \sup_{\theta \in \Theta_0} P(T \geq t(x))$$

der *p-Wert* des Tests (auch: *Signifikanzwert*).

Der *p*-Wert gibt an, wie wahrscheinlich es ist, ein solches oder extremeres Stichprobenergebnis zu erhalten, wenn die Nullhypothese gilt.

Ist der *p*-Wert zu einem Test, den Sie auf Niveau α durchführen, kleiner oder gleich α, ist die Nullhypothese zu verwerfen: Wenn die Nullhypothese nämlich gilt, sagt ein solcher *p*-Wert gerade, dass das Testergebnis sehr unwahrscheinlich ist.

Der Nachteil von *p*-Werten ist, dass sie sich schwer berechnen lassen: Es reicht nicht mehr aus, eine Tabelle der 5 %-Quantile einer Testgröße zu haben, sondern man braucht Tabellen für alle Quantile. Man nutzt in der Regel Software, um *p*-Werte zu ermitteln.

In allen folgenden Beispielen dieses Buches geben wir den *p*-Wert zur Information mit an.

Beispiel 2.49. Wir betrachten das Testproblem aus Beispiel 2.40, bei dem wir anhand von 20 Bernoulli-Experimenten mit unbekannter Erfolgswahrscheinlichkeit θ die Hypothese $H : \theta \leq 0{,}06$ gegen $A : \theta > 0{,}06$ testen wollten. Angenommen, wir beobachten $k = 3$ Defekte. Dann verwirft der Test zum Niveau 5 % die Hypothese nicht; der *p*-Wert ist

$$\sup_{\theta \leq 0{,}06} P_\theta(X \geq 3) = P_{0{,}06}(X \geq 3) = 0{,}11,$$

also p=0,11. Das bedeutet: Wenn die Hypothese stimmt, dass die Ausfallwahrscheinlichkeit höchstens 6 % beträgt, dann passiert es mit 11 % Wahrscheinlichkeit, dass wir $k = 3$ (oder mehr) defekte Systeme beobachten. Das ist nicht besonders oft, aber wir haben uns darauf festgelegt, dass wir nur Testergebnisse mit weniger als 5 % Wahrscheinlichkeit als unnatürlich (und somit als ein Indiz, dass die Hypothese falsch ist) ansehen wollen.

Fazit

Beim statistischen Testen setzen wir Daten in eine Teststatistik ein und vergleichen den so entstehenden Wert mit einem bestimmten kritischen Wert. In diesem Abschnitt haben wir eine andere Art der Entscheidungfindung beim Testen, den p-Wert, kennengelernt. Er gibt bei einem konkreten Testergebnis an, wie wahrscheinlich es ist, dieses (oder ein extremeres) Ergebnis zu erhalten, wenn die Nullhypothese gilt. Wenn der p-Wert zu einem Test mit Niveau α kleiner oder gleich α ist, bedeutet das, dass das erhaltene Ergebnis nur mit einer Wahrscheinlichkeit von kleiner oder gleich α eintritt, also sehr unwahrscheinlich ist; deshalb verwerfen wir die Hypothese in so einem Fall.

2.7 Wichtige nicht-parametrische Tests
Fragen über die Verteilung hinter den Daten beantworten

Im vorherigen Abschnitt haben wir Tests behandelt, mit denen wir Aussagen über bestimmte Parameter einer Verteilung treffen können (wie über Erwartungswert und Varianz oder beim Zwei-Stichproben-Fall, ob die beiden Erwartungswerte identisch sind). Wir haben dabei angenommen, dass die Daten einer Normalverteilung folgen, wir die Verteilung also bis auf einen Parameter, über den wir durch den Test ja etwas erfahren wollen, kennen. Solche Tests heißen *parametrisch*.

Was ist jedoch, wenn wir nicht wissen, welcher Verteilung die Daten folgen? In so einer Situation fragen wir uns natürlich erst einmal: Liegt eine bestimmte Verteilung vor, zum Beispiel eine Normalverteilung? Oder beim Zwei-Stichproben-Fall: Stammen beide Stichproben aus der gleichen Verteilung? Auch für solche Fragen gibt es Testverfahren; da sie nicht davon ausgehen, dass die den Daten zugrundeliegende Verteilung bereits durch einige Parameter charakterisiert ist, heißen sie *nicht-parametrisch* oder *parameterfrei*.

Das bedeutet nicht, dass die Modelle keine Parameter besitzen, sondern bloß: Wir nehmen nicht an, dass die unbekannte Verteilung bis auf einige Parameter bekannt ist. Vielmehr ist die ganze Art der Verteilung flexibel.

Nicht-parametrische Tests sind universell einsetzbar, eben weil sie keine bestimmte Struktur der Daten erfordern. Das bezahlt man natürlich damit, dass sie nicht so präzise sind wie Tests, die auf eine bestimmte Datenstruktur (zum Beispiel die Normalverteilung) zugeschnitten sind. Will man etwas über die Lage einer Messreihe wissen, prüft man daher zuerst oft (mit einem passenden nicht-parametrischen

Test), ob die Daten normalverteilt sind. Wenn der Test das bejaht, kann man guten Gewissens einen parametrischen Test (zum Beispiel auf den Mittelwert) durchführen. Verwirft der Test die Normalverteilungsannahme, bleiben immer noch nicht-parametrische Verfahren, mit denen man etwas über die Lage der Daten erfährt.

In diesem Abschnitt lernen wir einige *wichtige nicht-parametrische Tests* kennen: Wir testen anhand von Daten (das heißt Realisierungen von Zufallsvariablen), wie groß der *Median* einer Verteilung ist, ob eine Stichprobe *aus einer bestimmten Verteilung* stammt, ob zwei Stichproben generell *die gleiche Verteilung* haben, ob sie sich *in der Lage unterscheiden*, das heißt verschoben sind, und ob zwei Stichproben *unabhängig voneinander* sind.

Auch die nicht-parametrischen Tests sind natürlich in den *Test-Wegweiser* in Anhang A eingeordnet.

2.7.1 Vorzeichentest
Wie groß ist der Median?

Wir nehmen an, unsere Daten $X_1, \ldots, X_n$ sind unabhängig und folgen jeweils einer stetigen Verteilung F (welche das genau ist, brauchen wir nicht zu wissen). Wir wollen herausfinden, ob der Median m von einem bestimmten Wert m_0 abweicht, und testen

$$H : m = m_0 \quad \text{gegen} \quad A : m \neq m_0.$$

Wenn H gilt, erwarten wir, dass etwa die Hälfte der Daten links von m_0 liegt. Die Idee ist also zu zählen, wie viele Daten links von m_0 liegen, und H zu verwerfen, wenn die Zahl sehr groß oder sehr klein ist. Mathematisch formal betrachten wir dazu die neuen Zufallsvariablen

$$V_i = \begin{cases} 1 & \text{falls } X_i < m_0 \\ 0 & \text{falls } X_i \geq m_0. \end{cases}$$

Die V_i sind unabhängige Bernoulli-Zufallsvariablen, und die Anzahl der Beobachtungen, die links von m_0 liegen, ist

$$V = \sum_{i=1}^{n} V_i.$$

V hat eine $\text{Bin}(n, p)$-Verteilung. Wenn H gilt, nimmt etwa die Hälfte der V_i den Wert 0 an, die andere Hälfte 1, mit anderen Worten, unter H ist der Parameter der Verteilung $p = 1/2$. Nun können wir den Binomialtest aus Abschn. 2.5.3 durchführen.

Wir erhalten den *Vorzeichentest*:

$$\text{Verwirf } H, \text{ falls } V \leq a_{n,1/2;\alpha/2} \text{ oder } V \geq b_{n,1/2;\alpha/2},$$

wobei die kritischen Werte

$$a_{n,1/2;\alpha/2} = \max\left\{k \mid P_{1/2}(V \leq k) \leq \alpha/2\right\}$$
$$b_{n,1/2;\alpha/2} = \min\left\{k \mid P_{1/2}(V \geq k) \leq \alpha/2\right\}$$

sind.

Beispiel 2.50. Sie produzieren Kegelradgetriebe. Bei der Montage von Ritzel und Tellerrad treten Ungenauigkeiten auf – manchmal ist der Abstand zu groß, manchmal zu klein. Sie vermessen 30 Getriebe und notieren die folgenden Abweichungen vom gewünschten Abstand (in mm):

-0.44, 2.09, 7.77, -0.22, 1.01, -1.66, -1.11, 1.48, -1.28, 4.39, -1.56, 3.3, -1.75, -1.13, -0.41, 1.35, -0.34, -1.34, -0.22, -0.47, -1.06, -1.52, -1.98, -0.84, -0.44, 0.29, 0.48, -1.14, -0.12, -2.11

Natürlich hätten Sie gerne eine möglichst geringe Abweichung. Allerdings wollen Sie sich bei der Beurteilung der Daten nicht durch einen Ausreißer irritieren lassen, der vielleicht den Mittelwert verfälscht. Testen Sie also, ob der Median m der Daten bei 0 liegt.

Wir zählen, wie viele Messungen kleiner als 0 sind, es sind $V = 21$. Wenn H gilt, also wenn $m = 0$ ist, ist V binomialverteilt mit Parameter $p = 0{,}5$, es hat dann also die folgende Wahrscheinlichkeitsverteilung:

k	0	$\cdots$	7	8	9	10	11	12	13	14	15
$P_{0,5}(V=k)$	0,00	$\cdots$	0,00	0,01	0,01	0,03	0,05	0,08	0,11	0,14	0,14

k	16	17	18	19	20	21	22	23	$\cdots$	30
$P_{0,5}(V=k)$	0,14	0,11	0,08	0,05	0,03	0,01	0,01	0,00	$\cdots$	0,00

Das Niveau des Tests setzen wir auf $\alpha = 0{,}05$ fest. Wir summieren also auf und suchen das größte k, sodass $P_{1/2}(V \leq k) \leq 0{,}025$, es ist $a_{30,1/2;0,025} = 9$. Das kleinste k mit $P_{1/2}(V \geq k) \leq 0{,}025$ ist $b_{30,1/2;0,025} = 21$. Da $V \geq 21$ (und der p-Wert des Testes p=0,042 ist), verwerfen wir die Nullhypothese: Wir gehen davon aus, dass der Median m kleiner ist als 0.

2.7.2 Kolmogorow-Smirnow-Test
Wie sind die Daten verteilt?

Eine Stichprobe

Wir betrachten unabhängige Daten $x_1, \ldots, x_n$, die wir als n Realisierungen einer Zufallsvariable X mit Verteilungsfunktion F_X interpretieren. Wir fragen uns, ob die Verteilung einer bestimmten Verteilung F_0 entspricht, das heißt, wir testen

$$H : F_X = F_0 \quad \text{gegen} \quad A : F_X \neq F_0.$$

Tests, die ein solches Hypothesen-Alternativen-Paar überprüfen, heißen *Anpassungstests*; sie testen, wie gut eine Reihe von Beobachtungen $X_i \sim F$ zu einer vorgegebenen Verteilung F_0 passt. Um das herauszufinden, benutzen wir die empirische Verteilungsfunktion (siehe Definition 2.4)

$$F_n(x) = \frac{1}{n} \#\{1 \leq i \leq n : x_i \leq x\} = \frac{1}{n} \sum_{i=1}^{n} I_{\{x_i \leq x\}}.$$

Wenn H gilt, nähert sich die empirische Verteilungsfunktion $F_n(x)$ (Anteil der Beobachtungen kleiner oder gleich x) immer mehr der wahren Verteilungsfunktion $F_0(x)$ an (Wahrscheinlichkeit, dass X kleiner oder gleich x ist). Wir verwerfen also H, wenn sich F_n irgendwo stark von F_0 unterscheidet; wir betrachten dazu die größte Differenz, die auftritt:

$$KS = \sup_{x \in \mathbb{R}} |F_n(x) - F_0(x)|$$

Wenn F_0 stetig ist, lässt sich KS so berechnen: Für jedes $i \in \{1, \ldots n\}$ berechnet man

$$KS_{i,o} = \left| F_n(x_{(i)}) - F_0(x_{(i)}) \right|$$
$$KS_{i,u} = \left| F_n(x_{(i-1)}) - F_0(x_{(i)}) \right|$$

und bestimmt das Maximum $KS_{\max}$ aller dieser Werte. $x_{(i)}$ ist dabei die i-te Ordnungsstatistik, siehe Definition 2.1. Das Maximum tritt übrigens nur an Sprungstellen von F_n auf.

Der *Ein-Stichproben-Kolmogorow-Smirnow-Test* lautet:

$$\text{Verwirf } H, \text{ falls } \text{KS}_{\max} \geq \text{KS}_{\alpha,n},$$

wobei $\text{KS}_{\alpha,n}$ der kritische Wert zum Niveau α und dem Stichprobenumfang n ist. Für kleine Stichprobenumfänge n sind die kritischen Werte $\text{KS}_{\alpha,n}$ in Abschn. B.5 tabelliert; für große n nähert man sie mit der folgenden Formel an:

$$\text{KS}_{\alpha,n} \approx \frac{1}{\sqrt{n}}\sqrt{\frac{\ln\left(\frac{2}{\alpha}\right)}{2}}$$

Beispiel 2.51. Für einen Schneidroboter benötigen Sie Ersatz für ein Verschleißteil. Um den Bedarf abzuschätzen und den Einkauf zu planen, wollen Sie die Lebensdauer des Verschleißteils modellieren. Sie haben in den letzten Monaten folgende Lebensdauern gemessen (in Tagen):

```
28.22, 8.09, 52.99, 0.59, 28.19, 34.04, 15.57, 41.12, 9.21, 26.92,
7.23, 42.19
```

Sie wissen, dass viele Lebenserwartungen exponentialverteilt sind und der Hersteller die mittlere Lebensdauer des Ersatzteils mit 20 Tagen angibt. Ist die Lebensdauer also exponentialverteilt mit Parameter $1/20$? Spricht etwas gegen diese Hypothese?

Wir sortieren die $n = 12$ Messdaten und bestimmen die empirische Verteilungsfunktion $F_{12}(x)$, die stückweise konstant ist und in jedem Punkt der sortierten Stichprobe um $1/12$ springt. Die Verteilungsfunktion der Exponentialverteilung mit Parameter $1/20$ ist

$$F_0(x) = 1 - e^{-x/20}I_{\{x \geq 0\}}.$$

Wir bestimmen nun für jede der sortierten Beobachtungen $x_{(i)}$ die Werte für $F_{12}(x_{(i)})$, $F_0(x_{(i)})$, $\text{KS}_{i,o}$ und $\text{KS}_{i,u}$:

i	$x_{(i)}$	$F_{12}(x_{(i)})$	$F_0(x_{(i)})$	$\text{KS}_{i,o}$	$\text{KS}_{i,u}$
1	0,59	0,08	0,03	0,05	0,03
2	7,23	0,17	0,30	0,14	0,22
3	8,09	0,25	0,33	0,08	0,17
4	9,21	0,33	0,37	0,04	0,12
5	15,57	0,42	0,54	0,12	0,21
6	26,92	0,50	0,74	0,24	0,32
7	28,19	0,58	0,76	0,17	0,26
8	28,22	0,67	0,76	0,09	0,17
9	34,04	0,75	0,82	0,07	0,15
10	41,12	0,83	0,87	0,04	0,12
11	42,19	0,92	0,88	0,04	0,05
12	52,99	1,00	0,93	0,07	0,01

Die empirische Verteilung der Stichprobe und die theoretische Exponentialverteilung sind in Abb. 2.8 gezeigt. Wir testen auf Niveau $\alpha = 0{,}05$ und lesen aus der Tabelle ab: $KS_{max} = 0{,}32$. Aus der Quantiltabelle im Anhang entnehmen wir $KS_{0{,}05;\,12} = 0{,}375$. Der p-Wert ist p=0,130. Das heißt, wir es gibt keinen hinreichenden Grund, die Nullhypothese, dass die Lebensdauer der Verschleißteile exponentialverteilt mit Parameter $1/20$ ist, zu verwerfen.

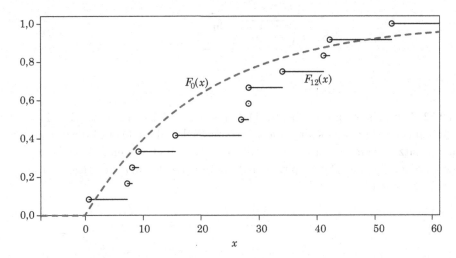

Abb. 2.8: Verteilungsfunktion der Exponentialverteilung mit Parameter $1/20$ (gestrichelt) und empirische Verteilungsfunktion der Daten (Sprungfunktion) aus Beispiel 2.51

Zwei Stichproben

Der Kolmogorow-Smirnow-Test lässt sich auch auf Zwei-Stichproben-Probleme anwenden; dann vergleichen wir die empirische Verteilungsfunktion eines Datensatzes nicht mit einer hypothetischen Verteilung, sondern mit der empirischen Verteilungsfunktion des zweiten Datensatzes.

Die Daten $x_1, \ldots, x_{n_1}$ seien Realisierungen einer Zufallsvariablen X mit Verteilungsfunktion F_X, die Daten $y_1, \ldots, y_{n_2}$ seien Realisierungen einer von X unabhängigen Zufallsvariablen Y mit Verteilungsfunktion G_Y. Wir fragen uns, ob beide Datensätze aus der gleichen Verteilung stammen, das heißt, wir testen

$$H: \; F_X = G_Y \quad \text{gegen} \quad A: \; F_X \neq G_Y.$$

Wie F_X und G_Y genau aussehen, interessiert uns hier nicht; wir wollen bloß wissen, ob sie sich unterscheiden. Wie oben betrachten wir den Unterschied der beiden empirischen Verteilungsfunktionen F_{n_1} und G_{n_2}:

$$KS = \sup_{x \in \mathbb{R}} |F_{n_1}(x) - G_{n_2}(x)|$$

Der *Zwei-Stichproben-Kolmogorow-Smirnow-Test* lautet:

$$\text{Verwirf } H, \text{ falls } \text{KS} \geq \text{KS}_\alpha,$$

wobei KS_α, der kritische Wert zum Niveau α, näherungsweise durch

$$\text{KS}_\alpha \approx \sqrt{\frac{n_1 + n_2}{n_1\, n_2}}\, \sqrt{\frac{\ln\left(\frac{2}{\alpha}\right)}{2}}$$

gegeben ist.

Beispiel 2.52. Wir nehmen uns die beiden Datensätze aus Beispiel 2.9 vor. Dort haben wir anhand eines Q-Q-Plots mit dem Auge entschieden, dass sie nicht die gleiche Verteilung besitzen. Wir wollen das nun mit dem Zwei-Stichproben-Kolmogorow-Smirnow-Test verifizieren. Die empirischen Verteilungen der beiden Stichproben sind in Abb. 2.9 gezeigt.

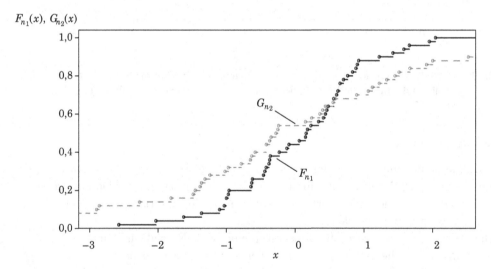

$F_{n_1}(x),\ G_{n_2}(x)$

Abb. 2.9: Die empirischen Verteilungsfunktionen F_{50} von Datensatz A und G_{50} von Datensatz B (gestrichelt) aus Beispiel 2.9

Die exakte Rechnung dauert lang, da wir jeweils 50 Beobachtungen haben; wir lassen sie hier aus und geben nur das Ergebnis an: KS = 0,20. Mit der Näherungsformel erhalten wir $\text{KS}_{0,05} \approx 0{,}272$, der p-Wert ist p=0,27. Also behält der Zwei-Stichproben-Kolmogorow-Smirnow-Test die Hypothese bei: Die Daten geben keinen Anlass zu bezweifeln, dass die beiden Stichproben die gleiche Verteilung haben.

Während der Q-Q-Plot in Beispiel 2.9 und auch Abb. 2.9 den Eindruck vermitteln, dass die Stichproben verschieden verteilt sind, da es Unterschiede gibt, nimmt uns der Zwei-Stichproben-Kolmogorow-Smirnow-Test die Interpretation ab: Er entscheidet, dass die Abweichungen noch im Rahmen gewöhnlicher zufälliger Schwankungen liegen. (Allerdings wissen wir nicht, wie groß der Fehler 2. Art ist, also mit welcher Wahrscheinlichkeit der Test eine Hypothese nicht verwirft, obwohl in Wirklichkeit die Alternative gilt.)

2.7.3 Mann-Whitney-Wilcoxon-Test
Unterscheiden sich zwei Datensätze in der Lage?

Nun lernen wir ein nicht-parametrisches Analogon zu Students t-Test kennen. Die Daten $x_1, \ldots, x_{n_1}$ seien Realisierungen einer Zufallsvariablen X mit stetiger Verteilungsfunktion F_X, die Daten $y_1, \ldots, y_{n_2}$ seien Realisierungen einer von X unabhängigen Zufallsvariablen Y mit stetiger Verteilungsfunktion G_Y. Wir gehen davon aus, dass die Verteilungen bis auf eine Verschiebung Δ identisch sind, das heißt

$$G_Y(x) = F_X(x - \Delta),$$

und wir wollen herausfinden, ob tatsächlich eine solche Verschiebung vorliegt, das heißt, wir testen

$$H : \Delta = 0 \quad \text{gegen} \quad A : \Delta \neq 0.$$

Das Modell $G_Y(x) = F_X(x - \Delta)$ bedeutet insbesondere, dass X und Y die gleiche Varianz haben. Das muss im Zweifelsfall vorher mit einem entsprechenden Test überprüft werden, etwa dem *Bartlett-Test* oder dem *Levene-Test* (die wir im Rahmen dieser Einführung allerdings nicht behandeln). Sollte dabei herauskommen, dass sich die Varianzen unterscheiden, dürfen wir den Mann-Whitney-Wilcoxon-Test nicht benutzen. Stattdessen können wir dann zum Beispiel mit dem Zwei-Stichproben-Kolmogorow-Smirnow-Test überprüfen, ob beide Datensätze aus verschiedenen Verteilungen stammen.

Warum benutzt man dann nicht gleich den Kolmogorow-Smirnow-Test, der allgemeiner einsetzbar ist? Der Grund ist: Er stellt zwar weniger Voraussetzungen an die Daten, ist dafür aber in gewisser Weise weniger verlässlich. Wenn wir wissen, dass die Verteilungen nur bis auf eine Verschiebung identisch sind, dass also $G_Y(x) = F_X(x - \Delta)$ gilt, hat der Mann-Whitney-Wilcoxon-Test eine höhere Macht als der Kolmogorow-Smirnow-Test – er erkennt eine vorliegende Alternative mit größerer Wahrscheinlichkeit. Man muss die größere Allgemeinheit des Kolmogorow-Smirnow-Tests halt bezahlen.

Die Idee des Tests ist folgende: Wir halten aus der ersten Stichprobe ein x_i fest und zählen, wie viele Beobachtungen y_j aus der zweiten Stichprobe mindestens genau so groß sind, es sind $\sum_{j=1}^{n_2} I_{\{x_i \leq y_j\}}$ Stück. Das machen wir für jedes x_i und addieren die Anzahlen auf. Wir erhalten als Prüfgröße

$$U = \sum_{i=1}^{n_1} \sum_{j=1}^{n_2} I_{\{x_i \leq y_j\}}.$$

Wenn sich die beiden Stichproben in ihrer Lage nicht unterscheiden, dann sollte diese Prüfsumme U nicht sonderlich groß oder sonderlich klein sein (groß hieße, besonders viele der y_j überschreiten die x_i, klein hieße, es sind besonders wenige). Man kann nun zeigen, dass U asymptotisch normalverteilt ist:

$$U \xrightarrow{\mathcal{D}} \mathcal{N}\left(\frac{n_1 n_2}{2}, \frac{n_1 n_2 (n_1 + n_2 + 1)}{12}\right)$$

Damit erhalten wir den *Mann-Whitney-Wilcoxon-Test*:

$$\text{Verwirf } H, \text{ falls } \left| \frac{U - \frac{n_1 n_2}{2}}{\sqrt{\frac{n_1 n_2 (n_1 + n_2 + 1)}{12}}} \right| \geq z_{\alpha/2},$$

wobei $z_{\alpha/2}$ das $\alpha/2$-Quantil der Standardnormalverteilung ist.

Bei kleinen Stichproben gibt es Tabellen mit den exakten Quantilen.

Auch Students t-Test überprüft, ob zwei unabhängige Stichproben die gleiche Lage haben. Welchen Test, Students t-Test oder den Mann-Whitney-Wilcoxon-Test, sollte man also benutzen? Da der Wert der einzelnen Daten nicht in den Mann-Whitney-Wilcoxon-Test eingeht (sondern nur die Anzahl, wie oft die zweite Stichprobe die erste übertrifft), ist er robuster gegen Ausreißer. Der t-Test fordert außerdem normalverteilte Daten, während der Mann-Whitney-Wilcoxon-Test nur eine stetige Verteilung voraussetzt. Wenn man sich nicht sicher ist, ob eine Normalverteilung vorliegt oder es Ausreißer gibt, ist der Mann-Whitney-Wilcoxon-Test also der Test der Wahl: Er ist in vielen Situationen anwendbar, liefert oft bessere Ergebnisse als der t-Test, und wenn tatsächlich brave normalverteilte Daten vorliegen, ist zwar der t-Test besser, aber nur ein kleines bisschen.

Übrigens kann man die Mann-Whitney-Wilcoxon-Statistik U auch etwas anders aufschreiben, indem man nicht zählt, wie viele y_j die x_i übersteigen, sondern die Daten der Größe nach sortiert und die Ränge $r(x_i)$ der x_i aufsummiert, siehe Definition 2.1: $W = \sum_{i=1}^{n_1} r_i$. Es gilt $W = U + n_1(n_1 + 1)/2$, und damit ist auch W asymptotisch normalverteilt mit gleicher Varianz wie U, aber Erwartungswert $n_1(n_1 + n_2 + 1)/2$. Wenn man den Test auf W basieren lässt, spricht man auch vom *Wilcoxon-Rangsummentest*.

Beispiel 2.53. Sie stellen Presswerkzeuge für Laborpressen her und probieren ein neues Fertigungsverfahren aus. Sie vermessen den Durchmesser von 16 Werkzeugen, die Sie nach dem neuen Verfahren hergestellt haben, und notieren folgende Abweichungen (in 100 Mikrometern) vom Solldurchmesser:

```
8.39, 1.26, 6.35, 0.16, -4.11, 0.22, -4.83, -0.89, -4.60, -0.37,
-4.78, -3.75, 0.31, 11.53, -4.79, 63.23
```

Zum Vergleich ziehen Sie die Abweichungen vom Sollwert bei 18 Werkzeugen heran, die Sie nach dem herkömmlichen Verfahren gefertigt haben:

```
-5.54, -7.18, 0.07, -5.58, -3.04, 0.35, 0.73, 99.18, -4.75, -5.99,
8.54, -6.77, -7.32, -1.99, -4.89, -5.51, -1.81, -7.99
```

Gibt es einen Unterschied?

Die Prüfgröße für den Mann-Whitney-Wilcoxon-Test ist hier

$$U = \sum_{i=1}^{18} \sum_{j=1}^{16} I_{\{x_i \leq y_j\}} = 207,$$

und damit ist

$$\frac{U - 144}{\sqrt{\frac{10.080}{12}}} = 2{,}17.$$

Das 0,025-Quantil der Standardnormalverteilung ist 1,96, somit verwirft der Mann-Whitney-Wilcoxon-Test die Hypothese, dass sich die beiden Stichproben in der Lage nicht unterscheiden, auf Signifikanzniveau 5 % und kommt zum Schluss, dass sich die beiden Stichproben in der Lage unterscheiden. Der p-Wert ist p=0,030.

Können wir hier auch einen t-Test anwenden? Wir gehen darauf im Abschnitt *Was einen Test kaputt macht* ab Seite 150 ein, und dieser Platzierung können Sie bereits entnehmen, was die Antwort sein wird.

2.7.4 Chi-Quadrat-Anpassungstest
Wahrscheinlichkeiten bei einem Experiment mit mehreren möglichen Ausgängen überprüfen

Wenn wir eine Zufallsgröße X beobachten, interessiert uns oft die Frage: Hat X eine bestimmte Verteilung? Wir wollen also einen *Anpassungstest* durchführen, der überprüft, wie gut eine Reihe von Beobachtungen zu einer vorgegebenen Verteilung passt. Wir kennen aus dieser Kategorie von Tests bereits den Kolmogorow-Smirnow-Test, siehe Abschn. 2.7.2.

Wir betrachten jetzt ein Experiment, das k Ergebnisse haben kann, die mit den unbekannten Wahrscheinlichkeiten $\theta_1, \ldots, \theta_k$ eintreten. Der Einfachheit halber benennen wir die Ergebnisse mit $1, \ldots, k$. Wir führen das Experiment nun n-fach unabhängig voneinander aus und notieren in einer Strichliste, wie viele der Experimente das Ergebnis $1, \ldots, k$ hatten:

$$N_i = \text{Anzahl der Experimente mit Ergebnis } i$$

Wir wollen nun testen, ob die unbekannten Wahrscheinlichkeiten $\theta_1, \ldots, \theta_k$ bestimmten konkreten Werte $\theta_1^{(0)}, \ldots, \theta_k^{(0)}$ entsprechen, das heißt, wir testen:

$$H : \theta_1 = \theta_1^{(0)}, \ldots, \theta_k = \theta_k^{(0)} \quad \text{gegen} \quad A : \theta_j \neq \theta_j^{(0)} \text{ für mindestens ein } j$$

Als Teststatistik nehmen wir

$$X = \sum_{i=1}^{k} \frac{(N_i - n\theta_i^{(0)})^2}{n\,\theta_i^{(0)}},$$

das heißt, wir berechnen für jede Ausprägung $i \in \{1, \ldots, k\}$ den Unterschied zwischen der beobachteten Anzahl N_i und der Anzahl $n\theta_i^{(0)}$, die wir erwarten, wenn H gilt. Diesen Unterschied quadrieren wir und setzen ihn in Beziehung zu der zu erwartenden Anzahl $n\theta_i^{(0)}$. Dann summieren wir alle diese relativen quadrierten Unterschiede auf.

Der *Chi-Quadrat-Anpassungstest* lautet:

$$\text{Verwirf } H, \text{ falls } X \geq \chi_{k-1;\alpha}^2.$$

Dabei ist $\chi_{k-1;\alpha}^2$ das α-Quantil der χ^2-Verteilung mit $k-1$ Freiheitsgraden.

Die Testgröße X kann man sich so erklären: Wenn die Hypothese gilt und das Ergebnis i die Wahrscheinlichkeit $\theta_i^{(0)}$ hat, dann werden wir die Zahl i in unseren n Experiment-Durchläufen etwa mit der Häufigkeit $n\theta_i^{(0)}$ erhalten, also ist die tatsächlich beobachtete Anzahl N_i nicht weit von $n\theta_i^{(0)}$ entfernt, und X ist klein. X misst also auf bestimmte Weise den Abstand zwischen den beobachteten Häufigkeiten $N_1, \ldots, N_k$ und den Anzahlen $n\theta_1^{(0)}, \ldots, n\theta_k^{(0)}$, die wir erwarten, wenn die Hypothese gültig ist. Karl Pearson konnte beweisen, dass X bei Gültigkeit der Hypothese approximativ χ_{k-1}^2-verteilt ist; der Test heißt deshalb auch *Pearsons χ^2-Test*.

Beispiel 2.54. Bei der Herstellung von Gleitlagern teilen Sie die Fehler, die auftreten können, in vier Kategorien ein. Jedes defekte Lager kann genau einer der

Kategorien zugeordnet werden. Laut Angaben des Produktionsleiters treten die Fehler erwartungsgemäß mit den folgenden Häufigkeiten auf:

$$\theta_1^{(0)} = 0{,}44, \quad \theta_2^{(0)} = 0{,}25, \quad \theta_3^{(0)} = 0{,}30, \quad \theta_4^{(0)} = 0{,}01$$

Sie untersuchen $n = 250$ defekte Lager aus der aktuellen Produktion und zählen, welcher Fehlertyp wie oft vorkommt:

$$N_1 = 113, \quad N_2 = 40, \quad N_3 = 87, \quad N_4 = 10.$$

Nun testen wir, ob diese Fehlerverteilung tatsächlich der zu erwartenden Verteilung entspricht.

$$X = \sum_{i=1}^{4} \frac{(N_i - n\theta_i^{(0)})^2}{n\theta_i^{(0)}} = (0{,}082 + 8{,}1 + 1{,}92 + 22{,}5) = 32{,}602.$$

Der Quantiltabelle entnehmen wir $\chi^2_{3;0,05} = 7{,}81$. (Der p-Wert beträgt p=3,908e-7.) Somit verwerfen wir die Hypothese auf Niveau 5 %: Wir gehen davon aus, dass die reale Fehlerverteilung nicht der Verteilung entspricht, die der Produktionsleiter erwartet.

2.7.5 Chi-Quadrat-Unabhängigkeitstest
Sind zwei diskrete Merkmale unabhängig?

Wenn wir zwei Zufallsgrößen X und Y beobachten, die jeweils endlich viele Werte annehmen können, ist es häufig wichtig zu entscheiden, ob sie unabhängig sind.

Beispiel 2.55. Eine solche Situation ist etwa die folgende: An zwei Bauteilen eines Lagers, X und Y, treten bei der Produktion besonders häufig Fehler auf. Sie teilen die Fehler in Kategorien ein. X kann beispielsweise drei Werte annehmen (für die drei Fehler, die auftreten können), und Y kann zum Beispiel vier Werte annehmen (für die vier Fehler, die dort auftreten können). Sie wollen nun überprüfen, ob die Verteilung der Fehler bei Bauteil X unabhängig davon ist, welche Fehler bei Bauteil Y auftreten.

X und Y nehmen endlich viele Werte an; wir gehen der Einfachheit halber davon aus, dass X die Werte $1, \ldots, r$ annehmen kann und Y die Werte $1, \ldots, c$. Wir zählen nun nach und notieren in einer $(r \times c)$-Tabelle, wie viele der Experimente das Ergebnis $1, \ldots, r$ hatten, jeweils bei $Y = 1, \ldots, c$:

$$N_{i,j} = \text{Anzahl der Experimente mit Ergebnis } i \text{ bei } Y = j,$$

wobei $i \in \{1, \ldots, r\}$ und $j \in \{1, \ldots, c\}$. Wir haben also die folgende Tabelle, die *Kontingenztafel* genannt wird:

	$Y = 1$	$Y = 2$	$\cdots$	$Y = c$
$X = 1$	$N_{1,1}$	$N_{1,2}$	$\cdots$	$N_{1,c}$
$X = 2$	$N_{2,1}$	$\ddots$		$\vdots$
$\vdots$	$\vdots$			
$X = r$	$N_{r,1}$	$\ldots$		$N_{r,c}$

Wir wollen nun testen, ob die Verteilung von X von Y unabhängig ist:

$$H : \text{Verteilung von } X \text{ ist für jeden Wert von } Y \text{ gleich}$$

$$\text{gegen}$$

$$A : \text{Verteilung von } X \text{ ist nicht für jeden Wert von } Y \text{ gleich}$$

Es gibt auch Situationen, in der man mehr als zwei Variablen auf Unabhängigkeit prüfen will. Diese Fälle tauchen aber nicht so oft auf, daher gehen wir hier nicht näher darauf ein.

Im Gegensatz zum Chi-Quadrat-Anpassungstest haben wir nun keine zu erwartenden Anzahlen, mit denen wir die $N_{i,j}$ vergleichen können, zumindest nicht direkt. Wir können aus der Tabelle aber zu erwartende Anzahlen herauslesen. Wir ermitteln dazu für die Zelle mit $X = a, Y = b$, wie viele Experimente das Ergebnis $X = a$ hatten, wie viele Experimente es bei $Y = b$ gab und wie viele Daten insgesamt erhoben wurden. Die Anzahl der Experimente mit Ergebnis $X = a$ ist

$$N_{a,\cdot} = \text{Summe der Zeile } a = \sum_{j=1}^{c} N_{a,j} = N_{a,1} + N_{a,2} + \ldots + N_{a,c},$$

mit $Y = b$ gab es

$$N_{\cdot,b} = \text{Summe der Spalte } b = \sum_{i=1}^{r} N_{i,b} = N_{1,b} + N_{1,b} + \ldots + N_{r,b}$$

Experimente, und insgesamt wurden

$$N = \text{Summe aller Zellen} = \sum_{i=1}^{r} \sum_{j=1}^{c} N_{i,j}$$

Daten erhoben. Was wir bei Gültigkeit der Hypothese (das heißt bei Unabhängigkeit von X und Y) in der Zelle mit $X = a, Y = b$ erwarten dürfen, ist die Häufigkeit von $X = a$ unter allen Experimenten multipliziert mit der Zahl an Experimenten, die $Y = b$ haben. Das berechnen wir für jede Zelle der Tabelle und nehmen es als zu erwartende Häufigkeit; dann führen wir den altbekannten Chi-Quadrat-Anpassungstest durch. Als Teststatistik nehmen wir also

$$X = \sum_{i=1}^{r} \sum_{j=1}^{c} \frac{\left(N_{i,j} - \frac{N_{i,\cdot}}{N} N_{\cdot,j}\right)^2}{\frac{N_{i,\cdot}}{N} N_{\cdot,j}}.$$

Das sieht gruselig aus, aber es ist intuitiv, wie Sie im anschließenden Beispiel sehen werden.

Der *Chi-Quadrat-Unabhängigkeitstest* lautet:

$$\text{Verwirf } H, \text{ falls } X \geq \chi^2_{(r-1)(c-1);\alpha}.$$

Dabei ist $\chi^2_{(r-1)(c-1);\alpha}$ das α-Quantil der χ^2-Verteilung mit $(r-1) \cdot (c-1)$ Freiheitsgraden.

Beispiel 2.56. In Beispiel 2.55 haben Sie die folgenden Häufigkeiten bei den Produktionsfehlern ermittelt:

		Bauteil Y			
		Fehler 1	Fehler 2	Fehler 3	
	Fehler 1	113	52	146	$N_{1,\cdot} = 311$
Bauteil X	Fehler 2	40	23	50	$N_{2,\cdot} = 113$
	Fehler 3	87	42	113	$N_{3,\cdot} = 242$
	Fehler 4	10	4	12	$N_{4,\cdot} = 26$
		$N_{\cdot,1} = 250$	$N_{\cdot,2} = 121$	$N_{\cdot,3} = 321$	$N = 692$

In Zelle $X = 1, Y = 2$ dieser Kontingenztafel haben wir $N_{1,2} = 52$ Beobachtungen. Wir haben insgesamt $N_{\cdot,2} = 121$ Lager mit Fehler $Y = 2$, und unter allen $N = 692$ Lagern haben wir Fehler 1 bei Bauteil X genau $N_{1,\cdot} = 311$-mal beobachtet. Also erwarten wir einen Anteil von $N_{1,\cdot}/N = 0{,}449$ Messungen mit X-Fehler 1; unter allen $N_{\cdot,2}$ Lagern mit Y-Fehler 2 erwarten wir also $N_{1,\cdot}/N \cdot N_{\cdot,2} = 0{,}449 \cdot 121 = 54{,}380$ Stück, die Fehler 1 bei Bauteil X haben. Mit diesem Wert vergleichen wir nun die $N_{1,2} = 52$ tatsächlich vorliegenden Beobachtungen, und genau so gehen wir in allen anderen Zellen vor und erhalten die folgenden zu erwartenden Häufigkeiten:

		Bauteil Y		
		Fehler 1	Fehler 2	Fehler 3
	Fehler 1	112,355	54,380	144,264
Bauteil X	Fehler 2	40,824	19,759	52,418
	Fehler 3	87,428	42,315	112,257
	Fehler 4	9,393	4,546	12,061

Dieses sind die $N_{i,.}/N \cdot N_{.,j}$, beziehungsweise in der Sprache des Chi-Quadrat-Anpassungstests, die $n\theta_{i,j}^{(0)}$. Wir führen nun den Test durch, das heißt, wir bestimmen die relativen quadrierten Unterschiede von Tabelle 1 zu Tabelle 2. Wir erhalten $X = 0{,}903$. Die Tabelle hat $r = 4$ Zeilen und $c = 3$ Spalten, also schlagen wir das α-Quantil der χ^2-Verteilung mit $(4-1) \cdot (3-1) = 6$ Freiheitsgraden nach: $\chi^2_{6;0,05} = 12{,}59$. (Der p-Wert beträgt $\mathtt{p = 0{,}989}$.) Die Daten geben also keinen Anlass, die Hypothese, dass die Verteilung der Fehler X an jedem Ort Y gleich ist, zu verwerfen. Wir behalten die Hypothese bei.

Fazit

Wir haben in diesem Abschnitt einige wichtige nicht-parametrische Tests kennengelernt. Bei dieser Sorte von Tests setzen wir nicht voraus, dass die Daten $x_1, \ldots, x_n$ einer ganz bestimmten Verteilung folgen, die wir bis auf einzelne unbekannte Parameter kennen (etwa einer Normalverteilung mit unbekanntem Erwartungswert μ und unbekannter Varianz σ^2), sondern gehen von irgendeiner Verteilung F aus und fragen uns, welche Eigenschaften sie hat.

Wir haben gelernt, wie wir mit dem Vorzeichentest den Median einer Verteilung überprüfen können. Mit dem Kolmogorow-Smirnow-Test können wir beurteilen, ob die unbekannte Verteilung F von einer bestimmten Verteilung F_0 abweicht; dazu vergleichen wir die empirische Verteilungsfunktion $F_n(x) = \frac{1}{n}\#\{1 \leq i \leq n : x_i \leq x\}$ der Daten $x_1, \ldots, x_n$ mit der hypothetischen Verteilung F_0. Ebenso haben wir erfahren, dass wir testen können, ob zwei Stichproben $x_1, \ldots, x_{n_1}$ und $y_1, \ldots, y_{n_2}$ der gleichen Verteilung entstammen, indem wir untersuchen, wie stark die beiden empirischen Verteilungen $F_{n_1}(x)$ und $G_{n_2}(y)$ voneinander abweichen. Wir haben den Mann-Whitney-Wilcoxon-Test vorgestellt, mit dessen Hilfe wir beurteilen können, ob sich die beiden Stichproben durch eine Verschiebung unterscheiden – so wie mit dem Zwei-Stichproben-Gauß-Test bei normalverteilten Daten. Und beim Chi-Quadrat-Anpassungstest zählen wir, wie oft bestimmte Beobachtungen eintreten, und können so entscheiden, ob eine Stichprobe einer bestimmten diskreten Verteilung folgt, und auch, ob zwei diskrete Zufallsgrößen X und Y, von denen wir einige Realisierungen beobachtet haben, unabhängig sind.

Der *Test-Wegweiser* in Anhang A gibt einen Überblick, in welcher Situation welcher Test benutzt werden kann.

2.8 Was einen Test kaputt macht
Wenn Voraussetzungen nicht erfüllt sind

Wir haben in den letzten Abschnitten einige Tests kennengelernt, um verschiedene statistische Fragen zu beantworten, etwa

- welche Lage eine Stichprobe hat (Tests für den Erwartungswert einer Normalverteilung, 2.5.1),

- wie stark Daten streuen (Tests für die Varianz einer Normalverteilung, 2.5.2),

- wie groß Wahrscheinlichkeiten sind (Exakter Binomialtest, 2.5.3),

- ob zwei Stichproben der gleichen Verteilung entstammen (Kolmogorow-Smirnow-Test, 2.7.2)

- oder ob sie unabhängig sind (Chi-Quadrat-Unabhängigkeitstest, 2.7.5).

Die Tests nehmen uns die Interpretation der Daten ab: Wir setzen die Daten in Prüfgrößen ein, deren theoretische Eigenschaften unter der Nullhypothese wir kennen, und so können wir beurteilen, ob die Daten der Nullhypothese entsprechen, oder eben nicht. Doch wie weit können wir einem Test vertrauen? Unser Wissen darüber, welche Eigenschaften eine Prüfgrößen unter der Nullhypothese hat, hängt sehr stark an dem Modell, das wir voraussetzen.

Wenn sich die Daten ganz anders verhalten als das Modell es voraussetzt, trifft der Test seine Entscheidung auf einer falschen Grundlage, und das Test-Ergebnis ist in vielen Fällen nutzlos.

Bei nicht erfüllten Vorraussetzungen können mehrere Dinge schiefgehen:

- Der Test hält das Niveau nicht ein. (Er verwirft eine zutreffende Hypothese öfter als von uns festgesetzt.)

- Der Test verliert an Macht. (Er erkennt eine vorliegende Alternative seltener.)

- Eventuell wird die Fragestellung unsinnig. (Die Frage, die der Test überprüft, ergibt bei den Daten keinen Sinn – wie etwa ein Lagevergleich zweier Stichproben, die aus multimodalen Verteilungen stammen, siehe Abschn. 2.8.2.)

Prinzipiell müssen wir also immer penibel darauf achten, welche *Voraussetzungen* ein Test an die Daten stellt (wie Normalverteilung oder gleiche Varianzen), und diese gegebenenfalls erst mit einem weiteren Test überprüfen, bevor wir den ursprünglich geplanten Test anwenden dürfen. Wir wollen nun zur Illustration zwei Klassiker vorstellen, die einen Test kaputt machen: *Ausreißer* und *Multimodalität*.

2.8.1 Ausreißer
Wie extreme Beobachtungen Tests verfälschen

Wenn einzelne Beobachtungen in einem Datensatz im wahrsten Sinne des Wortes aus der Reihe fallen und besonders groß oder besonders klein sind, können sie durch ihren extremen Wert eine Testentscheidung heftig beeinflussen.

Definition 2.57 (Ausreißer). Ein Ausreißer ist ein Datenwert, der nicht in eine Messreihe passt, zum Beispiel weil er besonders groß oder besonders klein ist.

Ausreißer können zum Beispiel Messfehler sein, bei denen ein völlig unpassender Wert mit in die Datenreihe aufgenommen wurde – ob durch einen tatsächlichen Fehler beim Messen oder durch Probleme bei der Datenverarbeitung wie ein nicht erkanntes Kommazeichen –, aber sie können auch regulär entstehen und müssen kein Irrtum sein: Beispielweise gibt es sehr viele kleine Sandkörner, aber immer wieder findet man einzelne, die vergleichsweise extrem groß sind – den gleichen Effekt beobachtet man bei Städten (viele Dörfer und Kleinstädte, einige Metropolen) und beim Wetter (viele harmlose Regenfälle, aber gelegentlich heftige Überflutungen).

Solche Verteilungen, die regulär extreme Beobachtungen generieren, nennt man *schwerrändrig* – weil in der Wahrscheinlichkeitsdichte ganz weit außen (in den Rändern) noch so viel Gewicht liegt, dass große Beobachtungen entstehen (im Gegensatz zur Normalverteilung, bei der weit außen wenig Gewicht liegt, sodass praktisch keine extremen Realisierungen auftauchen).

Viele Tests setzen voraus, dass die Daten normalverteilt sind, aber extreme Beobachtungen kommen bei der Normalverteilung praktisch nicht vor.

Viele Tests scheitern daher bei Datensätzen, die Ausreißer, das heißt extreme Beobachtungen, beinhalten (zum Beispiel der *t-Test*). Hier müssen Sie aufpassen und gegebenenfalls auf robuste Methoden ausweichen (zum Beispiel den *Mann-Whitney-Wilcoxon-Test*).

Beispiel 2.58. In Beispiel 2.53 haben wir die Lage zweier Stichproben verglichen und dazu den Mann-Whitney-Wilcoxon-Test benutzt. Der Test kam zu dem Schluss, dass die beiden Datensätze nicht die gleiche Lage haben. Können wir auch den t-Test (Abschn. 2.5.5) verwenden?

Der t-Test setzt voraus, dass die Daten normalverteilt sind und die gleiche Varianz haben. Die empirischen Varianzen der beiden Datensätze aus Beispiel 2.53 sind $s_x = 601{,}47$ und $s_y = 274{,}33$, aber ein Test auf Gleichheit der Varianzen[1] kommt zu dem Schluss, dass wir die Hypothese, dass die wahren Varianzen gleich sind, beibehalten können (der p-Wert ist p=0,878). Wie Sie sich allerdings mit einem Q-Q-Plot schnell überzeugen können, sind die Daten nicht normalverteilt. Das heißt, wir dürfen den t-Test nicht benutzen!

---

[1] Wir haben den *Levene-Test* benutzt, den wir in diesem Buch allerdings nicht vorstellen. Er überprüft, ob die Varianzen zweier oder mehrerer Datensätze gleich sind, und wird häufig eingesetzt, wenn man sich nicht sicher ist, ob die Daten normalverteilt sind.

Wenn wir es trotzdem tun, behält er die Nullhypothese bei (der p-Wert ist p=0,812); der Grund dafür ist, dass er die besonders großen Werte (die wir als Ausreißer einstufen würden) in den Lagevergleich einbezieht, weil er von einer braven Normalverteilung ausgeht, die so gut wie keine extremen Beobachtungen vorsieht. Abbildung 2.10 zeigt die beiden Datensätze mit ihren Ausreißern.

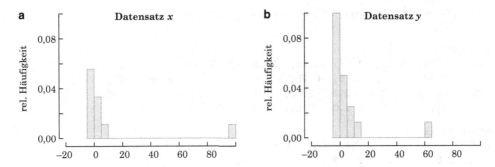

Abb. 2.10: Histogramm der Daten aus Beispiel 2.58. Man erkennt, dass in beiden Datensätzen starke Ausreißer auftreten

2.8.2 Multimodalität
Wenn es mehrere Wertebereiche gibt, die häufig auftreten

Wie wir schon wissen, sind viele Größen zumindest annähernd normalverteilt: Die Beobachtungen streuen symmetrisch um den Mittelwert, und Abweichungen kommen umso seltener vor, je weiter sie davon entfernt sind. Doch es gibt auch andere Verteilungen, bei denen es mehrere Wertebereiche gibt, die häufig auftreten. Solche Verteilungen nennt man *multimodal*.

Definition 2.59 (Modus). Der *Modus* einer diskreten Zufallsvariable ist der Wert mit der größten Wahrscheinlichkeit, beziehungsweise bei einer empirischen Häufigkeitsverteilung der häufigste Wert.
Der *Modus* einer stetigen Zufallsvariable ist die Maximalstelle der Wahrscheinlichkeitsdichte.

Die Normalverteilung mit Erwartungswert μ und Varianz σ^2 hat praktischerweise, weil ihre Dichte (die Gauß'sche Glockenkurve) symmetrisch und unimodal ist, sowohl ihren Median bei μ als auch ihren Modus bei μ. Die Lage zweier normalverteilter Datensätze kann man also gut vergleichen, indem man die Mittelwerte der Datensätze vergleicht, so wie es etwa der t-Test macht.

Doch wenn Datensätze multimodal sind, sind Vergleiche des Mittelwerts unsinnig, wenn man etwas über die Lage wissen will.

Beispiel 2.60. Sie haben die folgenden zwei Datensätze erhoben und wollen feststellen, ob sie sich in der Lage unterscheiden:

```
Datensatz I
-2.72, -1.33, -0.12, -1.28, -2.59, -2.18, -2.35, -1.53, -2.75, -1.90,
-2.54, -2.40, -3.18, -2.76, -0.75, 1.99, 2.01, 1.99, 1.99, 2.00, 2.00,
2.00, 2.01, 2.00, 2.00, 2.00, 2.00, 2.01, 2.00, 2.01, 2.01, 1.98,
2.00, 2.01, 2.00, 1.99, 2.01, 2.01, 1.99, 1.99

Datensatz II
-0.37, -0.98, 1.10, -0.24, -0.47, 0.60, 1.85, 0.42, 1.16, -1.42, -0.79,
-0.85, 0.05, -0.91, 0.20, 2.18, 0.42, 0.06, 0.21, 0.94, -1.06, 0.74,
0.98, 0.54, 0.88, -0.78, 0.85, 0.29, 0.52, -0.67, -1.42, -1.24, 0.89,
-0.16, 0.88, 1.01, 0.17, -0.10, -3.22, -1.05
```

Die Daten sind in Abb. 2.11 gezeigt, zusammen mit jeweils ihrer geschätzten Wahrscheinlichkeitsdichte. Man erkennt (und sieht spätestens bei einem Q-Q-Plot), dass Datensatz I nicht normalverteilt, sondern bimodal ist. Datensatz II hingegen sieht einigermaßen normalverteilt aus. Sie merken, dass es ganz und gar nicht klar ist, wie man in so einem Fall sinnvoll die Lage vergleichen soll.

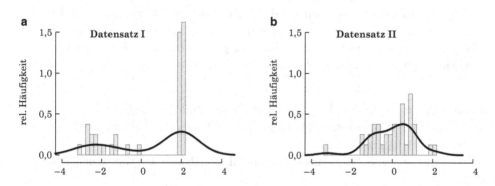

Abb. 2.11: Histogramm der Daten mit geschätzter Dichtefunktion aus Beispiel 2.60. Man erkennt, dass Datensatz I (links) bimodal ist

Wenn wir nun die Lage der Daten kurzerhand mit einem t-Test überprüfen, erhalten wir einen p-Wert von $p=0,208$, also plädiert der Test dafür, die Hypothese, dass beide Datensätze die gleiche Lage haben, beizubehalten (da er das nur am Mittelwert ausmacht).

Fazit

In diesem Abschnitt haben wir gesehen, dass Tests nur angewandt werden dürfen, wenn die technischen Voraussetzungen erfüllt sind: Der t-Test beispielsweise funktioniert nicht, wenn der Datensatz Ausreißer enthält oder wenn die zugrundeliegende Verteilung multimodal ist (das heißt, wenn die Dichte mehrere Maximalstellen besitzt und es daher mehrere Bereiche gibt, in denen Beobachtungen häufig auftreten).

3 Vertiefungen und Ergänzungen

Mit den Techniken aus Wahrscheinlichkeitsrechnung und Statistik, die wir bisher kennengelernt haben, können wir bereits eine Vielzahl statistischer Verfahren benutzen und verstehen. In diesem Kapitel werden wir unsere Kenntnisse vertiefen.

Zuerst werden wir uns noch einmal mit Wahrscheinlichkeitstheorie befassen: Wir lernen, wie wir nicht bloß einzelne Zufallsvariablen behandeln, sondern auch *Zufallsvektoren*, die aus mehreren Zufallsvariablen bestehen, denn oft interessieren uns nicht bloß einzelne Größen, sondern mehrere gleichzeitig. Wir werden sehen, wie wir mit den Kenngrößen *Kovarianz* und *Korrelation* beschreiben können, wie zwei Zufallsvariablen zusammenhängen. Anschließend werden wir *unabhängige Zufallsvariablen* unter die Lupe nehmen; sie spielen in der statistischen Praxis eine wichtige Rolle, denn es lässt sich mit ihnen nicht nur vergleichsweise leicht rechnen, sondern bei einer Reihe von n Messungen $x_1, \ldots, x_n$ ist es oft sinnvoll anzunehmen, dass es Realisierungen von unabhängigen Zufallsvariablen $X_1, \ldots, X_n$ sind. Wir werden klären, wie man aus dem gemeinsamen Verhalten des Zufallsvektors $(X_1, \ldots, X_n)$ das Verhalten einzelner Komponenten wie X_3 oder X_8 herauslesen kann und wie man die statistischen Eigenschaften des Minimums und des Maximums der n Variablen berechnet. Danach lernen wir die *mehrdimensionale Normalverteilung* kennen. Wir stellen mit der *linearen Regression* eine fundamentale Technik vor, um aus einer Reihe von Messdatenpaaren $(x_1, y_1), \ldots, (x_n, y_n)$ den Zusammenhang zwischen den x-Werten und den y-Werten zu schätzen und die Schätzung zu bewerten, und widmen uns danach weiteren wichtigen statistischen Testverfahren. Wir wissen bereits, wie man zwei Stichproben vergleicht (etwa mit dem Zwei-Stichproben-Gauß-Test und dem F-Test aus Abschn. 2.5.5, dem Kolmogorow-Smirnow-Test aus Abschn. 2.7.2 oder dem Mann-Whitney-Wilcoxon-Test aus Abschn. 2.7.3), und lernen nun mit der *einfaktoriellen ANOVA* und dem *Kruskal-Wallis-Test* auch Methoden kennen, um mehrere Stichproben gleichzeitig miteinander zu vergleichen.

3.1 Gemeinsame Verteilungen von Zufallsvariablen
Mit mehreren Zufallsgrößen gleichzeitig rechnen

Wenn wir Daten $x_1, \ldots, x_n$ analysieren, betrachten wir sie als Realisierungen von Zufallsvariablen $X_1, \ldots, X_n$ (wenn wir an einem anderen Tag eine zweite Messreihe $x'_1, \ldots, x'_n$ erheben, werden wir ja nicht exakt die gleichen Messwerte reproduzieren, sondern bestenfalls ähnliche). Um nun brauchbare Aussagen über Schätzer und Teststatistiken zu treffen, die auf diesen Daten basieren, reicht es nicht aus zu wissen, welche Verteilung jedes einzelne X_i hat, sondern wir müssen wissen, wie sich die Zufallsvariablen $X_1, \ldots, X_n$ *gemeinsam* verhalten. Wir betrachten nun also mehrere Zufallsvariablen gleichzeitig und sprechen dann auch von einem *Zufallsvektor* $(X_1, \ldots, X_n)$. Der Einfachheit halber beschränken wir uns im Folgenden meist auf den Fall $n = 2$ und bezeichnen die Zufallsvariablen dann oft mit X, Y statt mit X_1, X_2.

In diesem Abschnitt werden wir definieren, was die *gemeinsame Dichte* eines solchen Zufallsvektors ist, und lernen, wie wir daraus die *Marginaldichten* bestimmen, die Dichten der einzelnen Komponenten des Vektors, die für sich genommen eigenständige Zufallsvariablen sind. Wir stellen vor, was der *Erwartungswert eines Zufallsvektors* ist und wie wir mit den Kenngrößen *Kovarianz* und *Korrelation* die Abhängigkeit zweier Zufallsvariablen messen. Schließlich greifen wir eine wichtige Bemerkung von früher auf: Wir wissen bereits, dass die Varianz einer Summe von Zufallsvariablen im Allgemeinen nicht die Summe der Einzelvarianzen ist; in diesem Abschnitt lernen wir nun, wie wir die *Varianz einer Summe von Zufallsvariablen* korrekt berechnen.

3.1.1 Gemeinsame Wahrscheinlichkeitsfunktion und -dichte
Wahrscheinlichkeiten von Zufallsvektoren berechnen

Bevor wir klären, wie wir mit Zufallsvektoren rechnen, geben wir ein Beispiel, das klarmacht, dass Zufallsvektoren etwas Intuitives sind.

Beispiel 3.1. Ein Getriebe besteht aus vielen Komponenten mit unterschiedlichen Lebensdauern. Sei X die Lebensdauer (in Stunden) einer Komponente und Y die Lebensdauer (in Stunden) einer weiteren Komponente. Da man sich nicht nur für die einzelnen Lebensdauern interessiert, sondern für beide gleichzeitig (sie hängen ja vielleicht auch irgendwie voneinander ab), betrachtet man den Zufallsvektor (X, Y).

Wie schon in Abschn. 1.3 bei dem Konzept der Zufallsvariable reicht die intuitive Anschauung, die man vom Begriff Zufallsvektor hat, für Anwender aus. Mathematiker benötigen natürlich wasserdichte Definitionen. Wir belassen es an dieser Stelle bei dem Hinweis, dass, analog zur Definition einer einzigen Zufallsvariablen, ein Zufallsvektor $X = (X_1, \ldots, X_n)$ aus mathematischer Sicht eine Abbildung $(X_1, \ldots, X_n) : \Omega \to \mathbb{R}^n$ von einem Ergebnisraum Ω in den $\mathbb{R}^n$ ist, die einige technische Eigenschaften besitzt. Insbesondere ist dabei jede Komponente X_i des Zufallsvektors X selbst eine eindimensionale Zufallsvariable.

Definition 3.2 (Gemeinsame Verteilung). Die *gemeinsame Verteilung* der zwei Zufallsvariablen X und Y ist die Vorschrift, die jedem Rechteck $R \subset \mathbb{R}^2$ die Wahrscheinlichkeit $P((X,Y) \in R)$ zuordnet, dass der Vektor (X,Y) in R liegt:

$$R \mapsto P((X,Y) \in R) = P(\{\omega : (X(\omega), Y(\omega)) \in R\})$$

Die einzelnen Verteilungen von X und Y heißen *Marginalverteilungen* oder *Randverteilungen*. Die einzelnen Dichten von X und Y heißen *Marginaldichten* oder *Randdichten*, siehe Satz 3.10.

Die gemeinsame Verteilung ist eine sehr abstrakte Angelegenheit – wie bereits die Verteilung einer einzelnen Zufallsvariablen.

Die Verteilung einer einzelnen Zufallsvariablen können wir durch die Wahrscheinlichkeitsfunktion (im diskreten Fall) beziehungsweise die Wahrscheinlichkeitsdichte (im stetigen Fall) beschreiben. Das klappt auch bei Zufallsvektoren.

Diskrete Zufallsvariablen

Zuerst betrachten wir mehrere diskrete Zufallsvariablen.

Definition 3.3 (Gemeinsame Wahrscheinlichkeitsfunktion). Sind X, Y diskrete Zufallsvariablen, dann ist ihre *gemeinsame Wahrscheinlichkeitsfunktion*

$$p(x,y) = p_{X,Y}(x,y) = P(X = x, Y = y),$$

sprich: die Wahrscheinlichkeit, dass X genau den Wert x und zugleich Y genau den Wert y annimmt.

Wie bei einer einzelnen Zufallsvariable auch erhalten wir die gemeinsame Verteilung zweier Zufallsvariablen, indem wir die gemeinsame Wahrscheinlichkeitsfunktion aufsummieren; es gilt

$$P((X,Y) \in A) = \sum_{(x,y) \in A} p(x,y).$$

Aus der gemeinsamen Wahrscheinlichkeitsfunktion können wir auch die einzelnen Wahrscheinlichkeitsfunktionen von X und Y bestimmen:

Satz 3.4 (Marginale Wahrscheinlichkeitsfunktion). *Haben X, Y die gemeinsame Wahrscheinlichkeitsfunktion $p_{X,Y}$, so hat X die (marginale) Wahrscheinlichkeitsfunktion*

$$p_X(x) = \sum_{y \in Y(\Omega)} p_{X,Y}(x,y).$$

Wir summieren also die gemeinsame Wahrscheinlichkeitsfunktion über alle möglichen y-Werte auf, um die marginale Wahrscheinlichkeitsfunktion von X zu erhalten.

Beispiel 3.5.   a) Seien X und Y die Augenzahlen beim ersten beziehungsweise zweiten Wurf mit einem unverfälschten Würfel. Die beiden Würfe werden unabhängig durchgeführt. Dann gilt

$$p_{X,Y}(j,k) = P(X = j, Y = k) = \frac{1}{36}, \ 1 \le j, k \le 6.$$

Beachten Sie die folgende Identität:

$$p_{X,Y}(j,k) = p_X(j) \cdot p_Y(k)$$

Wir werden später noch zeigen, dass diese Identität unabhängige Zufallsvariablen charakterisiert.

b) Wir betrachten dasselbe Experiment, das heißt zweifaches unabhängiges Würfeln, und betrachten zusätzlich zu den oben definierten Zufallsvariablen die Augensumme $Z = X + Y$. Der Wertebereich von Z ist $\{2, \ldots, 12\}$; die gemeisame Wahrscheinlichkeitsfunktion ist in Tab. 3.1 wiedergegeben. An den Rändern haben wir jeweils die Zeilen- beziehungsweise Spaltensummen notiert; diese stellen die marginalen Wahrscheinlichkeitsfunktion von X beziehungsweise Z dar.

Beispiel 3.6. Wir betrachten ein Zufallsexperiment mit drei möglichen Ergebnissen A, B, C und zugehörigen Wahrscheinlichkeiten p, q, r. Dieses Experiment wird n-fach unabhängig ausgeführt; wir bezeichnen mit N_1 (N_2, N_3) die Anzahl der Experimente mit Ergebnis A (B, C). Dann ist die gemeinsame Wahrscheinlichkeitsfunktion von (N_1, N_2, N_3)

$$P(N_1 = k, N_2 = l, N_3 = m) = \frac{n!}{k! \, l! \, m!} p^k \, q^l \, r^m.$$

x \ l	2	3	4	5	6	7	8	9	10	11	12	
1	$\frac{1}{36}$	$\frac{1}{36}$	$\frac{1}{36}$	$\frac{1}{36}$	$\frac{1}{36}$	$\frac{1}{36}$	0	0	0	0	0	$\frac{1}{6}$
2	0	$\frac{1}{36}$	$\frac{1}{36}$	$\frac{1}{36}$	$\frac{1}{36}$	$\frac{1}{36}$	$\frac{1}{36}$	0	0	0	0	$\frac{1}{6}$
3	0	0	$\frac{1}{36}$	$\frac{1}{36}$	$\frac{1}{36}$	$\frac{1}{36}$	$\frac{1}{36}$	$\frac{1}{36}$	0	0	0	$\frac{1}{6}$
4	0	0	0	$\frac{1}{36}$	$\frac{1}{36}$	$\frac{1}{36}$	$\frac{1}{36}$	$\frac{1}{36}$	$\frac{1}{36}$	0	0	$\frac{1}{6}$
5	0	0	0	0	$\frac{1}{36}$	$\frac{1}{36}$	$\frac{1}{36}$	$\frac{1}{36}$	$\frac{1}{36}$	$\frac{1}{36}$	0	$\frac{1}{6}$
6	0	0	0	0	0	$\frac{1}{36}$	$\frac{1}{36}$	$\frac{1}{36}$	$\frac{1}{36}$	$\frac{1}{36}$	$\frac{1}{36}$	$\frac{1}{6}$
	$\frac{1}{36}$	$\frac{2}{36}$	$\frac{3}{36}$	$\frac{4}{36}$	$\frac{5}{36}$	$\frac{6}{36}$	$\frac{5}{36}$	$\frac{4}{36}$	$\frac{3}{36}$	$\frac{2}{36}$	$\frac{1}{36}$	1

Tabelle 3.1: Zwei Würfe mit einem unverfälschten Würfel, gemeinsame und marginale Wahrscheinlichkeitsfunktion der Augenzahl x beim ersten Wurf sowie der Gesamtaugenzahl l, siehe Beispiel 3.5.

Wenn wir ganz allgemein n Experimente durchführen, bei denen jeweils k Ergebnisse möglich sind, die die zugehörigen Wahrscheinlichkeiten $p_1, \ldots, p_k$ haben, und wir mit N_i die Anzahl notieren, wie oft bei den n Versuchen das Ergebnis i auftritt, dann kann man zeigen, dass die gemeinsame Wahrscheinlichkeitsfunktion der N_i

$$P(N_1 = n_1, \ldots, N_k = n_k) = \frac{n!}{n_1! \cdots n_k!} p_1^{n_1} \cdots p_k^{n_k}$$

ist. Die Verteilung heißt *Multinomialverteilung*.

Stetige Zufallsvariablen

Jetzt betrachten wir mehrere stetige Zufallsvariablen.

Definition 3.7 (Gemeinsame Dichte). Die Zufallsvariablen X, Y haben die *gemeinsame Dichtefunktion* $f : \mathbb{R}^2 \to \mathbb{R}$, wenn

$$P((X, Y) \in R) = \iint_R f(x, y) \, dx \, dy$$

für alle Rechtecke $R \subset \mathbb{R}^2$ gilt.

Satz 3.8. *Eine zweidimensionale Dichte* $f : \mathbb{R}^2 \to \mathbb{R}$ *hat die folgenden Eigenschaften:*

$$\iint_{\mathbb{R}^2} f(x,y)\, dx\, dy = 1$$

$$f(x,y) \geq 0 \quad \textit{für alle } x, y \in \mathbb{R}$$

Vergleichen Sie die Eigenschaften mit denen einer eindimensionalen Dichte aus Abschn. 1.4.1.

Beispiel 3.9. Die Zufallsvariablen X_1, X_2, X_3, X_4 bezeichnen die Lebensdauern von vier Komponenten in einem elektrischen Generator, gemessen in Stunden. Die gemeinsame Dichte ist

$$f_{X_1, X_2, X_3, X_4}(x_1, x_2, x_3, x_4) = \frac{12}{10^{12}} e^{-0{,}001x_1 - 0{,}002x_2 - 0{,}002x_3 - 0{,}003x_4}$$

für $x_i > 0$, $i = 1,2,3,4$. Wie hoch ist die Wahrscheinlichkeit, dass der Generator länger als 400 Stunden voll funktionsfähig arbeitet?

Dass der Generator länger als 400 Stunden voll funktionsfähig arbeitet, bedeutet, dass alle vier Teile jeweils mehr als 400 Stunden funktionieren, also ist die gesuchte Wahrscheinlichkeit

$$
\begin{aligned}
&P(X_1 > 400, X_2 > 400, X_3 > 400, X_4 > 400) \\
&= \int_{400}^{\infty} \int_{400}^{\infty} \int_{400}^{\infty} \int_{400}^{\infty} \frac{12}{10^{12}} e^{-0{,}001x_1 - 0{,}002x_2 - 0{,}002x_3 - 0{,}003x_4}\, dx_1\, dx_2\, dx_3\, dx_4 \\
&= e^{-16/5} \\
&= 0{,}041.
\end{aligned}
$$

Bei jedem Zufallsvektor $X = (X_1, \dots, X_n)$ sind die einzelnen Komponenten $X_1, \dots, X_n$ eigenständige Zufallsvariablen. Anschaulich ist das klar: Zeigt einem der Zufallsvektor $X = (X_1, \dots, X_n)$ zufällige Realisierungen (die von der gemeinsame Dichte f_X bestimmt werden), so können wir nach Belieben Komponenten ignorieren und beispielsweise nur Realisierungen der Komponente X_3 verfolgen. Man nennt eine solche einzelne Komponente eines Zufallsvektors *Marginalie*, und sie kann auch eine Dichte haben. Dann spricht man von der *marginalen Dichte* oder *Marginaldichte*.

Satz 3.10 (Marginale Dichte). *Haben X, Y die gemeinsame Dichtefunktion $f(x, y)$, so hat X die (marginale) Dichtefunktion*

$$f_X(x) = \int_{-\infty}^{\infty} f(x, y)\, dy.$$

Wir integrieren also die Komponente, die uns nicht interessiert, komplett heraus. Die Dichtefunktion von Y ist entsprechend $f_Y(y) = \int_{-\infty}^{\infty} f(x, y)\, dx$.

Beispiel 3.11. Wir betrachten das Getriebe aus Beispiel 3.1: X ist die Lebensdauer in Stunden einer Komponente, Y die einer weiteren. Die gemeinsame Dichte von (X, Y) sei gegeben durch

$$f_{X,Y}(x, y) = \frac{6}{10^6} e^{-0{,}002x - 0{,}003y} \cdot I_{\{x > 0,\, y > 0\}}.$$

a) Rechnen Sie nach, dass es sich bei dieser Funktion tatsächlich um eine gemeinsame Dichte handelt.

b) Wie groß ist die Wahrscheinlichkeit, dass beide Komponenten nach weniger als 2000 Stunden nicht mehr arbeiten?

c) Berechnen Sie die Wahrscheinlichkeit, dass die erste Komponente mehr als 3000 Stunden hält.

a) Die Funktion darf nicht negativ sein, und sie muss integriert 1 ergeben. Da die e-Funktion nie negativ wird, ist die erste Bedingung gesichert. Die zweite rechnen wir nach:

$$\int_{-\infty}^{\infty} \int_{-\infty}^{\infty} f_{X,Y}(x, y)\, dx\, dy = \int_{0}^{\infty} \int_{0}^{\infty} \frac{6}{10^6} e^{-0{,}002x - 0{,}003y}\, dx\, dy$$

$$= \frac{6}{10^6} \left(\int_{0}^{\infty} e^{-0{,}003y}\, dy \right) \left(\int_{0}^{\infty} e^{-0{,}002x}\, dx \right)$$

$$= \frac{6}{10^6} \frac{1}{0{,}002} \frac{1}{0{,}003} = 1$$

b) Die Wahrscheinlichkeit, dass beide Komponenten nach weniger als 2000 Stunden kaputt gehen, ist

$$
\begin{aligned}
P(X < 2000, Y < 2000) &= \int_{-\infty}^{2000} \int_{-\infty}^{2000} f_{XY}(x,y)\, dx dy \\
&= \frac{6}{10^6} \left(\int_0^{2000} e^{-0{,}003y}\, dy \right) \left(\int_0^{2000} e^{-0{,}002x}\, dx \right) \\
&= \frac{6}{10^6} \frac{1-e^{-6}}{0{,}003} \frac{1-e^{-4}}{0{,}002} \\
&= 0{,}979.
\end{aligned}
$$

c) Die Wahrscheinlichkeit ist

$$
\begin{aligned}
P(X > 3000) &= P(X > 3000, -\infty < Y < \infty) \\
&= \int_{3000}^{\infty} \int_{-\infty}^{\infty} f_{XY}(x,y)\, dx dy \\
&= \frac{6}{10^6} \left(\int_0^{\infty} e^{-0{,}003y}\, dy \right) \left(\int_{3000}^{\infty} e^{-0{,}002x}\, dx \right) \\
&= \frac{6}{10^6} \frac{1}{0{,}003} \cdot 1{,}24 \\
&= 0{,}002.
\end{aligned}
$$

Beispiel 3.12. Die gemeinsame Dichte der Zufallsgrößen X und Y sei durch

$$
f_{X,Y}(x,y) = \begin{cases} \frac{1}{24} x(y+1) & x \in [0,2],\ y \in [0,4] \\ 0 & \text{sonst} \end{cases}
$$

gegeben. Wir berechnen nun die marginalen Dichten $f_X(x)$ und $f_Y(y)$.

$$
\begin{aligned}
f_X(x) &= \int_{\mathbb{R}} f_{X,Y}(x,y)\, dy = \int_0^4 \frac{1}{24} x(y+1)\, dy \\
&= \left[\frac{xy}{24} + \frac{xy^2}{48} \right]_{y=0}^{y=4} = \frac{x}{2}, \quad x \in [0,2] \\
f_Y(y) &= \int_{\mathbb{R}} f_{X,Y}(x,y)\, dx = \int_0^2 \frac{1}{24} x(y+1)\, dx \\
&= \left[\frac{x^2}{48} + \frac{x^2 y}{48} \right]_{x=0}^{x=2} = \frac{1}{12} + \frac{y}{12}, \quad y \in [0,4]
\end{aligned}
$$

Bivariate Normalverteilung

Eine wichtige gemeinsame Verteilung wollen wir gesondert vorstellen: Wenn X und Y zwei normalverteilte Zufallsvariablen sind, ist der Vektor (X, Y) *gemeinsam (oder bivariat) normalverteilt.*

Definition 3.13 (Bivariate Normalverteilung). Die Zufallsvariablen X, Y heißen *bivariat normalverteilt*, wenn sie die folgende gemeinsame Dichte haben:

$$f(x,y) = \frac{1}{2\pi\sigma_1\sigma_2\sqrt{1-\rho^2}} e^{-\frac{1}{2(1-\rho^2)}\left(\frac{(x-\mu_1)^2}{\sigma_1^2} - 2\rho\frac{(x-\mu_1)(y-\mu_2)}{\sigma_1\sigma_2} + \frac{(y-\mu_2)^2}{\sigma_2^2}\right)}$$

Dabei sind $\mu_1, \mu_2, \sigma_1^2, \sigma_2^2, \rho$ Parameter. μ_1, μ_2 geben die Erwartungswerte der Zufallsvariablen X, Y an, σ_1^2, σ_2^2 ihre Varianz. ρ ist der Korrelationskoeffizient von X, Y (siehe Definition 3.21).

Die bivariate Normalverteilung ist das Standardmodell für abhängige Beobachtungen, die jeweils für sich eine Normalverteilung haben, zum Beispiel verschiedene Körpermaße (wie Größe und Gewicht) gemessen an Individuen in einer großen Population.

In Abschn. 3.2.5 werden wir uns detailliert mit Zufallsvektoren $X = (X_1, \ldots, X_n)$ befassen, bei denen alle Komponenten normalverteilt (und dann aber unabhängig voneinander) sind.

Satz 3.14 (Marginalverteilungen der bivariaten Normalverteilung). *Sind X, Y gemeinsam normalverteilt mit den Parametern $\mu_1, \mu_2, \sigma_1^2, \sigma_2^2, \rho$, so gilt*

$$X \sim \mathcal{N}(\mu_1, \sigma_1^2) \quad und \quad Y \sim \mathcal{N}(\mu_2, \sigma_2^2).$$

Beispiel 3.15. In Abb. 2.3 sind zweidimensionale Datensätze dargestellt, die jeweils einer bivariaten Normalverteilung entstammen. Projiziert man die Datenwolken jeweils auf die x- oder y-Achse, so ist der entstehende eindimensionale Datensatz auch normalverteilt, da die Marginalien einer mehrdimensionalen Normalverteilung ebenfalls normalverteilt sind.

Transformationsformel für mehrdimensionale Dichten

Wie schon bei einzelnen Zufallsvariablen können wir auch die Dichte eines transformierten Zufallsvektors angeben:

Satz 3.16 (Transformationsformel für Dichten im $\mathbb{R}^n$). *Sei* $X = (X_1, \ldots, X_n)$ *ein Zufallsvektor mit gemeinsamer Dichte* $f_X(x)$ *und sei* $u : \mathbb{R}^n \to \mathbb{R}^n$ *eine bijektive stetig differenzierbare Abbildung, deren Inverse* $u^{-1} : \mathbb{R}^n \to \mathbb{R}^n$ *ebenfalls differenzierbar sei. Dann hat*

$$Y = (Y_1, \ldots, Y_n) = u(X_1, \ldots, X_n)$$

die gemeinsame Dichtefunktion

$$f_Y(y_1, \ldots, y_n) = f_X(u^{-1}(y_1, \ldots, y_n))|\det(J_{u^{-1}}(y_1, \ldots, y_n))|.$$

$J_{u^{-1}}$ *ist die Jacobi-Matrix der Abbildung* u^{-1}. *Insbesondere gilt für lineare Abbildungen* $u(x) = Ax + b$ *mit einer invertierbaren* $n \times n$ *Matrix* A

$$f_{AX+b}(y) = \frac{1}{|\det(A)|} f_X(A^{-1}(y - b)).$$

Beachten Sie, dass das Symbol $f_X(x)$ je nach Zusammenhang etwas anderes bedeuten kann. Wie früher bezeichnet es in Satz 3.10 die Dichte der einzelnen Zufallsvariablen X. In Satz 3.16 hingegen bezeichnet es die gemeinsame Dichte, dort ist $X = (X_1, \ldots, X_n)$ und $x = (x_1, \ldots, x_n)$.

Mehrdimensionale Normalverteilung

In Definition 3.13 und Satz 3.14 haben wir uns mit zwei normalverteilten Zufallsvariablen X, Y befasst; jetzt betrachten wir mehrere normalverteilte Zufallsvariablen $Z_1, \ldots, Z_n$.

Definition 3.17 (Standardnormalverteilung im $\mathbb{R}^n$). Sind $Z_1, \ldots, Z_n$ unabhängig standardnormalverteilt, so haben sie die gemeinsame Dichte

$$f_Z(z_1, \ldots, z_n) = \frac{1}{\sqrt{2\pi}} e^{-\frac{z_1^2}{2}} \cdots \frac{1}{\sqrt{2\pi}} e^{-\frac{z_n^2}{2}} = \frac{1}{(2\pi)^{n/2}} \exp\left(-\frac{1}{2} z^t z\right)$$

mit $z = (z_1, \ldots, z_n) \in \mathbb{R}^n$. Diese Verteilung heißt *Standardnormalverteilung im* $\mathbb{R}^n$.

Satz 3.18 (Normalverteilung im $\mathbb{R}^n$). *Die allgemeine n-dimensionale Normalverteilung erhalten wir durch die Transformation $X = AZ + \mu$; wir transformieren eine n-dimensionale standardnormalverteilte Zufallsvariable Z also mit einer Matrix $A \in \mathbb{R}^{n \times n}$ und addieren einen Erwartungswertvektor $\mu \in \mathbb{R}^n$. Die Dichte von X ist*

$$f_X(x) = \frac{1}{(2\pi)^{n/2} \det(A)} \exp\left(-\frac{1}{2}(x-\mu)^t (AA^t)^{-1}(x-\mu)\right)$$

$$= \frac{1}{(2\pi)^{n/2}(\det \Sigma)^{1/2}} \exp\left(-\frac{1}{2}(x-\mu)^t \Sigma^{-1}(x-\mu)\right),$$

wobei wir mit $\Sigma = AA^t$ die Kovarianzmatrix von X bezeichnen.

3.1.2 Erwartungswert einer mehrdimensionalen Zufallsvariable
Welche Werte Zufallsvektoren im Schnitt annehmen

Den Erwartungswert eines Zufallsvektors berechnen wir komponentenweise:

Definition 3.19 (Erwartungswertvektor). Der Erwartungswert einer mehrdimensionalen Zufallsvariablen $X = (X_1, \dots, X_n)$ ist schlicht der *Erwartungswertvektor*

$$E(X) = (E(X_1), \dots, E(X_n)).$$

Wenn wir den Erwartungswert einer Funktion $u(X, Y)$ der Zufallsvariablen X, Y berechnen wollen, können wir das elementar machen, indem wir zunächst die Verteilung der Zufallsvariablen $Z = u(X, Y)$ bestimmen und dann den Erwartungswert mithilfe der Definition berechnen, das heißt (im diskreten Fall) als $\sum z p(z)$, wobei $p(z)$ die Wahrscheinlichkeitsfunktion von Z ist, oder (im stetigen Fall) als $\int z f(z)dz$, wobei $f(z)$ die Wahrscheinlichkeitsdichte von Z ist. Meist ist es allerdings leichter, den Erwartungswert von $u(X, Y)$ mit Hilfe einer Transformationsformel zu berechnen.

Satz 3.20 (Transformationsformel für Erwartungswert von $u(X,Y)$). *Seien X, Y zwei Zufallsvariablen mit gemeinsamer Wahrscheinlichkeitsfunktion $p(x,y)$ beziehungsweise gemeinsamer Dichtefunktion $f(x,y)$ und sei $u : \mathbb{R}^2 \to \mathbb{R}$ eine Funktion. Dann gilt*

$$E(u(X,Y)) = \sum_{x \in X(\Omega), y \in Y(\Omega)} u(x,y)\, p_{X,Y}(x,y)$$

$$E(u(X,Y)) = \iint_{\mathbb{R}^2} u(x,y) f_{X,Y}(x,y)\ dx\, dy,$$

sofern die Reihe beziehungsweise das Integral auf der rechten Seite existiert.

3.1.3 Kovarianz und Korrelationskoeffizient
Die Abhängigkeit zweier Zufallsvariablen messen

Die Komponenten X und Y in einem Zufallsvektor (X,Y) sind zwar eigenständige Zufallsvariablen, aber sie müssen nicht unabhängig sein; intuitiv ist beispielsweise klar, dass Größe und Gewicht eines Bauteils zwar als Zufallsvariablen interpretiert werden können, aber irgendwie zusammenhängen. Wir lernen nun ein handliches Werkzeug kennen, um die Abhängigkeit zweier Zufallsvariablen zu beziffern.

Definition 3.21 (Kovarianz, Korrelationskoeffizient). Seien X, Y zwei Zufallsvariablen. Wir definieren die *Kovarianz* und den *Korrelationskoeffizienten* von X und Y durch

$$\mathrm{Cov}(X,Y) = E((X - E(X))(Y - E(Y))),$$

$$\rho_{X,Y} = \frac{\mathrm{Cov}(X,Y)}{\sqrt{\mathrm{Var}(X)\,\mathrm{Var}(Y)}}.$$

Die Zufallsvariablen heißen *unkorreliert*, wenn $\mathrm{Cov}(X,Y) = 0$.

Kovarianz und Korrelationskoeffizient sind Kennzahlen, die den Grad der *linearen Abhängigkeit* von X und Y messen; wenn sie 0 sind, heißt es nicht unbedingt, dass X und Y unabhängig sind, denn es gibt kompliziertere Arten von Abhängigkeit, die Kovarianz und Korrelationskoeffizient nicht erkennen.

Vergleichen Sie mit Definition 2.5, der *empirischen* Kovarianz und Korrelation.

Satz 3.22 (Eigenschaften von Kovarianz und Korrelationskoeffizient). *Seien X, Y Zufallsvariablen. Dann gilt:*

$$\text{Cov}(X, Y) = E(XY) - E(X)\,E(Y)$$
$$|\rho_{X,Y}| \leq 1$$
$$\text{Var}(X) = \text{Cov}(X, X)$$

Der Korrelationskoeffizient ist im Gegensatz zur Kovarianz *skaleninvariant*: Wenn man den linearen Zusammenhang zwischen zwei Zufallsvariablen X und Y messen möchte (etwa von Körpergröße und Gewicht), dann ändert sich die Kovarianz $\text{Cov}(X, Y)$, wenn man die Größe statt in Metern in Zentimetern angibt, obwohl sich der Zusammenhang natürlich nicht ändert. Der Korrelationskoeffizient leidet nicht an diesem Defekt: Er gibt immer eine Zahl zwischen -1 und 1 an, die auch beim Wechseln der Einheiten (Skalen) gleich bleibt.

Beispiel 3.23. Betrachten Sie die diskreten Zufallsvariablen X und Y mit der folgenden gemeinsamen Wahrscheinlichkeitsfunktion:

$X \setminus Y$	0	1	2	3
0	0,1	0	0	0
1	0	0,1	0,1	0
2	0	0,1	0,1	0
3	0	0	0	0,5

Berechnen Sie die Kovarianz $\text{Cov}(X, Y)$ und die Korrelation ρ_{XY}.

$$
\begin{aligned}
E(XY) &= 0 \cdot 0 \cdot 0{,}1 + 1 \cdot 1 \cdot 0{,}1 + 1 \cdot 2 \cdot 0{,}1 + 2 \cdot 1 \cdot 0{,}1 + 2 \cdot 2 \cdot 0{,}1 + 3 \cdot 3 \cdot 0{,}5 \\
&= 5{,}4 \\
E(X) &= 0 \cdot 0{,}1 + 1 \cdot 0{,}2 + 2 \cdot 0{,}2 + 3 \cdot 0{,}5 \\
&= 2{,}1 \\
\text{Var}(X) &= (0 - 2{,}1)^2 \cdot 0{,}1 + (1 - 2{,}1)^2 \cdot 0{,}2 + (2 - 2{,}1)^2 \cdot 0{,}2 + (3 - 2{,}1)^2 \cdot 0{,}5 \\
&= 1{,}09
\end{aligned}
$$

Da die marginalen Verteilungen von X und Y übereinstimmen (schließlich ist die obige Tabelle symmetrisch), gilt $E(Y) = 2{,}1$ und $\text{Var}(Y) = 1{,}09$. Somit folgt:

$$\text{Cov}(X, Y) = E(XY) - E(X) \cdot E(Y) = 5{,}4 - 2{,}1^2 = 0{,}99$$
$$\rho_{XY} = \frac{\text{Cov}(X, Y)}{\sqrt{\text{Var}(X) \cdot \text{Var}(Y)}} = \frac{0{,}99}{\sqrt{1{,}09 \cdot 1{,}09}} = 0{,}908$$

Beispiel 3.24. Die Zufallsvariable X habe folgende Wahrscheinlichkeitsfunktion:

$$P(X = x) = \begin{cases} 0{,}6 & x = 2 \\ 0{,}1 & x = 3 \\ 0{,}3 & x = 4 \end{cases}$$

a) Berechnen Sie per Hand die Wahrscheinlichkeitsfunktion der Zufallsgröße $Y = 2X + 5$.

b) Y hängt linear von X ab, deshalb ist $\rho_{XY} = 1$. Rechnen Sie das per Hand nach!

a)

$$P(Y = y) = \begin{cases} 0{,}6 & y = 9 \\ 0{,}1 & y = 11 \\ 0{,}3 & y = 13 \end{cases}$$

b) Es ist

$$E(XY) = 2 \cdot 9 \cdot 0{,}6 + 3 \cdot 11 \cdot 0{,}1 + 4 \cdot 13 \cdot 0{,}3 = 29{,}7$$
$$E(X) = 2 \cdot 0{,}6 + 3 \cdot 0{,}1 + 4 \cdot 0{,}3 = 2{,}7$$
$$E(Y) = 9 \cdot 0{,}6 + 11 \cdot 0{,}1 + 13 \cdot 0{,}3 = 10{,}4$$
$$\text{Var}(X) = (2 - 2{,}7)^2 \cdot 0{,}6 + (3 - 2{,}7)^2 \cdot 0{,}1 + (4 - 2{,}7)^2 \cdot 0{,}3 = 0{,}81$$
$$\text{Var}(Y) = (9 - 10{,}4)^2 \cdot 0{,}6 + (11 - 10{,}4)^2 \cdot 0{,}1 + (13 - 10{,}4)^2 \cdot 0{,}3 = 3{,}24$$

und somit

$$\rho_{XY} = \frac{29{,}7 - 2{,}7 \cdot 10{,}4}{\sqrt{0{,}81 \cdot 3{,}24}} = 1.$$

Satz 3.25 (Varianz einer Summe von Zufallsvariablen). *Seien $X_1, \dots, X_n$ Zufallsvariablen. Dann gilt*

$$\text{Var}\left(\sum_{i=1}^{n} X_i\right) = \sum_{i=1}^{n} \text{Var}(X_i) + 2 \sum_{1 \le i < j \le n} \text{Cov}(X_i, X_j).$$

Sind die Zufallsvariablen paarweise unkorreliert, so gilt

$$\text{Var}\left(\sum_{i=1}^{n} X_i\right) = \sum_{i=1}^{n} \text{Var}(X_i).$$

Die Varianz einer Summe von Zufallsvariablen ist also nicht die Summe der Varianzen. Das kann man sich anschaulich vor Augen führen: Wenn Zufallsvariablen stark voneinander abhängen (denken Sie an den schlimmsten Fall: völlig identische Kopien) und eine von ihnen groß ist, sind auch die anderen tendenziell groß. Die Summe wird also größer als bei unabhängigen Zufallsvariablen, bei denen sich beim Aufsummieren eine große und eine kleine Realisierung gegenseitig aufheben können. Die Summe von abhängigen Zufallsvariablen (mit positiver Korrelation) kann so gesehen oft größer und kleiner werden als die Summe unabhängiger Zufallsvariablen, das heißt, sie schwankt stärker. Just das zeigt die obige Gleichung, bei der zu $\sum_{i=1}^{n} \operatorname{Var}(X_i)$ noch $2\sum_{1 \le i < j \le n} \operatorname{Cov}(X_i, X_j)$ hinzuaddiert wird.

Fazit

In diesem Abschnitt haben wir gelernt, wie wir mit mehreren Zufallsvariablen gleichzeitig operieren, exemplarisch haben wir einen zweidimensionalen Zufallsvektor (X, Y) betrachtet. Er hat (im stetigen Fall) die gemeinsame Dichte $f_{(X,Y)}$, wenn $P((X, Y) \in R) = \iint_R f_{(X,Y)}(x, y)\, dx\, dy$ für alle Rechtecke R in $\mathbb{R}^2$ gilt. Wir erhalten die Marginaldichte von X, indem wir aus der gemeinsamen Dichte y komplett herausintegrieren:

$$f_X(x) = \int_{-\infty}^{\infty} f_{(X,Y)}(x, y)\, dy.$$

Andersherum erhalten wir die Dichte von Y, wenn wir x komplett herausintegrieren. (Für diskrete Zufallsvariablen gelten entsprechende Zusammenhänge, dann nur mit diskreten Werten und Summen statt Integralen.) Wir haben definiert, dass der Erwartungswert eines Zufallsvektors komponentenweise gebildet wird,

$$X = E\left((X_1, \ldots, X_n)\right) = (E(X_1), \ldots, E(X_n)),$$

und gesehen, dass wir die Abhängigkeit zwischen zwei Zufallsvariablen mit der Kovarianz

$$\operatorname{Cov}(X, Y) = E((X - E(X))(Y - E(Y))) = E(XY) - E(X)\,E(Y)$$

messen können. Allerdings eignet sich für Vergleiche die mit den Einzelstandardabweichungen der beiden Zufallsvariablen skalierte Kovarianz, die Korrelation

$$\rho_{X,Y} = \frac{\operatorname{Cov}(X, Y)}{\sqrt{\operatorname{Var}(X)\operatorname{Var}(Y)}},$$

besser; ihr Wert liegt immer zwischen -1 und 1. Mithilfe der Kovarianz haben wir nun auch die Varianz einer Summe von Zufallsvariablen berechnen können:

$$\operatorname{Var}\left(\sum_{i=1}^{n} X_i\right) = \sum_{i=1}^{n} \operatorname{Var}(X_i) + 2 \sum_{1 \le i < j \le n} \operatorname{Cov}(X_i, X_j)$$

Nur wenn die Zufallsvariablen unkorreliert sind (das ist zum Beispiel der Fall, wenn sie unabhängig sind), verschwindet die hintere Summe.

3.2 Unabhängige Zufallsvariablen
Zufallsgrößen, die sich gegenseitig nicht beeinflussen

Wir haben gesehen, dass das Rechnen mit Wahrscheinlichkeiten kompliziert wird, wenn wir es mit abhängigen Zufallsvariablen zu tun haben.

> Wir wollen kurz die Schwierigkeiten andeuten. In Abschn. 2.5 und 2.7 haben wir einige statistische Tests kennengelernt, die jeweils darauf basieren, dass man unter der Annahme, dass die Nullhypothese gilt, etwas über das Verhalten einer Teststatistik sagen kann. Setzt man konkrete Messwerte in diese Statistik ein und erhält etwas, das nicht in das Bild passt, spricht das dafür, dass die Nullhypothese nicht gilt. Allerdings haben wir bei den Tests jedes Mal vorausgesetzt, dass die Daten, die wir einsetzen, unabhängig sind. Sind sie abhängig (und das bedeutet nebenbei, dass wir erst einmal genau definieren müssen, wie wir die Abhängigkeit von Zufallsvariablen messen und beziffern wollen), verhalten sich die Teststatistiken meist ganz anders. Herauszufinden, wie genau, ist bei abhängigen Zufallsvariablen wesentlich schwieriger als bei unabhängigen und zum Teil Gegenstand aktueller wahrscheinlichkeitstheoretischer Forschung.

Oft können wir allerdings guten Gewissens annehmen, dass Zufallsvariablen unabhängig sind, beispielsweise bei vielen Messreihen: Das erste Bauteil, das vermessen wird, hat keinen Einfluss auf das zweite, dritte, vierte und so weiter. Mit unabhängigen Zufallsvariablen lässt sich gut rechnen, und im Folgenden stellen wir einige Techniken und Resultate vor: Wir werden zuerst Eigenschaften unabhängiger Zufallsvariablen untersuchen, etwa wie man die *gemeinsame Dichte* aus den Marginaldichten bestimmt und wie man *Erwartungswerte von Produkten*, die *Verteilung einer Summe* und *Varianzen von Summen* ausrechnet. Danach behandeln wir das *Gesetz der großen Zahlen*, das mathematisch präzise die Intuition untermauert, dass sich der Mittelwert einer Messreihe dem Erwartungswert der zugrundeliegenden Zufallsvariablen immer mehr nähert, je mehr Messwerte vorliegen. Wir werden herausfinden, wie man die *Verteilung einer Summe* oder des *Maximums* von unabhängigen Zufallsvariablen bestimmt, und wichtige Verteilungen kennenlernen, die oft bei unabhängigen normalverteilten Daten auftreten. Schließlich werden wir der Frage nachgehen, was passiert, wenn wir anhand unabhängiger Messwerten einen Schätzer $\hat{\theta}$ für einen unbekannten Parameter θ konstruieren und dann aber $g(\theta)$ durch $g(\hat{\theta})$ schätzen wollen.

3.2.1 Eigenschaften unabhängiger Zufallsvariablen
Was Unabhängigkeit ist und wie sie Wahrscheinlichkeitsberechnungen vereinfacht

Zuerst erklären wir, was Unabhängigkeit bei Zufallsvariablen bedeutet.

Definition 3.26. Die Zufallsvariablen $X_1, \ldots, X_n$ heißen *(stochastisch) unabhängig*, wenn für alle Intervalle $A_1, \ldots, A_n \subset \mathbb{R}$ gilt

$$P(X_1 \in A_1, \ldots, X_n \in A_n) = P(X_1 \in A_1) \cdot \ldots \cdot P(X_n \in A_n).$$

Ein handliches Kriterium dafür, ob Zufallsvariablen unabhängig sind, ist die Gestalt ihrer gemeinsamen Dichte:

Satz 3.27 (Dichte bei unabhängigen Zufallsvariablen). *Seien X, Y Zufallsvariablen mit gemeinsamer Wahrscheinlichkeitsfunktion $p_{X,Y}(x, y)$ beziehungsweise gemeinsamer Wahrscheinlichkeitsdichte $f_{X,Y}(x, y)$. X, Y sind genau dann unabhängig, wenn*

$$p_{X,Y}(x, y) = p_X(x)\, p_Y(y)$$

beziehungsweise wenn

$$f_{X,Y}(x, y) = f_X(x) f_Y(y),$$

also genau dann, wenn man die gemeinsame Wahrscheinlichkeitsfunktion/-dichte als Produkt der marginalen Wahrscheinlichkeitsfunktionen/-dichten schreiben kann.

Um Unabhängigkeit nachzuweisen, reicht es bereits, wenn man die gemeinsame Wahrscheinlichkeitsfunktion/-dichte als Produkt einer Funktion von x und einer Funktion von y schreiben kann.

Wir notieren einige wichtige Eigenschaften unabhängiger Zufallsvariablen:

Satz 3.28 (Erwartungswert und Varianz bei Unabhängigkeit). *(i) Sind X, Y unabhängige Zufallsvariablen, so gilt*

$$E(XY) = E(X) \cdot E(Y).$$

(ii) Unabhängige Zufallsvariablen sind unkorreliert.
(iii) Für unabhängige Zufallsvariablen $X_1, \ldots, X_n$ gilt

$$\mathrm{Var}(X_1 + \ldots + X_n) = \sum_{i=1}^{n} \mathrm{Var}(X_i).$$

Beachten Sie, dass in Satz 3.28 (ii) die Umkehrung nicht gilt: Nur weil zwei Zufallsvariablen unkorreliert sind, heißt das noch lange nicht, dass sie unabhängig sind.
Der Korrelationskoeffizient ist ein Werkzeug, um lineare Abhängigkeiten zu messen;
es gibt andere Arten von Abhängigkeit, die er nicht erkennt.

Beispiel 3.29. Beim Runden von Dezimalzahlen auf drei Nachkommastellen machen Sie einen Rundungsfehler: Die gerundete Zahl weicht von der tatsächlichen
ab. Nehmen Sie an, dass der Rundungsfehler X auf dem Intervall $[-0{,}0005, 0{,}0005]$
gleichverteilt ist. Wenn Sie nun n Zahlen addieren, die jeweis auf drei Nachkommastellen gerundet wurden, machen Sie einen Fehler S_n. Berechnen Sie den Erwartungswert und die Standardabweichung dieses Fehlers unter der Annahme, dass die
Rundungsfehler der einzelnen Summanden unabhängig sind.

Es ist X_i der Rundungsfehler der i-ten Zahl und $S_n = \sum_{i=1}^{n} X_i$. Es gilt $E(X_i) = 0$
und $\mathrm{Var}(X_i) = (0{,}0005 - (-0{,}0005))/12 = 0{,}001/12$, siehe Beispiel 1.87. Damit
ergibt sich wegen der Unabhängigkeit

$$E(S_n) = E\left(\sum_{i=1}^{n} X_i\right) = \sum_{i=1}^{n} E(X_i) = 0,$$

$$\mathrm{Var}(S_n) = \mathrm{Var}\left(\sum_{i=1}^{n} X_i\right) = \sum_{i=1}^{n} \mathrm{Var}(X_i) = n\frac{0{,}001}{12} = \frac{n}{12.000},$$

und damit ist die Standardabweichung

$$\sqrt{\mathrm{Var}(S_n)} = \sqrt{\frac{n}{12.000}}.$$

Das bedeutet: Der mittlere Rundungsfehler ist zwar 0, aber je mehr gerundete
Zahlen man addiert, desto größere Fehler kann man machen. Interessant ist, dass die
Standardabweichung mit $\sqrt{n}$ wächst, und nicht linear. Wenn wir stets den selben
Fehler addieren, erhalten wir lineares n-Wachstum; das $\sqrt{n}$-Wachstum entsteht,
weil wir zufällig gleichverteilte Fehler addieren und sich positive und negative Fehler
zum Teil aufheben.

Beispiel 3.30. Betrachten Sie die Zufallsvariablen X und Y mit gemeinsamer Dichte

$$f_{X,Y}(x,y) = \begin{cases} \frac{1}{45}xy & 2 \leq x \leq 4, \, 1 \leq y \leq 4 \\ 0 & \text{sonst} \end{cases}.$$

a) Zeigen Sie, dass $\mathrm{Cov}(X, Y) = 0$.

b) Berechnen Sie die Korrelation ρ_{XY}.

c) Sind die Zufallsvariablen unabhängig?

a) Für die Berechnung von $\text{Cov}(X, Y)$ benötigen wir $E(XY)$ sowie die beiden einzelnen Erwartungswerte $E(X)$ und $E(Y)$.

$$E(XY) = \frac{1}{45} \int_2^4 \left(\int_1^4 y^2 dy \right) x^2 dx = \frac{1}{45 \cdot 3 \cdot 3} \left[x^3 \right]_2^4 \left[y^3 \right]_1^4$$

$$= \frac{1}{405}(4^3 - 2^3)(4^3 - 1^3) = \frac{56 \cdot 63}{405} = \frac{392}{45}$$

$$E(X) = \frac{1}{45} \int_2^4 \left(\int_1^4 y dy \right) x^2 dx = \frac{1}{45 \cdot 2 \cdot 3} \left[x^3 \right]_2^4 \left[y^2 \right]_1^4$$

$$= \frac{1}{270}(4^3 - 2^3)(4^2 - 1^2) = \frac{56 \cdot 15}{270} = \frac{28}{9}$$

$$E(Y) = \frac{1}{45} \int_2^4 \left(\int_1^4 y^2 dy \right) x dx = \frac{1}{45 \cdot 3 \cdot 2} \left[x^2 \right]_2^4 \left[y^3 \right]_1^4$$

$$= \frac{1}{270}(4^2 - 2^2)(4^3 - 1^3) = \frac{12 \cdot 63}{270} = 2{,}8$$

Somit ist

$$\text{Cov}(X, Y) = E(XY) - E(X) \cdot E(Y) = 0.$$

b) Die Korrelation ist ebenfalls 0, da sie eine skalierte Kovarianz ist.

c) Unkorreliertheit bedeutet nicht, dass die Zufallsvariablen unabhängig sind. In diesem Fall sind die Zufallsvariablen aber tatsächlich unabhängig, denn ihre gemeinsame Dichte lässt sich als Produkt von Einzeldichten schreiben:

$$f_{X,Y}(x, y) = \frac{1}{45} xy$$

$$= \frac{1}{6} x \cdot \frac{2}{15} y$$

$$= f_X(x) \cdot f_Y(y)$$

auf dem Gebiet $2 \le x \le 4$, $1 \le y \le 4$.

3.2.2 Das Gesetz der großen Zahlen
Je mehr Daten, desto besser der Mittelwert

Aus Erfahrung wissen Sie, dass ein Mittelwert von fünf Beobachtungen wenig aussagt, ein Mittelwert von 100 Beobachtungen hingegen meist einen recht genauen Eindruck vom Erwartungswert gibt. Warum ist das so? Das sagt das *Gesetz der großen Zahlen*: Je mehr Realisierungen einer zufälligen Größe man beobachtet, desto geringer ist die Wahrscheinlichkeit, dass ihr Mittelwert vom Erwartungswert abweicht.

Satz 3.31 (Gesetz der großen Zahlen). *Sei* $X_1, X_2, \ldots$ *eine Folge unabhängiger, identisch verteilter Zufallsvariablen mit* $E(X_i) = \mu$ *und* $\mathrm{Var}(X_i) = \sigma^2 < \infty$. *Dann gilt für jedes* $\varepsilon > 0$

$$
P\left(\left| \frac{1}{n} \sum_{i=1}^{n} X_i - \mu \right| \geq \varepsilon \right) \leq \frac{\sigma^2}{n\,\varepsilon^2}.
$$

Insbesondere gilt für jede beliebig kleine Schranke $\varepsilon > 0$

$$
\lim_{n \to \infty} P\left(\left| \frac{1}{n} \sum_{i=1}^{n} X_i - \mu \right| \geq \varepsilon \right) = 0.
$$

Beispiel 3.32. Wir betrachten eine Folge $(X_i)_{i \in \mathbb{N}}$ von Zufallsvariablen $X_i \sim$ Bernoulli(0,5), die jeweils mit Wahrscheinlichkeit 0,5 den Wert 1 oder den Wert 0 annehmen. In Abb. 3.1 ist die Größe $S_n/n = \frac{1}{n} \sum_{i=1}^{n} X_i$ für $n = 1, 2, 4, 8, 12, \ldots, 200$ bei zwei Realisierungen der Zufallsfolge dargestellt. Man erkennt, dass sich S_n/n immer mehr dem Erwartungswert $\mu = E(X_i) = 0,5$ annähert. Abbildung 3.2 zeigt die simulierte Verteilung von S_n/n für verschiedene Werte von n, jeweils basierend auf 10.000 Realisierungen von S_n; auch hier erkennen wir, dass sich S_n/n immer mehr bei $\mu = E(X_i) = 0,5$ konzentriert. Genau diese Beobachtung ist im Gesetz der großen Zahlen präzisiert.

Das Gesetz der großen Zahlen folgt direkt aus zwei fundamentalen Ungleichungen für die Wahrscheinlichkeit, dass eine Zufallsvariable groß wird:

Satz 3.33 (Markow-Ungleichung). *Sei* X *eine Zufallsvariable mit* $E|X| < \infty$. *Dann gilt für* $a > 0$

$$
P(|X| > a) \leq \frac{E|X|}{a}.
$$

Satz 3.34 (Tschebyschow-Ungleichung). *Sei* X *eine Zufallsvariable mit endlicher Varianz und sei* $a > 0$. *Dann gilt*

$$
P(|X - E(X)| \geq a) \leq \frac{\mathrm{Var}(X)}{a^2}.
$$

Die Ungleichung ist nach dem russischen Mathematiker Pafnuti Lwowitsch Tschebyschow benannt. Aufgrund anderer Transkription finden sich in der Literatur häufig auch noch die Schreibweisen Tschebyscheff, Tschebyschev und Chebyshev.

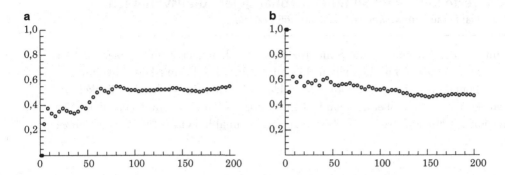

Abb. 3.1: Das Gesetz der großen Zahlen: Die Größe $S_n/n = \frac{1}{n}\sum_{i=1}^{n} X_i$ einer Folge von Zufallsvariablen $(X_i)_{i\in\mathbb{N}}$ nähert sich für wachsendes n immer mehr dem Erwartungswert $\mu = E(X_i)$ an. Dargestellt ist S_n/n für zwei Realisierungen der Zufallsfolge $(X_i)_{i\in\mathbb{N}}$.

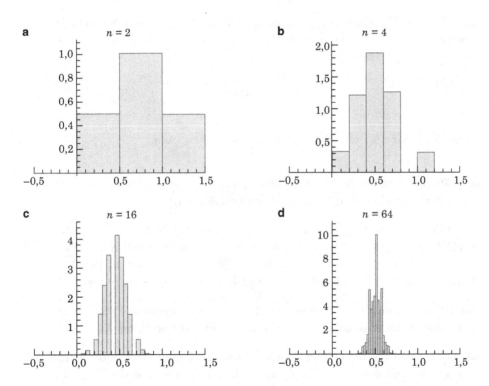

Abb. 3.2: Das Gesetz der großen Zahlen: Die zufällige Größe $S_n/n = \frac{1}{n}\sum_{i=1}^{n} X_i$ nähert sich für wachsendes n immer mehr dem festen Erwartungswert $\mu = E(X_i)$ an. Dargestellt ist die simulierte Verteilung von S_n/n für verschiedene n als Histogramm.

3.2.3 Verteilung einer Summe unabhängiger Zufallsvariablen
Was herauskommt, wenn man Zufallsgrößen addiert

Wenn wir uns fragen, wie die Summe zweier unabhängiger Zufallsgrößen verteilt ist, so zeigt Beispiel 3.5, dass wir nicht einfach die Einzelwahrscheinlichkeiten addieren können (das ist intuitiv auch klar: Dabei könnten ja „Wahrscheinlichkeiten" herauskommen, die größer als 1 sind). Es gibt Formeln, um die Wahrscheinlichkeitsfunktion beziehungsweise die Dichte einer Summe unabhängiger Zufallsvariablen zu berechnen.

Satz 3.35 (Faltungsformel). *(i) Sind X, Y unabhängige Zufallsvariablen mit Dichtefunktionen $f(x)$, $g(y)$, so hat die Zufallsvariable $Z = X + Y$ die Dichtefunktion*

$$h(z) = \int_{\mathbb{R}} f(x)g(z - x)\, dx.$$

(ii) Sind X, Y unabhängige $\mathbb{N}$-wertige Zufallsvariablen mit Wahrscheinlichkeitsfunktionen $p(x) = P(X = x)$ und $q(y) = P(Y = y)$, so hat $Z = X + Y$ die Wahrscheinlichkeitsfunktion

$$r(z) = \sum_{x \in X(\Omega)} p(x)q(z - x);$$

dabei summieren wir über alle Werte x, die X annehmen kann.

Beispiel 3.36. Wir wenden die diskrete Faltungsformel, Satz 3.35 (ii), an (und nennen hier bloß die Ergebnisse, das Nachrechnen ist mühsam):

a) Seien X, Y unabhängige binomialverteilte Zufallsvariablen mit Parametern (n, p) beziehungsweise (m, p). Dann ist $X + Y$ binomialverteilt mit Parametern $(n + m, p)$. $X + Y$ ist die Anzahl der Erfolge in $n + m$ Bernoulli-Experimenten mit Erfolgswahrscheinlichkeit p, also $\text{Bin}(n + m, p)$-verteilt.

b) Sind X, Y unabhängige, Poisson-verteilte Zufallsvariablen mit Parametern λ beziehungsweise μ, so ist $X + Y$ Poisson-verteilt mit Parameter $\lambda + \mu$.

Beispiel 3.37. Wir betrachten einige Anwendungen der Faltungsformel bei dichteverteilten Zufallsvariablen, Satz 3.35 (i), und geben auch hier bloß die Ergebnisse an.

a) Sind X, Y unabhängige normalverteilte Zufallsvariablen mit Parametern (μ_1, σ_1^2) beziehungsweise (μ_2, σ_2^2), so ist $X + Y$ normalverteilt mit Parametern $(\mu_1 + \mu_2, \sigma_1^2 + \sigma_2^2)$.

b) Sind X, Y unabhängige Gamma-verteilte Zufallsvariablen mit Parametern (r, λ) beziehungsweise (s, λ), so ist $X + Y$ Gamma-verteilt mit Parametern $(r + s, \lambda)$.

c) Als Spezialfall davon folgt: Sind X, Y unabhängige exponentiellverteilte Zufallsvariablen mit Parameter λ, so ist $X + Y$ Gamma-verteilt mit Parameter $r = 2$ und λ.

d) Sind X, Y unabhängige χ^2-verteilte Zufallsvariablen mit f beziehungsweise g Freiheitsgraden, so ist $X + Y$ χ^2_{f+g}-verteilt.

Beispiel 3.38. Bohrkronen müssen regelmäßig ausgetauscht werden, da sie durch den Betrieb verschleißen. Sie haben noch zwei Ersatz-Bohrkronen auf Lager. Die Lebensdauer ist exponentiell verteilt; der Zulieferer garantiert im langfristigen Mittel eine Haltbarkeit von 1000 Betriebsstunden. Berechnen Sie die Wahrscheinlichkeit, dass Sie damit mindestens 2200 Stunden arbeiten können. (Hinweis: $\Gamma(2) = 1$)

Die Lebensdauer der ersten Bohrkrone ist $L_1 \sim \exp(1/1000)$, die der zweiten $L_2 \sim \exp(1/1000)$, denn eine exponentiell verteilte Zufallsvariable mit Parameter λ hat Erwartungswert $1/\lambda$. Die beiden Zufallsvariablen sind unabhängig. Gesucht ist die Wahrscheinlicheit $P(L_1 + L_2 \geq 2200)$. Die Zufallsvariable $L = L_1 + L_2$ ist Gamma-verteilt mit Parametern $r = 2$ und $\lambda = 1/1000$, siehe Beispiel 3.37, also ist nach Beispiel 1.87

$$P(L_1 + L_2 \geq 2200) = \int_{2200}^{\infty} \frac{\lambda^r}{\Gamma(r)} x^{r-1} e^{-\lambda x}\, dx$$

$$= \frac{(1/1000)^2}{\Gamma(2)} \int_{2200}^{\infty} x e^{-x/1000}\, dx$$

und mit partieller Integration

$$= \frac{1}{1000^2} \frac{3.200.000}{e^{11/5}} = 0{,}355.$$

3.2.4 Minimum und Maximum unabhängiger Zufallsvariablen
Wahrscheinlichkeiten für den frühesten Ausfall oder den größten Messwert

Oft will man bei einer Menge von unabhängigen Zufallsvariablen $X_1, \ldots, X_n$ wissen, wie sich die größte oder kleinste von ihnen verhält. Darauf geben wir in diesem Abschnitt eine Antwort.

Beispiel 3.39. In einem elektrischen Generator gibt es fünf Komponenten, deren Lebensdauer (in Stunden) $X_1, \ldots, X_5$ sich jeweils mit der Dichte

$$f_{X_i}(x) = \frac{1}{10^3} e^{-\frac{1}{1000} x}, \quad x \geq 0$$

modellieren lässt. Die Zufallsvariablen $X_1, \ldots, X_5$ nehmen wir als unabhängig identisch verteilt an. Sie fragen sich nun, ob es wohl länger als 500 Betriebsstunden dauert, bis das erste Teil ausfällt. Der Ausfall des ersten Teils ist just die kleinste Lebensdauer, das heißt das Minimum von $X_1, \ldots, X_5$.

Satz 3.40 (Minimum unabhängiger Zufallsvariablen). *Sind* $X_1, \ldots, X_n$ *unabhängige identisch verteilte Zufallsvariablen mit Verteilungsfunktion* $F(x)$, *so hat*

$$U = \min(X_1, \ldots, X_n)$$

die Verteilungsfunktion

$$F_U(x) = 1 - (1 - F(x))^n.$$

Besitzen die X_i *zusätzlich die Dichtefunktion* $f(x)$, *so hat* $U = \min(X_1, \ldots, X_n)$ *die Dichtefunktion*

$$f_U(x) = n\, f(x)\, (1 - F(x))^{n-1}.$$

Die Formeln können Sie nachvollziehen: Dass das Minimum U der $X_1, \ldots, X_n$ größer als eine Zahl x ist, bedeutet gerade, dass alle $X_1, \ldots, X_n$ größer als x sind. Also haben wir

$$\begin{aligned}
P(U > x) &= P(X_1 > x, \ldots, X_n > x) \\
&= P(X_1 > x) \cdot \ldots \cdot P(X_n > x) \\
&= (1 - F(x))^n
\end{aligned}$$

und somit

$$P(U \le x) = 1 - P(U > x) = 1 - (1 - F(x))^n.$$

Dies gilt universell sowohl für stetige als auch für diskrete Zufallsvariablen. Durch Ableiten können wir die Dichtefunktion bestimmen, falls X_i dichteverteilt ist. Es gilt

$$\begin{aligned}
f_U(x) &= \frac{d}{dx} F_U(x) = \frac{d}{dx}\left(1 - (1 - F(x))^n\right) \\
&= n\,(1 - F(x))^{n-1}\, F'(x) = n\, f(x)\, (1 - F(x))^{n-1}.
\end{aligned}$$

Beispiel 3.41. Seien $X_1, \ldots, X_n$ unabhängige Zufallsvariablen, gleichverteilt auf dem Intervall $[0,1]$, und sei $U = \min(X_1, \ldots, X_n)$. Die Verteilungsfunktion von X_i ist

$$F(x) = x, \quad 0 \le x \le 1,$$

und die Dichtefunktion $f(x) = I_{[0,1]}(x)$. Also hat U die Verteilungs- beziehungsweise Dichtefunktion

$$F_U(x) = 1 - (1-x)^n,$$
$$f_U(x) = n\,(1-x)^{n-1}.$$

Beispiel 3.42. Wir betrachten Beispiel 3.39 erneut. Wir rechnen nun die Wahrscheinlichkeit aus, dass das Minimum U von $X_1, \ldots, X_5$ größer als 500 ist. Dazu benötigen wir die Verteilungsfunktion von U, und laut obiger Formel brauchen wir dazu die Verteilungsfunktion F. Die Dichte f der X_i haben wir angegeben, ihre Verteilungsfunktion F erhalten wir durch Integrieren:

$$F(x) = \int_{-\infty}^{x} f(t)\, dt$$
$$= \int_{0}^{x} \frac{1}{1000} e^{-\frac{t}{1000}}\, dt$$
$$= 1 - e^{-\frac{x}{1000}}.$$

Also haben wir schließlich

$$F_U(x) = 1 - (1 - F(x))^n$$
$$= 1 - \left(1 - \left(1 - e^{-\frac{x}{1000}}\right)\right)^5$$
$$= 1 - e^{-\frac{x}{200}},$$

und die gesuchte Wahrscheinlichkeit ist

$$P(U \ge 500) = 1 - P(U \le 500)$$
$$= 1 - F_U(500)$$
$$= 1 - \left(1 - e^{-\frac{500}{200}}\right)$$
$$= e^{-2,5} = 0{,}082.$$

Mit einer Wahrscheinlichkeit von 8,2% passiert der früheste Ausfall nach der 500. Betriebsstunde. Anders gesagt: Mit Wahrscheinlichkeit 91,8% gibt das erste Teil schon früher den Geist auf!

Satz 3.43 (Maximum unabhängiger Zufallsvariablen). *Sind* $X_1, \ldots, X_n$ *unabhängige identisch verteilte Zufallsvariablen mit Verteilungsfunktion* $F(x)$, *so hat*

$$V = \max(X_1, \ldots, X_n)$$

die Verteilungsfunktion

$$F_V(x) = (F(x))^n.$$

Besitzen die X_i *die Dichtefunktion* $f(x)$, *so hat* $V = \max(X_1, \ldots, X_n)$ *die Dichtefunktion*

$$f_V(x) = n f(x) F(x)^{n-1}.$$

Auch das können wir leicht beweisen: Gegeben seien n unabhängige Zufallsvariablen $X_1, \ldots, X_n$ mit derselben Verteilungsfunktion $F(x) = P(X_i \leq x)$, zum Beispiel die Messergebnisse unabhängig ausgeführter Experimente. Wir betrachten die neue Zufallsvariable $V = \max(X_1, \ldots, X_n)$. Dass das Maximum V der $X_1, \ldots, X_n$ kleiner ist als eine Zahl x, bedeutet gerade, dass alle $X_1, \ldots, X_n$ kleiner als x sind. Die Verteilungsfunktion von V ist damit

$$
\begin{aligned}
F_V(x) = P(V \leq x) &= P(X_1 \leq x, \ldots, X_n \leq x) \\
&= P(X_1 \leq x) \cdot \ldots \cdot P(X_n \leq x) \\
&= (F(x))^n.
\end{aligned}
$$

Dies gilt universell sowohl für stetige als auch für diskrete Zufallsvariablen. Hat X_i die Dichtefunktion $f(x)$, so kann man die Dichte von V durch Ableiten der Verteilungsfunktion $F_V(x)$ bestimmen:

$$
\begin{aligned}
f_V(x) = \frac{d}{dx} F_V(x) &= \frac{d}{dx} (F(x))^n \\
&= n F^{n-1}(x) F'(x) = n f(x) F^{n-1}(x)
\end{aligned}
$$

3.2.5 Unabhängige, normalverteilte Zufallsvariablen
Rechnen mit einer Reihe normalverteilter Größen

Wie schon in Abschn. 1.4.5 erwähnt, ist die Normalverteilung die wichtigste Verteilung in der Statistik, weil sie in der Natur so häufig auftritt, mit ihr so viel modelliert werden kann und sich mit ihr gut rechnen lässt. Wenn man annimmt, dass Daten normalverteilt sind, gibt es häufig einfache und optimale statistische Verfahren. Wir werden uns nun deshalb mit der Situation befassen, wenn wir eine ganze Reihe $X_1, \ldots, X_n$ von unabhängig normalverteilten Zufallsvariablen haben, etwa wenn wir bei statistischen Tests eine Messreihe modellieren.

Zusammenfassung wichtiger Resultate

Wir fassen einige wichtige Resultate rund um die Normalverteilung zusammen, die wir bisher kennengelernt haben:

- Sind X_1, X_2 unabhängige, normalverteilte Zufallsvariablen mit Parametern (μ_1, σ_1^2) beziehungsweise (μ_2, σ_2^2), so ist $X_1 + X_2$ normalverteilt mit Parametern

$$\mu = \mu_1 + \mu_2,$$
$$\sigma^2 = \sigma_1^2 + \sigma_2^2,$$

  siehe Faltungformel (Satz 3.35) und Beispiel 3.37.

- Daraus folgt sofort: Sind $X_1, X_2, \ldots, X_n$ unabhängige, jeweils normalverteilte Zufallsvariablen, das heißt $X_i \sim \mathcal{N}(\mu_i, \sigma_i^2)$, so ist die Summe ebenfalls normalverteilt, wobei sich die Parameter addieren:

$$\sum_{i=1}^{n} X_i \sim \mathcal{N}\left(\sum_{i=1}^{n} \mu_i, \sum_{i=1}^{n} \sigma_i^2\right)$$

- Ist X normalverteilt mit Parameter (μ, σ^2), so ist $Y = a + bX$ normalverteilt mit Parametern

$$(a + b\mu, \ b^2\sigma^2),$$

  siehe Transformationsformel (Satz 1.80).

Beispiel 3.44. Sie schalten zwei Ohmsche Widerstände in Reihe. Die Werte R_1, R_2 (in Ω) seien unabhängig normalverteilt:

$$R_1 \sim \mathcal{N}(300, 100)$$
$$R_2 \sim \mathcal{N}(700, 25)$$

Geben Sie den Bereich $[1000 \pm t]$ an, in dem der Gesamtwiderstand R mit einer Wahrscheinlichkeit von 99% liegt.

Der Gesamtwiderstand bei einer Reihenschaltung beträgt $R = R_1 + R_2$ und ist als Summe zweier normalverteilter Zufallsgrößen wieder normalverteilt, und zwar mit den Parametern

$$R \sim \mathcal{N}(1000, 125).$$

Gesucht ist nun ein t, sodass $P(1000-t \leq R \leq 1000+t) = 0{,}99$. Wir standardisieren und formen um:

$$P(1000 - t \leq R \leq 1000 + t) = P\left(-\frac{t}{\sqrt{125}} \leq \frac{R - 1000}{\sqrt{125}} \leq \frac{t}{\sqrt{125}}\right)$$

$$= P\left(-\frac{t}{11{,}180} \leq Z \leq \frac{t}{11{,}180}\right)$$

$$= \Phi\left(\frac{t}{11{,}180}\right) - \Phi\left(-\frac{t}{11{,}180}\right)$$

$$= 2\Phi\left(\frac{t}{11{,}180}\right) - 1 \overset{!}{=} 0{,}99$$

Gesucht ist also ein t, sodass

$$\Phi\left(\frac{t}{11{,}180}\right) \overset{!}{=} 0{,}995,$$

und das lesen wir aus der Normalverteilungstabelle ab; der mittlere der möglichen Werte ist $\Phi(2{,}58) = 0{,}995$, also ist $t = 28{,}844$. Das heißt: Der Gesamtwiderstand liegt mit 99% Wahrscheinlichkeit im Bereich $1000 \pm 28{,}8\,\Omega$.

Beispiel 3.45. Sie beladen den Transportcontainer eines Krans mit Grobkies. Der Kran kann fünf Tonnen transportieren. Die Masse, die Sie pro Schaufelvorgang erfassen, ist normalverteilt; im Mittel greifen Sie 250 kg, die Standardabweichung beträgt 50 kg.

   a) Wie viele Schaufeln müssen Sie aufladen, damit Sie die Kapazität des Krans mit mehr als 99% Wahrscheinlichkeit zu 90% ausnutzen?

   b) Wie groß ist die Wahrscheinlichkeit, dass Sie dann die Höchstlast überschreiten?

a) Die Masse, die bei einem Schaufelvorgang aufgeladen wird, sei $X \sim \mathcal{N}(250,50^2)$. Dann ist die Masse, die bei n (unabhängigen) Schaufelvorgängen aufgeladen wird, $X_n \sim \mathcal{N}(250n,50^2 n)$. Wir suchen nun ein n, ab dem $P(X_n \geq 0{,}90 \cdot 5.000) \geq 0{,}99$. Wir standardisieren und formen um:

$$P(X_n \geq 0{,}90 \cdot 5.000) \overset{!}{\geq} 0{,}99$$

$$\Rightarrow \quad 1 - \Phi\left(\frac{0{,}90 \cdot 5.000 - 250n}{50\sqrt{n}}\right) \geq 0{,}99$$

$$\Rightarrow \quad \Phi\left(\frac{0{,}90 \cdot 5.000 - 250n}{50\sqrt{n}}\right) \leq 0{,}01$$

Der Quantiltabelle für die Standardnormalverteilung entnehmen wir das 0,99-Quantil $\Phi(-2{,}33) = 0{,}01$, also haben wir

$$\frac{0{,}90 \cdot 5.000 - 250n}{50\sqrt{n}} \leq -2{,}33$$

$$\Rightarrow \quad 0{,}90 \cdot 5.000 - 250n \leq -2{,}33 \cdot 50\sqrt{n}.$$

Diese Ungleichung lösen wir nun nach n auf, indem wir durch Quadrieren die Wurzel beseitigen. Dabei zerstören wir die Ungleichung: Aus $a < b$ folgt nicht unbedingt $a^2 < b^2$. Wir rechnen also erst einmal die kritischen Punkte aus, in denen „=" gilt, und konstruieren von da aus die Lösung der eigentlichen Ungleichung.

$$(0{,}90 \cdot 5.000 - 250n)^2 = (2{,}33 \cdot 50)^2 n$$

$$\Rightarrow \quad 250^2 n^2 - 2.250.000n + 4.500^2 - 13.572{,}25n = 0$$

$$\Rightarrow \quad n^2 - 36{,}217n + 324 = 0$$

Diese gewöhnliche quadratische Gleichung kann man mit der p-q-Formel lösen:

$$n_1 = 16{,}129, \qquad n_2 = 20{,}088$$

Erinnerung: Wir suchen ein n, ab dem $P(X_n \geq 0{,}90 \cdot 5.000) \geq 0{,}99$, also ab dem $\Phi\left((0{,}90 \cdot 5.000 - 250n)/(50\sqrt{n})\right) \leq 0{,}01$. Wir probieren unsere beiden Lösungen aus und setzen 17 und 21 ein (da wir nur ganze Schaufelladungen betrachten):

$$\Phi\left(\frac{0{,}90 \cdot 5.000 - 250 \cdot 17}{50\sqrt{17}}\right) = \Phi(1{,}21) = 0{,}887$$

$$\Phi\left(\frac{0{,}90 \cdot 5.000 - 250 \cdot 21}{50\sqrt{21}}\right) = \Phi(-3{,}27) = 0{,}001$$

Die erste Lösung löst das ursprüngliche Problem nicht (sie ist rechnerisch beim Quadrieren entstanden), die Antwort ist also: Ab der 21. Schaufel nutzen wir die Kapazität des Krans mit mehr als 99% Wahrscheinlichkeit aus.

b) Ab 21 Schaufeln nutzen wir die Kapazität des Krans mit mehr als 99% Wahrscheinlichkeit, aber überladen wir den Kran dabei?

$$P(X_{21} \geq 5000) = P\left(\frac{X_{21} - 21 \cdot 250}{50\sqrt{21}} \geq \frac{5000 - 21 \cdot 250}{50\sqrt{21}}\right)$$

$$= 1 - P\left(Z \leq \frac{-250}{229{,}129}\right)$$

$$= 1 - \Phi(-1{,}091)$$

$$= 1 - (1 - \Phi(1{,}091)) = 0{,}862$$

In etwa 86% der Fälle überladen Sie den Kran; Sie sollten also trotz der Optimalitätsberechnung aus a) lieber nur 20 Schaufeln einfüllen.

Wichtige Verteilungen bei unabhängigen normalverteilten Daten

Wenn wir normalverteilte Beobachtungen statistisch analysieren, begegnen uns immer wieder drei Verteilungen.

Satz 3.46 (χ^2-Verteilung). *Sind $Z_1, \ldots, Z_n$ unabhängige, standardnormal verteilte Zufallsvariablen, so hat*

$$Z_1^2 + \ldots + Z_n^2$$

eine χ^2-Verteilung (Chi-Quadrat-Verteilung) mit n Freiheitsgraden (kurz: χ_n^2-Verteilung). Durch Standardisieren erhält man allgemeiner: Sind $X_1, \ldots, X_n$ unabhängige normalverteilte Zufallsvariablen mit Parameter (μ, σ^2), so hat

$$\frac{1}{\sigma} \sum_{i=1}^{n} (X_i - \mu)^2$$

eine χ_n^2-Verteilung.

Definition 3.47 (t-Verteilung). Sind Z und X unabhängige Zufallsvariablen, wobei Z standardnormalverteilt ist und X eine χ_f^2-Verteilung hat, so heißt die Verteilung von

$$T = \frac{Z}{\sqrt{X/f}}$$

eine *Student t-Verteilung* mit f Freiheitsgraden (kurz: t_f-Verteilung). Die t-Verteilung ist symmetrisch. Ihre Dichte hat die Form einer Glockenkurve und ähnelt der der Normalverteilung, allerdings hat sie schwerere Ränder, das heißt, die Wahrscheinlichkeit ist höher als bei der Normalverteilung, extrem große oder kleine Realisierungen zu erhalten.

Wir erinnern auch noch an die F-Verteilung: Sind X und Y unabhängige, χ_f^2 beziehungsweise χ_g^2-verteilte Zufallsvariablen, so heißt die Verteilung von

$$F = \frac{X/f}{Y/g}$$

F-*Verteilung* mit (f, g) Freiheitsgraden (kurz: $F_{f,g}$-Verteilung).

3.2.6 Gaußsches Fehlerfortpflanzungsgesetz
Was passiert, wenn man Schätzer in Funktionen einsetzt

Wenn wir einen unbekannten Parameter θ durch einen Schätzer $\hat{\theta}$ schätzen, ist dieser häufig annähernd normalverteilt mit Erwartungswert θ (dem unbekannten Parameter) und Varianz $\sigma^2(\theta)$ (die noch vom unbekannten Parameter abhängt):

$$\sqrt{n}(\hat{\theta} - \theta) \xrightarrow{\mathcal{D}} \mathcal{N}(0, \sigma^2(\theta)),$$

das heißt, $\sqrt{n}(\hat{\theta} - \theta)$ konvergiert in Verteilung gegen eine Normalverteilung, siehe Definition 1.94. Was ist aber, wenn wir statt θ nun $g(\theta)$ schätzen wollen? Eine naheliegende Idee ist, unseren Schätzer $\hat{\theta}$ einfach in die Funktion g einzusetzen, aber ist $g(\hat{\theta})$ ein guter Schätzer für $g(\theta)$, nur weil $\hat{\theta}$ ein guter Schätzer für θ ist?

In einen Schätzer gehen die Unsicherheiten der gemessenen Daten ein (Messungenauigkeiten, Schwankungen bei der Fertigung etc.), und diese zufälligen Abweichungen machen sich natürlich auch bemerkbar, wenn man den Schätzer in eine Funktion einsetzt, wir sprechen von *Fehlerfortpflanzung*.

Satz 3.48 (Gaußsches Fehlerfortpflanzungsgesetz). *Seien $\hat{\theta}_1, \ldots, \hat{\theta}_k$ unabhängige Schätzer für die Parameter $\theta_1, \ldots, \theta_k \in \mathbb{R}$, die jeweils approximativ normalverteilt sind:*

$$\sqrt{n}(\hat{\theta}_i - \theta_i) \xrightarrow{\mathcal{D}} \mathcal{N}(0, \sigma_i^2(\theta_i)), \quad 1 \leq i \leq k$$

Weiter sei $g : I \to \mathbb{R}$ eine differenzierbare Funktion auf einem Gebiet I, in dessen Innerem der Vektor $(\theta_1, \ldots, \theta_k)$ liegt. Dann ist auch der Schätzer $g(\hat{\theta}_1, \ldots, \hat{\theta}_k)$ für $g(\theta_1, \ldots, \theta_k)$ approximativ normalverteilt:

$$\sqrt{n}\left(g(\hat{\theta}_1, \ldots, \hat{\theta}_k) - g(\theta_1, \ldots, \theta_k)\right) \xrightarrow{\mathcal{D}} \mathcal{N}\left(0, \sum_{i=1}^{k} \left(\frac{\partial g}{\partial \theta_i}(\theta_1, \ldots, \theta_k)\right)^2 \sigma_i^2(\theta_i)\right)$$

3.2.7 Varianzstabilisierende Transformationen
Zufallsvariablen in Funktionen einsetzen, um konstante Varianz zu erzwingen

Eine wichtige Anwendung des Gaußschen Fehlerfortpflanzungsgesetzes aus Abschnitt 3.2.6 sind die *varianzstabilisierenden Transformationen*, die wir unter anderem brauchen, um Konfidenzintervalle zu bestimmen.

Beispiel 3.49. Sei X_n binomialverteilt mit Parametern n und θ, wobei θ unbekannt ist. Wir wollen ein asymptotisches Konfidenzintervall für die unbekannte Wahrscheinlichkeit θ bestimmen. Nach dem Zentralen Grenzwertsatz ist

$$\frac{X_n - n\theta}{\sqrt{n\theta(1 - \theta)}}$$

annährend standardnormalverteilt, und daher gilt mit einer Wahrscheinlichkeit von ungefähr 95%

$$-1{,}96 \leq \sqrt{n}\,\frac{\frac{X_n}{n} - \theta}{\sqrt{\theta\,(1 - \theta)}} \leq 1{,}96.$$

Wenn wir nun ein asymptotisches Konfidenzintervall für den unbekannten Parameter θ bestimmen wollen, müssen wir diesen Ausdruck nach θ umformen (wir haben das in Abschn. 2.3.3 bereits gemacht), allerdings hängt das Konfidenzintervall dann noch vom unbekannten Parameter θ selbst ab (denn der steht im Nenner). In Abschn. 2.3.3 und 2.3.4 haben wir dieses Problem gelöst, indem wir θ durch seinen Schätzer $\hat{\theta} = X_n/n$ ersetzt haben.

Wir wollen nun das Gaußsche Fehlerfortpflanzungsgesetz benutzen, um einen anderen Weg aufzuzeigen. Die Idee dabei ist die folgende: Die Varianz von X_n/n ist $\sigma^2(\theta) = \theta(1 - \theta)/n$, aber vielleicht lässt sich eine Funktion $f : [0,1] \to \mathbb{R}$ finden, sodass die Varianz von $f(X_n/n)$ asymptotisch nicht mehr von θ abhängt. Eine solche Funktion f heißt *varianzstabilisierende Transformation*.

Sei allgemein $\hat{\theta}$ ein Schätzer für θ, der asymptotisch normalverteilt ist, das heißt für den

$$\sqrt{n}\left(\hat{\theta} - \theta\right) \to \mathcal{N}\left(0, \sigma^2(\theta)\right)$$

gilt. Das Fehlerfortpflanzungsgesetz besagt nun, dass

$$\sqrt{n}\left(f(\hat{\theta}) - f(\theta)\right) \to \mathcal{N}\left(0, (f'(\theta))^2\sigma^2(\theta)\right).$$

Wir müssen also ein f finden, sodass die Varianz $(f'(\theta))^2\sigma^2(\theta)$ nicht mehr von θ abhängt, das heißt konstant ist.

Definition 3.50 (Varianzstabilisierende Transformation). Eine Funktion $f : I \to \mathbb{R}$ von einem Intervall $I \subset \mathbb{R}$, das die wahren Parameter enthält, also mit $\Theta \subset I$, in die reellen Zahlen heißt *varianzstabilisierende Transformation*, wenn gilt

$$(f'(\theta))^2\sigma^2(\theta) \equiv const.$$

Beispiel 3.51 (Fortsetzung von Beispiel 3.49). Hier ist die vom wahren Parameter θ abhängende Varianz $\sigma^2(\theta) = \theta(1 - \theta)$; wenn wir eine varianzstabilisierende Transformation finden wollen, muss sie also

$$(f'(\theta))^2 \, \theta \, (1 - \theta) \equiv const.$$

leisten. Diese Bedingung erfüllt die Funktion $f(x) = \arcsin(\sqrt{x})$, denn

$$\frac{d}{dx} \arcsin(\sqrt{x}) = \frac{1}{2\sqrt{x\,(1-x)}}.$$

Also folgt, dass mit einer Wahrscheinlichkeit von ungefähr 95%

$$\frac{-1{,}96}{2\sqrt{n}} \leq \arcsin\left(\sqrt{X_n/n}\right) - \arcsin\left(\sqrt{\theta}\right) \leq \frac{1{,}96}{2\sqrt{n}}$$

gilt, woraus wir durch Auflösen nach θ das asymptotische 95%-Konfidenzintervall mit den Grenzen

$$\left(\sin\left(\arcsin\sqrt{X_n/n} \pm \frac{1{,}96}{2\sqrt{n}}\right)\right)^2$$

erhalten.

Beispiel 3.52. In Beispiel 2.28 haben wir unter $n = 1000$ zufällig ausgewählten Gewindespindeln $X_n = 42$ defekte gefunden. Der Schätzer für den unbekannten Parameter (‚Defektwahrscheinlichkeit') p ist $\hat{p} = 0{,}042$. In Beispiel 2.29 haben wir das asymptotische Konfidenzintervall

$$[0{,}030, \; 0{,}054]$$

erhalten. Nun wenden wir die varianzstabilisierende Transformation aus Beispiel 3.51 an und erhalten mit dieser Methode das asymptotische Konfidenzintervall

$$[0{,}030, \; 0{,}056].$$

Fazit

Unabhängige Zufallsvariablen spielen eine wichtige Rolle: Eine Messreihe $x_1, \ldots, x_n$ kann oft als Realisierung einer Reihe von unabhängigen Zufallsvariablen $X_1, \ldots, X_n$ modelliert werden, und außerdem, so haben wir in diesem Abschnitt gesehen, haben unabhängige Zufallsvariablen angenehme Eigenschaften.

Zwei Zufallsvariablen X, Y sind genau dann unabhängig, wenn sich ihre gemeinsame Dichte als Produkt der Einzeldichten schreiben lässt: $f_{X,Y}(x, y) = f_X(x) f_Y(y)$.

Daraus folgt beispielsweise, dass $E(XY) = E(X)\,E(Y)$ ist. Für unabhängige Zufallsvariablen $X_1, \ldots, X_n$ gilt $\mathrm{Var}(X_1 + \ldots + X_n) = \sum_{i=1}^{n} \mathrm{Var}(X_i)$, was bei abhängigen Zufallsvariablen im Allgemeinen heftig falsch ist, siehe Abschn. 3.1.3.

Wir haben das schwache Gesetz der großen Zahlen vorgestellt:

$$\lim_{n \to \infty} P \left(\left| \frac{1}{n} \sum_{i=1}^{n} X_i - \mu \right| \geq \varepsilon \right) = 0$$

Es besagt, dass die Wahrscheinlichkeit, dass der Mittelwert $\frac{1}{n} \sum_{i=1}^{n} X_i$ vom Erwartungswert μ der X_i auch nur ein winziges bisschen abweicht, für wachsenden Stichprobenumfang n gegen null geht.

Wir haben mit der Faltungsformel berechnet, dass die Summe zweier unabhängiger Zufallsvariablen X, Y die Dichte

$$h(z) = \int_{\mathbb{R}} f(x) g(z - x) \, dx$$

besitzt, und wir haben für das Maximum und Minimum der unabhängigen Zufallsvariablen $X_1, \ldots, X_n$ jeweils Dichte und Verteilungsfunktion bestimmt.

Wir haben uns ausführlich mit der mehrdimensionalen Normalverteilung befasst und dabei unter anderem gelernt, dass die Summe normalverteilter Zufallsvariablen $X_i \sim \mathcal{N}(\mu_i, \sigma_i^2)$ selbst wieder normalverteilt ist, wobei sich die Parameter addieren:

$$\sum_{i=1}^{n} X_i \sim \mathcal{N} \left(\sum_{i=1}^{n} \mu_i, \sum_{i=1}^{n} \sigma_i^2 \right)$$

Im Zusammenhang mit der mehrdimensionalen Normalverteilung haben wir auch die χ^2-Verteilung, die t-Verteilung und die F-Verteilung definiert – wir kannten sie schon von verschiedenen statistischen Tests, jetzt wissen wir auch, wie die Verteilungen theoretisch aus unabhängigen normalverteilten Zufallsvariablen entstehen.

Und wir haben das Gaußsche Fehlerfortpflanzungsgesetz kennengelernt, das angibt, wie sich Unsicherheiten beim Schätzen von $\theta_1, \ldots, \theta_k$ durch $\hat{\theta}_1, \ldots, \hat{\theta}_k$ auswirken, wenn wir eine Funktion $g(\theta_1, \ldots, \theta_k)$ durch $g(\hat{\theta}_1, \ldots, \hat{\theta}_k)$ schätzen (also indem wir ganz naiv die Schätzer in die Funktion einsetzen). Wir haben eine Anwendung vorgestellt: Wenn man ein Konfidenzintervall für einen unbekannten Parameter bestimmt, dieses dann aber ärgerlicherweise noch vom unbekannten Parameter selbst abhängt, kann das Fehlerfortpflanzungsgesetz helfen, eine varianzstabilisierende Transformation zu finden und somit dieses Problem aus dem Weg zu schaffen.

3.3 Lineare Regression
Die beste Gerade durch eine Punktewolke

Oft vermuten wir, dass Größen auf eine ganz bestimmte Art von anderen Faktoren abhängen, wie etwa die Längenausdehnung von der Temperatur. Theoretisch können wir einen solchen Zusammenhang aus den beobachteten Daten ermitteln (wir messen dazu, wie groß die Ausdehnung bei welcher Temperatur ist), doch da die Messwerte zufälligen Schwankungen unterliegen, können wir den Zusammenhang nicht eindeutig bestimmen (so wie hingegen eine Gerade, die durch zwei gegebene Punkte laufen soll). In diesem Abschnitt werden wir eine Methode kennenlernen, um den Zusammenhang dennoch möglichst gut zu ermitteln: Wir werden ihn aus den Daten schätzen.

Wir betrachten Experimente, bei denen das Ergebnis y vom Wert einer weiteren Variablen x beeinflusst wird, und nehmen an, dass in erster Linie eine lineare Abhängigkeit vorliegt, also dass

$$y = \alpha + \beta x$$

gilt, wobei $\alpha, \beta \in \mathbb{R}$ unbekannte Parameter sind. Wenn wir y ganz exakt messen könnten, bräuchten wir nur zwei Messungen, um α und β zu bestimmen (das ist die oben erwähnte Gerade durch zwei Punkte, die wir mithilfe eines linearen Gleichungssystems mit zwei Unbekannten ermitteln können), doch von Experiment zu Experiment verändern sich Dinge, die die Messung beeinflussen – Luft, Temperatur, Ungenauigkeiten beim Ablesen und so weiter. All diese Einflüsse, die in unserem Modell $y = \alpha + \beta x$ nicht enthalten sind und die wir auch nicht kontrollieren können, fassen wir in einer Zufallsgröße ε zusammen. Man spricht bei ε manchmal auch vom *Fehler* oder *Rauschen*. Wir nehmen an, dass diese Zufallsgröße ε additiv ist (sie kommt zu dem wahren Wert $\alpha + \beta x$ hinzu) und eine $\mathcal{N}(0, \sigma^2)$-Verteilung besitzt. Wir sehen beim Messen also nicht das echte y, sondern eine *verrauschte* Zufallsvariable

$$Y = \alpha + \beta x + \varepsilon,$$

die sich aus dem wahren $y = \alpha + \beta x$ und der Zufallsgröße $\varepsilon \sim \mathcal{N}(0, \sigma^2)$ zusammensetzt. Wenn wir nun die unbekannten Parameter α, β und σ^2 bestimmen wollen, führen wir dazu n unabhängige Messungen von y bei jeweils verschiedenen x-Werten durch und erhalten so die Beobachtungen

$$Y_i = \alpha + \beta x_i + \varepsilon_i, \quad 1 \leq i \leq n.$$

Wir haben also n Zufallsvariablen $Y_1, \ldots, Y_n$ und wollen die unbekannten Parameter α, β und σ^2 schätzen. Anschaulich bedeutet das: Wir haben n Datenpunkte

$(x_1, y_1), \ldots, (x_n, y_n)$ in einem Koordinatensystem, und wir suchen die Gerade, die den Zusammenhang von x und y am besten beschreibt, das heißt, die „am besten" durch die Punktewolke läuft.

Beispiel 3.53. Sie wollen den Elastizitätsmodul eines Polymers ermitteln und machen dazu einen Zugversuch: Sie spannen eine Probe in eine Prüfmaschine, wo sie mit konstanter Geschwindigkeit gezogen wird. Sie notieren die benötigte Spannung y (in $\mathrm{N/mm^2}$) und die erreichte Dehnung x (in %).

x	0,11	0,23	0,35	0,39	0,42	0,59	0,63	0,75	0,88	1,09
y	24,44	23,18	60,28	44,52	60,83	71,61	80,97	78,05	107,89	115,69

3.3.1 Schätzen von Steigung und Achsenabschnitt
Formeln für die optimale Gerade

Augen und Gehirn sind verblüffend gut darin, eine Gerade aus der Hand möglichst passend durch eine Punktewolke zu zeichnen (sie weicht meist nur wenig von der mathematischen Lösung ab), doch wir wollen hier natürlich die exakte mathematische Lösung dieses Problems finden und bestimmen dazu nun die ML-Schätzer der unbekannten Parameter α (Achsenabschnitt), β (Steigung) und σ^2 (Streuung/Größe der Fehler). Dazu benötigen wir zuerst die Dichte der einzelnen Beobachtungen Y_i und anschließend die gemeinsame Dichte der Beobachtungen $(Y_1, \ldots, Y_n)$.

Y_i hat, siehe Abschn. 3.2.5, eine $\mathcal{N}(\alpha + \beta x_i, \sigma^2)$-Verteilung und somit die Dichte

$$f_{\alpha,\beta,\sigma}(y_i) = \frac{1}{\sqrt{2\pi\sigma^2}} e^{-\frac{(y_i - \alpha - \beta x_i)^2}{2\sigma^2}}.$$

Die gemeinsame Dichte ist wegen der Unabhängigkeit das Produkt der Einzeldichten (siehe Satz 3.27), also

$$f_{\alpha,\beta,\sigma}(y_1, \ldots, y_n) = \frac{1}{(2\pi\sigma^2)^{n/2}} \exp\left(-\frac{1}{2\sigma^2} \sum_{i=1}^{n} (y_i - \alpha - \beta x_i)^2\right),$$

und somit ist die Loglikelihoodfunktion

$$l(\alpha, \beta, \sigma) = -\frac{n}{2} \ln\left(2\pi\sigma^2\right) - \frac{1}{2\sigma^2} \sum_{i=1}^{n} (y_i - \alpha - \beta x_i)^2.$$

Wenn wir nun den ML-Schätzer für α und β bestimmen wollen, müssen wir den Ausdruck

$$\sum_{i=1}^{n} (y_i - \alpha - \beta x_i)^2$$

minimieren, wir suchen anschaulich also diejenige Gerade, die so durch die Punktewolke läuft, dass die Summe der quadrierten Abstände (in y-Richtung) zwischen den Punkten y_i und der Geraden $\alpha + \beta\, x_i$ minimal ist (man spricht daher auch vom *Kleinste-Quadrate-Schätzer*). Wir geben hier nur die Lösung an:

Die Gerade mit Steigung

$$\hat{\beta} = \frac{\sum_{i=1}^n (x_i - \bar{x})(y_i - \bar{y})}{\sum_{i=1}^n (x_i - \bar{x})^2}$$

und Achsenabschnitt

$$\hat{\alpha} = \bar{y} - \hat{\beta}\bar{x}$$

läuft „am besten" durch die Punktewolke, das heißt, sie verläuft so, dass die Summe der Abstandsquadrate (in y-Richtung) zwischen den Punkten und der Geraden minimal ist.

Beispiel 3.54. Für die Daten aus Beispiel 3.53 rechnen wir nun $\hat{\alpha}$ und $\hat{\beta}$ aus. Es ist praktisch, das in einer Tabelle zu tun; vorher bestimmen wir noch $\bar{x} = 0{,}544$ und $\bar{y} = 66{,}746$.

$x_i - \bar{x}$	$-0{,}43$	$-0{,}31$	$-0{,}19$	$-0{,}15$	$-0{,}12$	$0{,}05$	$0{,}09$	$0{,}21$	$0{,}34$	$0{,}55$
$y_i - \bar{y}$	$-42{,}31$	$-43{,}57$	$-6{,}47$	$-22{,}23$	$-5{,}92$	$4{,}86$	$14{,}22$	$11{,}30$	$41{,}14$	$48{,}94$
$(x_i - \bar{x})(y_i - \bar{y})$	$18{,}19$	$13{,}51$	$1{,}23$	$3{,}33$	$0{,}71$	$0{,}24$	$1{,}28$	$2{,}37$	$13{,}99$	$26{,}92$
$(x_i - \bar{x})^2$	$0{,}18$	$0{,}10$	$0{,}04$	$0{,}02$	$0{,}01$	$0{,}00$	$0{,}01$	$0{,}04$	$0{,}12$	$0{,}30$

Wir summieren nun die Werte der letzten beiden Zeilen auf, um Zähler und Nenner von $\hat{\beta}$ zu erhalten:

$$\hat{\beta} = \frac{\sum_{i=1}^n (x_i - \bar{x})(y_i - \bar{y})}{\sum_{i=1}^n (x_i - \bar{x})^2} = \frac{81{,}77}{0{,}82} = 99{,}72$$

Wir erhalten

$$\hat{\alpha} = \bar{y} - \hat{\beta}\bar{x} = 66{,}746 - 99{,}72 \cdot 0{,}544 = 12{,}50$$

und schließlich die Gleichung der Regressionsgerade

$$y = 12{,}5 + 99{,}72x.$$

Die Regressionsgerade ist in Abb. 3.3 dargestellt.

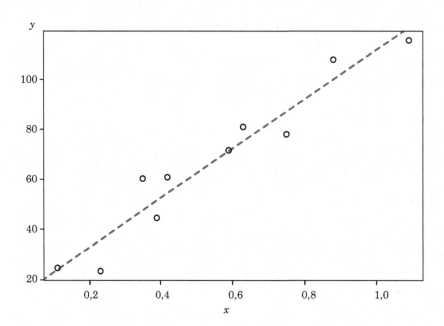

Abb. 3.3: Messwerte eines Zugversuchs, Spannung y (in N/mm^2) gegen Dehnung x (in %), mit Regressionsgerade. Wir schätzen den Elastizitätsmodul durch die Steigung der Regressionsgeraden durch die Punktewolke.

Aus den Messwerten können wir auch die Varianz unserer Messfehler ε_i schätzen:

Der ML-Schätzer für σ^2 ist

$$\hat{\sigma}^2_{\mathrm{ML}} = \frac{1}{n} \sum_{i=1}^n (y_i - \hat{\alpha} - \hat{\beta} x_i)^2.$$

Der ML-Schätzer $\hat{\sigma}^2_{\mathrm{ML}}$ ist nicht erwartungstreu. Den erwartungstreuen Schätzer $s^2_{y|x}$ erhält man, indem man n im Nenner durch $n-2$ ersetzt:

$$s^2_{y|x} = \frac{1}{n-2} \sum_{i=1}^n (y_i - \hat{\alpha} - \hat{\beta} x_i)^2$$

Beispiel 3.55. Wir setzen Beispiel 3.53 und 3.54 fort und berechnen die Schätzer $\hat{\sigma}^2_{\mathrm{ML}}$ und $s^2_{y|x}$ für die Varianz σ^2 der Fehler ε_i.

$y_i - \hat{\alpha} - \hat{\beta} x_i$	0,97	−12,26	12,88	−6,87	6,45	0,28	5,65	−9,24	7,64	−5,50
$(y_i - \hat{\alpha} - \hat{\beta} x_i)^2$	0,94	150,31	165,89	47,20	41,60	0,08	31,92	85,38	58,37	30,25

Wir summieren die zweite Zeile auf, teilen durch $n = 10$, beziehungsweise durch $n - 2 = 8$ und erhalten

$$\hat{\sigma}^2_{\text{ML}} = \frac{611{,}94}{10} = 61{,}19$$

$$s^2_{y|x} = \frac{611{,}94}{8} = 76{,}49.$$

Wir müssen im Hinterkopf behalten, dass die Regressionsgerade eine Schätzung des linearen Zusammenhangs ist (nebenbei ist nicht gesagt, dass überhaupt ein linearer Zusammenhang besteht): Die berechneten Werte $\hat{\alpha}$ und $\hat{\beta}$ hängen von den gemessenen Daten (x_i, y_i) ab und können daher schwanken. Wir geben nun ein Maß dafür an:

Satz 3.56. *Die ML-Schätzer $\hat{\alpha}$ und $\hat{\beta}$ für α und β sind normalverteilt und erwartungstreu mit Varianzen*

$$\text{Var}(\hat{\alpha}) = \sigma^2 \frac{\sum_{i=1}^n x_i^2}{n \sum_{i=1}^n (x_i - \bar{x})^2},$$

$$\text{Var}(\hat{\beta}) = \sigma^2 \frac{1}{\sum_{i=1}^n (x_i - \bar{x})^2}.$$

Für die Schätzungen der Fehlervarianz σ^2 gilt:

Satz 3.57. *Der Schätzer $s^2_{y|x}$ für die Fehlervarianz σ^2 ist erwartungstreu. Ferner hat der Ausdruck $(n-2)s^2_{Y|X}/\sigma^2$ eine χ^2_{n-2}-Verteilung.*

Beispiel 3.58. In Beispiel 3.53 und 3.54 haben wir $\hat{\alpha} = 12{,}50$ und $\hat{\beta} = 99{,}72$ geschätzt. Wir wollen nun die Varianz dieser beiden Schätzer angeben. Leider kennen wir σ^2 nicht, deshalb müssen wir stattdessen den Schätzwert $s^2_{y|x} = 76{,}49$ verwenden (die Varianz, die wir hier ausrechnen, ist somit genau genommen eine geschätzte Varianz, die wir zur Unterscheidung auch mit einem Dach versehen: $\widehat{\text{Var}}$).

x_i^2	0,01	0,05	0,12	0,15	0,18	0,35	0,40	0,56	0,77	1,19
$10(x_i - \bar{x})^2$	1,8	1,0	0,4	0,2	0,1	0	0,1	0,4	1,2	3,0

Wir summieren nun die beiden Zeilen auf und bestimmen so

$$\widehat{\text{Var}}(\hat{\alpha}) = 76{,}49 \frac{\sum_{i=1}^n x_i^2}{10 \sum_{i=1}^n (x_i - \bar{x})^2} = 76{,}49 \frac{3{,}78}{8{,}2} = 35{,}26,$$

$$\widehat{\text{Var}}(\hat{\beta}) = 76{,}49 \frac{1}{\sum_{i=1}^n (x_i - \bar{x})^2} = 76{,}49 \frac{1}{0{,}82} = 93{,}28.$$

3.3.2 Konfidenzintervalle für Regressionsparameter
Wie gut ist die Regressionsgerade?

Ist die Gerade, die wir eben mit der Kleinste-Quadrate-Methode gefunden haben, eigentlich gut (das heißt: Ist sie nah am tatsächlichen, unbekannten Zusammenhang zwischen x und y, oder ist es eine unsichere Schätzung, und Steigung und Achsenabschnitt könnten genau so gut auch anders aussehen)? Wir beantworten die Frage, indem wir Konfidenzintervalle für α, β und σ^2 angeben.

Wir betrachten also weiter die lineare Regression

$$Y_i = \alpha + \beta\, x_i + \varepsilon_i, \quad 1 \le i \le n,$$

mit $\mathcal{N}(0,\sigma^2)$-verteilten Fehlern ε_i, den ML-Schätzern $\hat{\alpha}$ und $\hat{\beta}$ für α und β und dem Schätzer $s^2_{y|x}$ für σ^2 wie eben angegeben.

Konfidenzintervall für α und β: In der Wahrscheinlichkeitstheorie kann man herleiten, dass

$$T = \frac{\hat{\alpha} - \alpha}{\sqrt{s^2_{y|x}}} \left(\frac{n \sum_{i=1}^n (x_i - \bar{x})^2}{\sum_{i=1}^n x_i^2} \right)^{1/2}$$

eine t_{n-2}-Verteilung hat. Also gilt mit einer Wahrscheinlichkeit von 95%

$$-t_{n-2;0,025} \le \frac{\hat{\alpha} - \alpha}{\sqrt{s^2_{y|x}}} \left(\frac{n \sum_{i=1}^n (x_i - \bar{x})^2}{\sum_{i=1}^n x_i^2} \right)^{1/2} \le t_{n-2;0,025},$$

wobei $t_{n-2;0,025}$ das 0,025-Quantil der t_{n-2}-Verteilung ist.

Durch Umformen erhalten wir ein 95%-*Konfidenzintervall für α* mit den Grenzen

$$\hat{\alpha} \pm t_{n-2;0,025} \sqrt{s^2_{y|x}} \left(\frac{\sum_{i=1}^n x_i^2}{n \sum_{i=1}^n (x_i - \bar{x})^2} \right)^{1/2}.$$

Mit ähnlichen Überlegungen erhalten wir das 95%-*Konfidenzintervall für β* mit den Grenzen

$$\hat{\beta} \pm t_{n-2;0,025} \sqrt{s^2_{y|x}} \left(\frac{1}{\sum_{i=1}^n (x_i - \bar{x})^2} \right)^{1/2}.$$

Beispiel 3.59. In Beispiel 3.53 und 3.54 haben wir $\hat{\alpha} = 12{,}50$ und $\hat{\beta} = 99{,}72$ geschätzt. Jetzt wollen wir Konfidenzintervalle für diese Parameter angeben. Schauen Sie genau hin und erkennen Sie, dass das 95%-Konfidenzintervall für α das gleiche ist wie

$$\hat{\alpha} \pm t_{n-2;0{,}025} \sqrt{\widehat{\mathrm{Var}}(\hat{\alpha})},$$

wobei $\widehat{\mathrm{Var}}(\hat{\alpha})$ bedeutet, dass man in der Formel für $\mathrm{Var}(\hat{\alpha})$ statt σ^2 den Schätzwert $s^2_{y|x}$ einsetzt (und ebenso bei $\hat{\beta}$). Genau das haben wir eben in Beispiel 3.58 gemacht und die Varianzen $\widehat{\mathrm{Var}}(\hat{\alpha}) = 35{,}26$ und $\widehat{\mathrm{Var}}(\hat{\beta}) = 93{,}28$ herausbekommen. Mit

$$t_{8;0{,}025} = 2{,}31$$

haben wir also für α den 95%-Konfidenzbereich

$$12{,}50 \pm 2{,}31 \sqrt{35{,}26} = 12{,}50 \pm 13{,}72$$
$$= [-1{,}22;\ 26{,}22]$$

und für β

$$99{,}72 \pm 2{,}31 \sqrt{93{,}28} = 99{,}72 \pm 22{,}31$$
$$= [77{,}41;\ 122{,}03].$$

Damit sind im 95%-Konfidenzbereich auch die Geraden in Abb. 3.4.

Konfidenzintervall für σ^2: In der Wahrscheinlichkeitstheorie kann man zeigen, dass $X = (n-2)s^2_{y|x}/\sigma^2$ eine χ^2_{n-2}-Verteilung hat; mit Wahrscheinlichkeit 95% gilt also

$$\chi^2_{n-2;0{,}975} \leq (n-2)\frac{s^2_{y|x}}{\sigma^2} \leq \chi^2_{n-2;0{,}025},$$

wobei $\chi^2_{n-2;\alpha}$ das α-Quantil der χ^2_{n-2}-Verteilung bezeichnet.

Durch Umformen erhalten wir ein 95%-*Konfidenzintervall für σ^2*:

$$\left[\frac{(n-2)s^2_{y|x}}{\chi^2_{n-2;0{,}025}},\ \frac{(n-2)s^2_{y|x}}{\chi^2_{n-2;0{,}975}}\right]$$

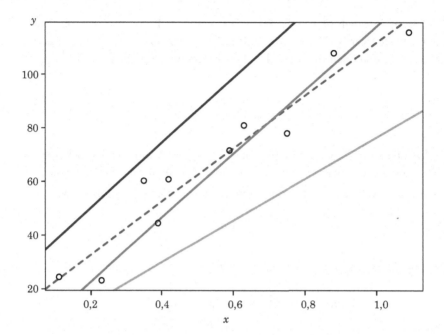

Abb. 3.4: Messwerte eines Zugversuchs, Spannung y (in $^{N}/mm^2$) gegen Dehnung x (in %), mit Regressionsgerade und Geraden aus dem Konfidenzbereich der Regressionsparameter.

Beispiel 3.60. In Beispiel 3.55 haben wir die Varianz σ^2 der Fehler ε_i durch $s^2_{y|x} = 76{,}49$ geschätzt. Das Konfidenzintervall für σ^2 ergibt sich mit $\chi^2_{8;0,025} = 17{,}53$ und $\chi^2_{8;0,975} = 2{,}18$ zu

$$\left[\frac{8 \cdot 76{,}49}{17{,}53} ; \ \frac{8 \cdot 76{,}49}{2{,}18} \right] = [34{,}91; \ 280{,}70] .$$

3.3.3 Test für Regressionskoeffizienten
Herausfinden, welcher lineare Zusammenhang zwischen zwei Größen besteht

Unter Umständen sind Sie gar nicht an Details interessiert, sondern wollen nur wissen, ob ein positiver linearer Zusammenhang zwischen den x_i und y_i besteht, ein negativer oder gar keiner – und die exakten Werte der Regressionsparameter sind Ihnen egal. In so einer Situation können Sie einen statistischen Test machen. Wir betrachten dazu nach wie vor das lineare Regressionsmodell

$$Y_i = \alpha + \beta x_i + \varepsilon_i, \quad 1 \le i \le n,$$

wobei $\varepsilon_i \sim \mathcal{N}(0, \sigma^2)$. Die unbekannten Parameter sind α, β und σ^2. Erinnern Sie sich an die Schätzer, die wir auf den vorangegangenen Seiten behandelt haben:

$$\hat{\beta} = \frac{\sum_{i=1}^{n}(x_i - \bar{x})(Y_i - \bar{Y})}{\sum_{i=1}^{n}(x_i - \bar{x})^2}$$

$$\hat{\alpha} = \bar{Y} - \hat{\beta}\bar{x}$$

$$s_{y|x}^2 = \frac{1}{n-2}\sum_{i=1}^{n}(y_i - \hat{\alpha} - \hat{\beta}x_i)^2$$

Test für den Regressionskoeffizienten β

Wir wollen die Hypothese testen, dass die Steigung der Regressionsgeraden den Wert β_0 hat:

$$H : \beta = \beta_0 \quad \text{gegen} \quad A : \beta \neq \beta_0$$

Als Teststatistik nehmen wir

$$T = \sqrt{\sum_{i=1}^{n}(x_i - \bar{x})^2} \frac{\hat{\beta} - \beta_0}{\sqrt{s_{y|x}^2}}.$$

Wenn A gilt, erwarten wir (im Fall $\beta < \beta_0$) negative oder (im Fall $\beta > \beta_0$) positive Werte von T; also verwerfen wir H sowohl für große als auch für kleine T-Werte. Wie immer brauchen wir noch kritische Werte, die uns angeben, wann genau wir T „groß" oder „klein" finden sollen, und nehmen dazu Quantile der Verteilung von T. Unter der Hypothese H gilt $T \sim t_{n-2}$.

Wir erhalten den *zweiseitigen Test für den Regressionskoeffizienten β*:

Verwirf H, falls $T \leq -t_{n-2;0,025}$ oder $T \geq t_{n-2;0,025}$.

Dabei bezeichnet $t_{n-2;0,025}$ das 0,025-Quantil der t_{n-2}-Verteilung.

Wenn wir einseitig testen wollen, das heißt

$$H : \beta \leq \beta_0 \quad \text{gegen} \quad A : \beta > \beta_0,$$

nehmen wir dieselbe Testgröße, verwerfen aber nur für große Werte von T.

Wir erhalten den *einseitigen Test für den Regressionskoeffizienten* β:

Verwirf H, falls $T \geq t_{n-2;0,05}$.

Beispiel 3.61. Obwohl wir schon wissen, dass die Regressionsgerade aus Beispiel 3.53 und 3.54 nicht die Steigung 0 hat, verifizieren wir das zusätzlich mit einem Test. Es ist

$$T = \sqrt{0{,}83} \frac{99{,}72}{\sqrt{76{,}49}} = 10{,}39,$$

und da $t_{8;0,025} = 2{,}31$, verwerfen wir H natürlich: Die Steigung der Regressionsgeraden ist mit 95%-iger Sicherheit nicht 0.

Test für den Regressionskoeffizienten α

Wenn wir die Hypothese testen wollen, dass der Achsenabschnitt der Regressionsgeraden einen bestimmten Wert α_0 hat, das heißt

$$H : \alpha = \alpha_0 \quad \text{gegen} \quad A : \alpha \neq \alpha_0,$$

nehmen wir die Teststatistik

$$T = \sqrt{\frac{n \sum_{i=1}^{n}(x_i - \bar{x})^2}{\sum_{i=1}^{n} x_i^2}} \frac{\hat{\alpha} - \alpha_0}{\sqrt{s_{y|x}^2}}.$$

Wenn H gilt, also $\alpha = \alpha_0$, dann wird auch $\hat{\alpha}$ nahe α_0 sein. Also verwerfen wir H sowohl für große als auch für kleine T-Werte. Unter der Hypothese H gilt $T \sim t_{n-2}$.

Wir erhalten also den *zweiseitigen Test für den Regressionskoeffizienten* α:

Verwirf H, falls $T \leq -t_{n-2;0,025}$ oder $T \geq t_{n-2;0,025}$.

Dabei bezeichnet $t_{n-2;0,025}$ das 0,025-Quantil der t_{n-2}-Verteilung.

Bei einem einseitigen Test

$$H : \alpha \leq \alpha_0 \quad \text{gegen} \quad A : \alpha > \alpha_0$$

nehmen wir dieselbe Testgröße, verwerfen aber nur für große Werte von T.

Wir erhalten den *einseitigen Test für den Regressionskoeffizienten* α:

$$\text{Verwirf } H, \text{ falls } T \geq t_{n-2;0,05}.$$

Zugversuche sind klassische Versuche in der Werkstoffprüfung, allerdings haben wir bei den obigen Beispielen die Notation anpassen müssen, um keine Verwirrung zu stiften: In den Ingenieurwissenschaften und der Physik wird die Dehnung oft mit σ und die Spannung oft mit ε bezeichnet; in der Mathematik sind diese beiden Buchstaben jedoch traditionell reserviert für die Standardabweichung und für Fehler.

Beachten Sie außerdem, dass wir mit gerundeten Werten gerechnet haben. Dadurch können hier und da kleine Abweichungen zu anderen Ergebnissen entstehen, die mit mehr oder weniger Nachkommastellen berechnet wurden.

Dass sich ein Stoff unter Belastung linear ausdehnt, sagt das sogenannte *Gesetz von Hooke*. Allerdings gilt es nur für kleine Spannungen und Dehnungen; das wissen Sie wahrscheinlich wesentlich besser als wir Mathematiker: Ab einem bestimmten Punkt ist die Kurve ‚Dehnung-Spannung' keine Gerade mehr, weil der Stoff unter dem Zug deformiert wird. Bei linearer Regression ist ganz prinzipiell Vorsicht geboten: Es kann sein, dass nur näherungsweise ein linearer Zusammenhang besteht. Prognosen, die auf linearer Regression aufbauen, müssen Sie skeptisch hinterfragen.

Natürlich kann man nicht nur Ausgleichsgeraden, sondern auch Ausgleichsparabeln und alle möglichen anderen Ausgleichsfunktionen bestimmen, die am besten unter allen Funktionen des gleichen Typs durch eine Punktewolke laufen. Das führt im Rahmen dieser Einführung aber zu weit.

Fazit

Oft geht man davon aus, dass zwischen zwei Größen x und y der Zusammenhang $y = \alpha + \beta x$ besteht, also y eine lineare Funktion von x ist, und man möchte diesen Zusammenhang, das heißt den Wert von α und β, anhand von erhobenen Messwerten $(x_1, y_1), \ldots, (x_n, y_n)$ schätzen. Die Messstellen $x_1, \ldots, x_n$ sind (nicht zufällige, sondern feste) Zahlen, und die Beobachtungen $y_1, \ldots, y_n$ interpretieren wir dazu als Realisierungen unabhängiger Zufallsvariablen $Y_i = \alpha + \beta x_i + \varepsilon_i$, $1 \leq i \leq n$. Die $\varepsilon_i \sim \mathcal{N}(0, \sigma^2)$ modellieren dabei die zufälligen Schwankungen, die den (theoretisch perfekt passenden) linearen Zusamenhang verrauschen. Wir haben Formeln angegeben, wie sich der Achsenabschnitt α, die Steigung β und die Varianz σ^2 der Messfehler schätzen lassen. Die Gerade $y = \hat{\alpha} + \hat{\beta}x$, die entsteht, wenn wir die Schätzer $\hat{\alpha}$ und $\hat{\beta}$ in die theoretische Geradengleichung einsetzen, heißt Regressionsgerade und läuft in gewisser Weise optimal durch die Punktewolke $(x_1, y_1), \ldots, (x_n, y_n)$: Die Summe der quadrierten Abstände in y-Richtung von der Geraden zu den Punkten ist minimal. Wir haben auch angegeben, wie die unbekannten Parameter α, β und σ^2 verteilt sind, und daraus Konfidenzbereiche für ihre Werte konstruiert.

3.4 Weitere Themen der Testtheorie
Mehrere Stichproben miteinander vergleichen

Wir widmen uns jetzt wieder statistischen Tests und lernen einige weitere Verfahren kennen. Wir wissen bereits, wie wir die Lage zweier Stichproben miteinander vergleichen: Bei normalverteilten Daten benutzen wir den Zwei-Stichproben-Gauß-Test oder den Zwei-Stichproben-t-Test (2.5.5), bei allgemeineren Verteilungen den Mann-Whitney-Wilcoxon-Test (2.7.3). Nun werden wir auch *mehrere Stichproben miteinander vergleichen*. Dazu kann man die altbekannten Zwei-Stichproben-Tests benutzen und die drei oder mehr Stichproben einfach paarweise miteinander vergleichen; wir werden erfahren, wie man die Tests für solche *multiplen Vergleiche* modifiziert. Es gibt auch Testverfahren, die direkt von mehreren Stichproben ausgehen: Mit der *einfaktoriellen ANOVA* finden wir Unterschiede in normalverteilten Daten, mit dem nicht-parametrischen *Kruskal-Wallis-Test* auch bei anderen Verteilungen. Beide Verfahren können nur entscheiden, ob es zwischen den Stichproben Unterschiede gibt – sie geben keine Auskunft darüber, *welche der verglichenen Stichproben sich unterscheiden*.

3.4.1 Multiple Vergleiche
Je mehr Tests, desto mehr Fehler

In Abschn. 2.5.5 haben wir Testverfahren kennengelernt, um zwei normalverteilte Stichproben miteinander zu vergleichen. Nun wollen wir mehrere Stichproben miteinander vergleichen. Wir betrachten also k unabhängige Stichproben

$$X_{11} \ldots X_{1n_1} \sim \mathcal{N}(\mu_1, \sigma^2)$$
$$X_{21} \ldots X_{2n_2} \sim \mathcal{N}(\mu_2, \sigma^2)$$
$$\vdots \qquad \vdots$$
$$X_{k1} \ldots X_{kn_k} \sim \mathcal{N}(\mu_k, \sigma^2)$$

und wollen die Hypothese testen, dass alle Erwartungswerte gleich sind, das heißt

$$H: \quad \mu_1 = \ldots = \mu_k,$$

gegen die Alternative, dass mindestens eine dieser Gleichungen nicht gilt. Eine naheliegende Idee ist es, dazu einfach alle Stichproben mit altbekannten Tests (wie etwa dem Zwei-Stichproben-t-Test) paarweise zu vergleichen. Bei solchen *multiplen Vergleichen* oder auch *multiplen Kontrasten* treten jedoch Schwierigkeiten auf. Wir werden jetzt sehen, welche das sind und wie man ihnen begegnet.

Paarweise Vergleiche

Der naheliegendste Ansatz, wenn man k Stichproben miteinander vergleichen will, ist der folgende:

Prüfe bei allen möglichen Pärchen an Gruppen mit einem geeigneten Zwei-Stichproben-Test (etwa dem t-Test, dem Mann-Whitney-Wilcoxon-Test, dem Kolmogorow-Smirnow-Test etc.), ob sie sich unterscheiden.

Bei k Gruppen können wir $\binom{k}{2} = k(k-1)/2$ Pärchen herausgreifen und gegeneinander testen, das heißt, wir haben $k(k-1)/2$ Tests durchzuführen. Bei der Frage, welche Erwartungswerte der k Gruppen sich unterscheiden, sind das etwa die Tests

$$H : \mu_i = \mu_j \quad \text{gegen} \quad A : \mu_i \neq \mu_j$$

für alle $k(k-1)/2$ Pärchen i, j.

Beispiel 3.62. Sie stellen Flachpressplatten in vier Werken her und wollen testen, ob die Biegefestigkeit der Platten identisch ist, unabhängig davon, an welchem der vier Standorte sie gefertigt wurden. Sie nehmen von jedem Standort Proben und prüfen die Biegefestigkeit (in flacher Ausrichtung). Sie erhalten folgende Werte (in $\mathrm{N/mm^2}$):

```
Standort 1:
23, 14, 22, 20, 28, 19, 21, 21, 15, 23, 20, 24, 17, 22

Standort 2:
35, 30, 23, 29, 33, 12, 26, 26, 37, 23

Standort 3:
21, 21, 15, 17, 22, 24, 17, 14, 22, 22, 14, 23

Standort 4:
19, 19, 18, 15, 21, 17, 17
```

Wir nehmen an, dass die Werte normalverteilt und unabhängig sind (Sie kennen ja schon Methoden, um diese Annahme zu überprüfen – machen Sie das doch mal!). Wir müssen nun also $k(k-1)/2 = 6$ Möglichkeiten überprüfen:

$$H_1 : \mu_1 = \mu_2 \quad \text{gegen} \quad A_1 : \mu_1 \neq \mu_2$$
$$H_2 : \mu_1 = \mu_3 \quad \text{gegen} \quad A_2 : \mu_1 \neq \mu_3$$
$$H_3 : \mu_1 = \mu_4 \quad \text{gegen} \quad A_3 : \mu_1 \neq \mu_4$$
$$H_4 : \mu_2 = \mu_3 \quad \text{gegen} \quad A_4 : \mu_2 \neq \mu_3$$
$$H_5 : \mu_2 = \mu_4 \quad \text{gegen} \quad A_5 : \mu_2 \neq \mu_4$$
$$H_6 : \mu_3 = \mu_4 \quad \text{gegen} \quad A_6 : \mu_3 \neq \mu_4$$

Sie wissen inzwischen, wie Sie einen t-Test durchführen, deshalb geben wir für diese sechs Tests bloß die p-Werte an:

p1=0,018,   p2=0,373,   p3=0,043,   p4=0,007,   p5=0,003,   p6=0,314

Das paarweise Vergleichen ergibt also, dass H_1, H_3, H_4 und H_5 jeweils auf einem Niveau von 5% verworfen werden. Wir können daraus schließen, dass sich μ_2 von jedem anderen μ_i, $i = 1,3,4$, unterscheidet sowie dass $\mu_1 \neq \mu_4$ ist. Die vier Datensätze sind in Abb. 3.5 dargestellt.

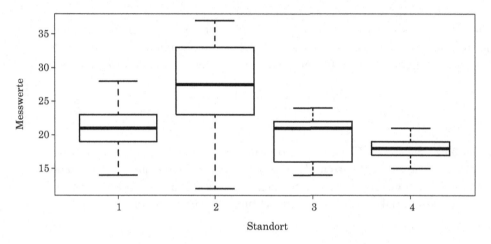

Abb. 3.5: Boxplot der vier Datensätze aus Beispiel 3.62

Beim Testen müssen wir den Fehler 1. Art begrenzen (die Wahrscheinlichkeit, dass wir eine Nullhypothese fälschlicherweise verwerfen), üblicherweise auf das Niveau 5%. Wie ist das bei Beispiel 3.62? Wir fragen uns, ob die Stichproben aus der gleichen Verteilung kommen, das heißt konkret (weil wir annehmen, dass sie alle normalverteilt sind und die gleiche Varianz besitzen), ob sie den gleichen Erwartungswert haben. Ein Fehler 1. Art wäre hier, dass die Stichproben tatsächlich aus der gleichen Verteilung kommen, aber (mindestens) einer der $m = 6$ Tests (fälschlicherweise) verwirft und einen Unterschied zwischen zwei Gruppen erkennt. Wir haben allerdings $m = 6$ einzelne Unter-Tests an unserer Stichprobe durchgeführt, die *jeweils* das Niveau 5% haben, also jeweils mit Wahrscheinlichkeit 5% fälschlicherweise verwerfen. Die Wahrscheinlichkeit für einen Fehler 1. Art in unserem Testproblem (das ist: dass mindestens einer der Tests fälschlicherweise verwirft) ist damit höher als 5%. Dieses Problem nennt man *Alpha-Fehler-Kumulierung* oder *Alpha-Fehler-Inflation*: Wenn wir sehr viele Hypothesen einzeln an einer Stichprobe testen, steigt die Wahrscheinlichkeit, dass eine davon fälschlicherweise angenommen wird. Damit der Fehler 1. Art (die Stichproben stammen aus der gleichen Verteilung, aber mindestens einer der m Tests verwirft) höchstens mit einer Wahrscheinlichkeit von 5% eintritt, müssen wir die Niveaus der Unter-Tests senken.

Verfahren von Bonferroni. Wenn wir insgesamt m Tests mit denselben Daten durchführen und für diesen mehrfachen Test das Gesamtniveau α_{global} vorgesehen haben, benutzen wir für jeden Einzeltest das lokale Niveau

$$\alpha_{\text{lokal}} = \frac{\alpha_{\text{global}}}{m},$$

das heißt, das globale Niveau wird zu gleichen Teilen auf die Einzeltests aufgeteilt.

Mit der Regel von Bonferroni haben wir folgendes erreicht:

$$P\,(\text{Fehler 1. Art}) = P\,(\text{mind. 1 Unter-Test verwirft fälschlicherweise})$$

$$= P\left(\bigcup_{j=1}^{m} \text{Unter-Test } j \text{ verwirft fälschlicherweise}\right)$$

$$\leq \sum_{j=1}^{m} P\,(\text{Unter-Test } j \text{ verwirft fälschlicherweise})$$

$$= \sum_{j=1}^{m} \frac{\alpha_{\text{global}}}{m} = \alpha_{\text{global}}$$

Das heißt, wir halten das globale Niveau α_{global} ein.

Beispiel 3.63. In Beispiel 3.62 haben wir die sechs Unter-Hypothesen jeweils mit einem t-Test überprüft und dabei die p-Werte

p1=0,018,   p2=0,373,   p3=0,043,   p4=0,007,   p5=0,003,   p6=0,314

erhalten, also haben wir die Hypothesen H_1, H_3, H_4 und H_5 jeweils auf Niveau 5% verworfen. Nach der Regel von Bonferroni sollten wir jeden Test jedoch auf dem lokalen Niveau $5\%/6 = 0{,}83\%$ durchführen, entsprechend verwerfen wir dann nur noch H_4 und H_5.

Allerdings hat das Bonferroni-Verfahren einen Nachteil: Je größer die Anzahl m der Tests ist, desto kleiner werden die lokalen Niveaus α_{global}/m, und das gerade bedeutet, dass jeder einzelne Unter-Test zunehmend seltener (beziehungsweise nur bei zunehmend krasseren Unterschieden) verwirft. Zum einen halten wir fest:

Es ist ungeschickt, viele Hypothesen gleichzeitig zu testen, wenn es nicht nötig ist. Beim multiplen Testen sollte man sich auf möglichst wenige Hypothesen beschränken, das heißt sich die Frage, an der man interessiert ist, genau überlegen.

Zum anderen können wir das Bonferroni-Verfahren auch etwas verfeinern.

Verfahren von Bonferroni-Holm. Wenn wir bei m multiplen Tests eine der m Nullhypothesen nach der Regel von Bonferroni auf dem lokalen Niveau α_{global}/m verworfen haben, dürfen wir diesen einen Test aus der Liste streichen und die Regel von Bonferroni auf die verbleibenden $m-1$ Unter-Tests erneut anwenden, das heißt die verbleibenden $m-1$ Unter-Hypothesen auf dem etwas größeren lokalen Niveau $\alpha_{\text{global}}/(m-1)$ testen.

Beispiel 3.64. Wir überprüfen die sechs Unter-Hypothesen aus Beispiel 3.62 noch einmal mit einem t-Test. Mit p-Werten ist das Verfahren von Bonferroni-Holm besonders einfach: Wir haben die (nach der Größe sortierten) p-Werte

p5=0,003,   p4=0,007,   p1=0,018,   p3=0,043,   p6=0,314,   p2=0,373

und überprüfen zuerst H_5 auf Niveau $5\%/6 = 0{,}83\%$. Wegen p5=0,003 verwerfen wir H_5. Jetzt testen wir H_4 auf Niveau $5\%/5 = 1\%$, und wegen p4=0,007 verwerfen wir auch hier. Wir testen H_1 auf Niveau $5\%/4 = 1{,}25\%$, und wegen p1=0,018 behalten wir H_1 bei. Damit endet die Reihe sukzessiver Niveauanpassungen. In diesem Fall liefert das Verfahren von Bonferroni-Holm die gleichen Resultate wie das Verfahren von Bonferroni alleine.

3.4.2 Einfaktorielle ANOVA
Unterscheiden sich mehrere (normalverteilte) Datensätze in der Lage?

Im vorherigen Abschn. 3.4.1 waren wir mit dem Problem konfrontiert, k Stichproben miteinander zu vergleichen:

$$X_{11} \ldots X_{1n_1} \sim \mathcal{N}(\mu_1, \sigma^2)$$
$$X_{21} \ldots X_{2n_2} \sim \mathcal{N}(\mu_2, \sigma^2)$$
$$\vdots \qquad \vdots$$
$$X_{k1} \ldots X_{kn_k} \sim \mathcal{N}(\mu_k, \sigma^2)$$

Wir wollten die Hypothese testen, dass alle Erwartungswerte gleich sind, das heißt

$$H : \mu_1 = \ldots = \mu_k,$$

gegen die Alternative, dass mindestens eine dieser Gleichungen nicht gilt. Wir haben dazu alle Stichproben paarweise miteinander verglichen. Diese Herangehensweise hatte allerdings einige Nachteile, und obwohl wir sie zu beheben versucht haben, indem wir beispielsweise das lokale Niveau der einzelnen paarweisen Tests nach der Regel von Bonferroni gesenkt haben, bleibt vielleicht auch bei Ihnen ein ungutes Gefühl zurück: Paarweise Tests testen halt jeweils nur ein Paar von Stichproben –

und ignorieren, dass wir es mit k Stichproben insgesamt zu tun haben. Wir lernen nun ein bedeutendes Verfahren kennen, das nicht solche Scheuklappen besitzt, sondern das mehrere Stichproben gleichzeitig miteinbezieht: die *einfaktorielle ANOVA (analysis of variance, Varianzanalyse)*.

Wir definieren dazu einige Hilfsgrößen.

$$X_{i\cdot} = \frac{1}{n_i}\sum_{j=1}^{n_i} X_{ij}$$

ist der Mittelwert der i-ten Datengruppe,

$$X_{\cdot\cdot} = \frac{1}{n_1 + \ldots + n_k}\sum_{i=1}^{k}\sum_{j=1}^{n_i} X_{ij}$$

ist der Mittelwert aller Daten.

Als Teststatistik verwendet man für die *einfaktorielle ANOVA*

$$F = \frac{\sum_{i=1}^{k} n_i(X_{i\cdot} - X_{\cdot\cdot})^2/(k-1)}{\sum_{i=1}^{k}\sum_{j=1}^{n_i}(X_{ij} - X_{i\cdot})^2/(n-k)},$$

wobei

$$n = n_1 + \ldots + n_k$$

die Anzahl aller Daten ist. Diese Teststatistik hat unter der Nullhypothese H eine $F_{k-1,n-k}$-Verteilung, wir verwerfen also falls

$$F \geq F_{k-1,n-k;0,05}.$$

Dabei bezeichnet $F_{k-1,n-k;0,05}$ das 5%-Quantil der F-Verteilung mit $(k-1,n-1)$ Freiheitsgraden.

Wenn die Nullhypothese verworfen wird, bedeutet das, dass die Gruppen wohl nicht alle den gleichen Erwartungswert haben. (Aber welche Gruppen sich nun unterscheiden, verrät die einfaktorielle ANOVA nicht.)

Beispiel 3.65. Wir bleiben bei der Situation von Beispiel 3.62 und untersuchen nun einige Standorte im Ausland, an denen Sie ebenfalls Flachpressplatten herstellen. Hier ermitteln Sie folgende Biegefestigkeiten (in $\mathrm{N/mm^2}$):

```
Werk 1:
21, 25, 12, 22, 22, 18, 17, 21, 17, 22, 21

Werk 2:
25, 22, 25, 26, 18, 24, 21, 25, 18, 18, 21, 27, 19, 20, 25, 29

Werk 3:
28, 19, 20, 18, 20, 19, 16
```

Wir nehmen an, dass die Werte normalverteilt und unabhängig sind. Wir haben hier also $k = 3$ unabhängige, normalverteilte Stichproben und testen mit der einfaktoriellen ANOVA, ob sie alle den gleichen Erwartungswert haben, oder nicht. Dazu bestimmen wir die Mittelwerte der drei einzelnen Stichproben und das Gesamtmittel:

$$X_{1.} = 19{,}818, \quad X_{2.} = 22{,}688, \quad X_{3.} = 20, \quad X_{..} = 21{,}206$$

Dabei sind die Stichprobengrößen

$$n_1 = 11, \quad n_2 = 16, \quad n_3 = 7, \quad n = 34.$$

Die Stichprobenvarianzen $v_i = \frac{1}{n_i - 1} \sum_{j=1}^{n_i} (X_{ij} - X_{i.})^2$ sind

$$v_1 = 12{,}564, \quad v_2 = 12{,}363, \quad v_3 = 14{,}333,$$

und es gilt $\sum_{j=1}^{n_i} (X_{ij} - X_{i.})^2 = (n_i - 1)v_i$, sodass wir als Testgröße erhalten:

$$
\begin{aligned}
F &= \frac{\sum_{i=1}^{k} n_i (X_{i.} - X_{..})^2 / (k-1)}{\sum_{i=1}^{k} \sum_{j=1}^{n_i} (X_{ij} - X_{i.})^2 / (n-k)} \\
&= \frac{(21{,}183 + 35{,}123 + 10{,}179)/2}{(125{,}636 + 185{,}438 + 86)/31} \\
&= 2{,}595
\end{aligned}
$$

Wir verwerfen die Hypothese, dass alle Erwartungswerte identisch sind, falls

$$F \geq F_{2,31;0{,}05} = 3{,}30.$$

Da $2{,}595 < 3{,}30$ (und der p-Wert p=0,091 ist), verwerfen wir die Hypothese nicht und gehen weiter davon aus, dass die Biegefestigkeit der Platten an allen drei Standorten gleich groß ist.

Beispiel 3.66. Nun nehmen wir uns die Daten aus Beispiel 3.62 vor. Wir haben hier $k = 4$ unabhängige, normalverteilte Stichproben und testen mit der einfaktoriellen

ANOVA, ob sie alle den gleichen Erwartungswert haben, oder nicht. Wir haben die Stichprobengrößen $n_1 = 14$, $n_2 = 10$, $n_3 = 12$, $n_4 = 7$ und damit insgesamt $n = 43$ Daten. Die Teststatistik hat bei diesen Daten den Wert

$$F = \frac{500{,}184/3}{814{,}281/39} = 7{,}985,$$

und der kritische Wert ist das Quantil $F_{3,39;0,05} = 2{,}85$. Der p-Wert ist p=0,0003. Also verwerfen wir die Hypothese: Der Test entscheidet, dass sich die vier Stichproben in der Lage unterscheiden.

Die Teststatistik F der einfaktoriellen ANOVA sieht auf den ersten Blick wild aus, man kann sie aber anschaulich interpretieren. Erinnern Sie sich daran, dass die Stichprobenvarianz von n Zufallsvariablen $Y_1, \ldots, Y_n$ als $\frac{1}{n-1} \sum_{i=1}^{n} (Y_i - \bar{Y})^2$ definiert ist. Diese Struktur erkennen wir in der F-Formel wieder.

Der Term

$$\sum_{i=1}^{k} n_i (X_{i\cdot} - X_{\cdot\cdot})^2$$

ist die *Streuung zwischen den Gruppen (Between Groups Sum of Squares)*. Hier haben wir k Zufallsvariablen, nämlich die Mittelwerte $X_{i\cdot}$ der $i = 1, \ldots, k$ Gruppen. Wir wollen, dass große Gruppen stärker eingehen, deshalb gewichten wir jeden Summanden mit der Gruppengröße n_i. Der Term

$$\sum_{i=1}^{k} \sum_{j=1}^{n_i} (X_{ij} - X_{i\cdot})^2$$

ist die *Streuung innerhalb der Gruppen (Within Groups Sum of Squares)*. Hier berechnen wir für jede der k Gruppen die Streuung und addieren sie auf.

Bemerkenswerterweise kann man nun die *Gesamtstreuung aller n Daten (Total Sum of Squares)*

$$\sum_{i=1}^{k} \sum_{j=1}^{n_i} (X_{ij} - X_{\cdot\cdot})^2$$

durch die Streuung zwischen den Gruppen und die Streuung innerhalb der Gruppen darstellen:

$$\sum_{i=1}^{k} \sum_{j=1}^{n_i} (X_{ij} - X_{\cdot\cdot})^2 = \sum_{i=1}^{k} n_i (X_{i\cdot} - X_{\cdot\cdot})^2 + \sum_{i=1}^{k} \sum_{j=1}^{n_i} (X_{ij} - X_{i\cdot})^2$$

Diese Zerlegung nennt man eine *Streuungszerlegung (Analysis of Variance, ANOVA)*. In der obigen F-Statistik wird die Streuung zwischen den Gruppen mit der Streuung innerhalb der Gruppen verglichen. Wenn die Streuung zwischen den Gruppen (im Zähler) größer ist als die Streuung innerhalb der Gruppen (im Nenner), das heißt, wenn die Daten in jeder Gruppe nicht so stark um den Gruppen-Mittelwert streuen, aber diese Gruppen-Mittelwerte stark um das Gesamt-Mittel, dann deutet das darauf hin, dass die Gruppen eher nicht alle den gleichen Erwartungswert haben.

3.4.3 Kruskal-Wallis-Test
Unterscheiden sich mehrere (nicht normalverteilte) Datensätze in der Lage?

Nun lernen wir ein nicht-parametrisches Analogon zur einfaktoriellen ANOVA aus Abschn. 3.4.2 kennen. Wir wollen testen, ob verschiedene Gruppen von Daten der gleichen Verteilung entstammen, allerdings setzen wir nun nicht mehr voraus, dass die Daten normalverteilt sind. Wir nehmen allerdings an, dass die Verteilung der Daten in jeder Gruppe die gleiche Form hat (also nicht bei einer der Gruppen linksschief ist oder eine andere Varianz hat). Wir betrachten also k unabhängige Stichproben

$$X_{11} \ldots X_{1n_1} \sim F_1$$
$$X_{21} \ldots X_{2n_2} \sim F_2$$
$$\vdots \qquad \vdots$$
$$X_{k1} \ldots X_{kn_k} \sim F_k,$$

wobei alle Verteilungen F_i vom gleichen Typ sind, und wollen testen, ob alle Verteilungen identisch sind, oder nicht, das heißt

$$H: F_1 = F_2 = \ldots = F_k \quad \text{gegen} \quad A: F_i \neq F_j \text{ für mindestens ein Pärchen } i \neq j.$$

Der Kruskal-Wallis-Test entscheidet diese Testfrage, indem er die Ränge der Daten in den Gruppen vergleicht: Wir ordnen alle Daten aus allen Gruppen (es sind $N = n_1 + n_2 + \ldots + n_k$ Stück) der Größe nach und weisen ihnen Ränge zu, siehe Definition 2.1; erst einmal gehen wir davon aus, dass dabei keine Bindungen auftreten. r_{ij} bezeichne den Rang der j-ten Beobachtung in Gruppe i, dann ist der Mittelwert der Ränge in Gruppe i

$$\bar{r}_{i\cdot} = \frac{1}{n_i} \sum_{j=1}^{n_i} r_{ij}.$$

Die Kruskal-Wallis-Teststatistik ist nun

$$K = \frac{12}{N(N+1)} \sum_{i=1}^{k} n_i \bar{r}_{i\cdot}^2 - 3(N+1).$$

Liegen gleichgroße Beobachtungen (Bindungen) vor, so ordnen wir ihnen jeweils den Mittelwert der Rangplätze zu, die sie belegen. Es sei b_i die Anzahl der Werte mit gleichem Rang in der Bindungsgruppe i, $i = 1, \ldots, B$, und B die Anzahl der Gruppierungen. In diesem Fall wird K skaliert und die Teststatistik

$$K_{\text{bind}} = \left(1 - \frac{\sum_{i=1}^{B}(b_i^3 - b_i)}{N^3 - N}\right)^{-1} K$$

benutzt. Wenn die Nullhypothese gilt, ist K beziehungsweise K_{bind} annähernd χ^2-verteilt mit $k-1$ Freiheitsgraden (k ist die Anzahl der verschiedenen Stichproben).

Der *Kruskal-Wallis-Test* lautet also:

Verwirf H, falls $K \geq \chi^2_{k-1,\alpha}$,

wobei $\chi^2_{k-1,\alpha}$ das α-Quantil der χ^2-Verteilung mit $k-1$ Freiheitsgraden ist (bei Bindungen: K_{bind} statt K).

Wenn der Test die Nullhypothese verwirft, bedeutet das, dass die Gruppen wohl nicht alle aus der gleichen Verteilung stammen. Aber darüber, welche Gruppen sich wie unterscheiden, macht der Kruskal-Wallis-Test keine Aussage.

K ist nur für große Stichproben χ^2-verteilt. Als Faustregel kann man sagen, die k Gruppen sollten mehr als sechs Beobachtungen beinhalten.

Wenn die Daten normalverteilt sind, ist die einfaktorielle ANOVA dem Kruskal-Wallis-Test vorzuziehen, da sie Unterschiede zwischen den Stichproben besser erkennt. (Allgemein erkauft man sich die Flexibilität eines nicht-parametrischen Tests, der keine großen Annahmen an die Daten macht, oft mit einer geringeren Power: Die nicht-parametrischen Tests erkennen in einer Situation, in der man auch den parametrischen Test anwenden könnte, vergleichsweise seltener, wenn die Alternative vorliegt).

Beispiel 3.67. Sie stellen Hochdruckrohre her, die einen Innendurchmesser von 0,8 mm haben, einen Druck von 1.200 bar aushalten und als Verrohrung bei Robotern zum Einsatz kommen sollen. Sie produzieren die Rohre an vier Standorten und wollen wissen, ob die Rohre an allen vier Standorten die gleiche Qualität aufweisen. Sie vermessen dazu den Innendurchmesser (in Mikrometern) von verschiedenen Rohren an den jeweiligen Produktionsorten:

```
Standort 1:
810, 804, 807, 818, 891, 811, 824

Standort 2:
835, 815, 803, 865, 1029, 841, 1008, 866, 825, 823

Standort 3:
953, 902, 871, 888, 892, 857, 968, 883, 848

Standort 4:
873, 802, 943, 886, 806, 809, 838, 843, 921, 826, 903, 800
```

Wir haben $N = 7 + 10 + 9 + 12 = 38$ Daten und ordnen ihnen nun ihre Ränge zu.

Messwert $x_{(i)}$	800	802	803	804	806	807	809	810
Standort	4	4	2	1	4	1	4	1
Rang i	1	2	3	4	5	6	7	8

Messwert $x_{(i)}$	811	815	818	823	824	825	826	835
Standort	1	2	1	2	1	2	4	2
Rang i	9	10	11	12	13	14	15	16

Messwert $x_{(i)}$	838	841	843	848	857	865	866	871
Standort	4	2	4	3	3	2	2	3
Rang i	17	18	19	20	21	22	23	24

Messwert $x_{(i)}$	873	883	886	888	891	892	902	903
Standort	4	3	4	3	1	3	3	4
Rang i	25	26	27	28	29	30	31	32

Messwert $x_{(i)}$	921	943	953	968	1008	1029
Standort	4	4	3	3	2	2
Rang i	33	34	35	36	37	38

Wir berechnen die Mittelwerte der Ränge für die $k = 4$ Standorte:

$$\bar{r}_{1.} = 11{,}429, \quad \bar{r}_{2.} = 19{,}300, \quad \bar{r}_{3.} = 27{,}889, \quad \bar{r}_{4.} = 18{,}083$$

Damit lautet die Kruskal-Wallis-Teststatistik

$$K = \frac{12}{38 \cdot 39} \left(7\bar{r}_{1.}^2 + 10\bar{r}_{2.}^2 + 9\bar{r}_{3.}^2 + 12\bar{r}_{4.}^2 \right) - 3 \cdot 39 = 9{,}019,$$

und der kritische Wert ist das Quantil $\chi^2_{3;0,05} = 7{,}81$, und damit erkennt der Krus-kal-Wallis-Test einen Unterschied in den vier Stichproben. Eine ANOVA kommt übrigens zu einem anderen Schluss: Sie behält die Hypothese, dass alle Daten die gleiche Lage haben, bei (rechnen Sie das nach!). Allerdings dürfen wir sie nicht anwenden (begründen Sie, warum nicht, und prüfen Sie es an den Daten nach!).

Beispiel 3.68. Nehmen Sie an, in Beispiel 3.67 haben Sie an Standort 4 die folgenden Innendurchmesser gemessen:

```
Standort 4:
873, 806, 943, 886, 806, 809, 838, 873, 921, 826, 873, 800
```

Wir haben nun immer noch $N = 38$ Daten, allerdings treten jetzt Bindungen auf, denn der Messwert 873 tritt dreifach, der Messwert 806 doppelt auf. Wir haben also $b_1 = 3$, $b_2 = 2$ und $B = 2$. Der korrigierende Vorfaktor lautet damit

$$\left(1 - \frac{(b_1^3 - b_1) + (b_2^3 - b_2)}{N^3 - N}\right)^{-1} = 1{,}000547.$$

da sich die Daten geändert haben, haben sich womöglich auch die Ränge geändert, deshalb müssen wir K neu ausrechnen. Wir haben mit den neuen Daten $\bar{r}_1. = 11{,}429$, $\bar{r}_2. = 19{,}000$, $\bar{r}_3. = 28{,}000$, $\bar{r}_4. = 18{,}250$ und somit $K = 9{,}1298$. Die Testgröße ist also $K_{\text{bind}} = 1{,}000547 \cdot 9{,}1298 = 9{,}135$, und wir verwerfen auch in diesem Fall.

Mit der einfaktoriellen ANOVA (Abschn. 3.4.2) und dem Kruskal-Wallis-Test (Abschn. 3.4.3) können wir testen, ob es zwischen mehreren Gruppen von Daten Unterschiede gibt. Wenn die Testverfahren zu dem Schluss kommen, dass dies der Fall ist (indem sie die Hypothese verwerfen), stellen wir uns natürlich die Frage: Welche Gruppen unterscheiden sich denn? Wenn wir k Datengruppen haben, kann sich (im schlimmsten Fall) jede einzelne Gruppe von jeder anderen unterscheiden, das sind $\binom{k}{2} = k(k-1)/2$ mögliche Unterschiede. Verfahren, die herausfinden, welche von mehreren Datengruppen sich unterscheiden, heißen *Post-hoc-Tests*. Im Rahmen dieser Einführung gehen wir allerdings nicht weiter auf sie ein.

Was ist nun der Vorteil einer ANOVA? Mit paarweisem Testen kann man schließlich ebenfalls herausfinden, ob es Unterschiede zwischen Gruppen gibt, und zusätzlich sogar auch noch, welche Pärchen sich unterscheiden.

Erstens haben wir gesehen, dass wir beim paarweisen Testen das Niveau der einzelnen Tests senken müssen. Weil das Senken des Niveaus auch beeinflusst, wie gut ein Test eine vorliegende Alternative tatsächlich erkennt, möchte man es jedoch in Grenzen halten. Hier hilft es, zuerst eine ANOVA durchzuführen: Verwirft diese die Hypothese, dass alle Gruppen die gleiche Lage haben, so kann man diesen Fall schon einmal ausschließen (im Rahmen der Sicherheit von beispielsweise 95%). Testet man anschließend die Gruppen paarweise gegeneinander, muss man das Niveau dieser Untertests nicht ganz so stark senken, wie man es müsste, wenn man die Vorinformation durch die ANOVA nicht hätte (die Information, dass nicht alle Gruppen die gleiche Lage haben). Wie stark man in solchen Fällen die Niveaus adjustieren muss, lässt sich mit kombinatorischen Überlegungen ermitteln. Aber das führt an dieser Stelle zu weit.

Zweitens kann es passieren, dass man beim paarweisen Vergleichen keine Unterschiede entdeckt, weil man nur mit einer kleinen Datenmenge arbeitet. Eine ANOVA nutzt hingegen alle Daten und stellt vielleicht (im Rahmen des Irrtumsniveaus) fest, dass es irgendwo einen Unterschied gibt, auch wenn die paarweisen Tests keinen finden und man also nicht weiß, wo genau dieser Unterschied liegt.

Außerdem will man manchmal auch nur wissen, ob irgendwo etwas anders ist, und wo genau, ist einem egal.

Fazit

Wir haben mit der einfaktoriellen ANOVA ein Verfahren kennengelernt, um Unterschiede in der Lage nicht bloß zweier, sondern mehrerer normalverteilter Stichproben zu finden. Die einfaktorielle ANOVA vergleicht dazu die Streuung innerhalb der Stichproben mit der Streuung zwischen ihnen.

Wenn wir davon ausgehen müssen, dass die Daten nicht normalverteilt sind, können wir den Kruskal-Wallis-Test benutzen; er ist ein nicht-parametrisches Verfahren und basiert auf den Rängen der Beobachtungen.

ANOVA und Kruskal-Wallis-Test liefern bloß Informationen darüber, ob sich die Gruppen unterscheiden – nicht aber darüber, welche. Um das herauszufinden, können wir einfach alle möglichen Pärchen von Gruppen gegeneinander testen; dabei müssen wir jedoch eine Alpha-Fehler-Kumulierung vermeiden: Damit unser Test noch das festgelegte Niveau von 5% hat, müssen wir die Niveaus der Unter-Tests, die wir machen, senken – zum Beispiel entweder alle gleichzeitig (Verfahren von Bonferroni) oder schrittweise (Verfahren von Bonferroni-Holm). Solche Korrekturen sind immer angebracht, wenn man mit mehreren Tests an einem Datensatz eine Testfrage beantworten will.

Eine Übersicht über viele der in diesem Buch behandelten Testverfahren und die Situationen, in denen man sie anwendet, gibt der *Test-Wegweiser* in Anhang A.

A Test-Wegweiser

Daten aus *diskreter Verteilung*

Verteilung	Frage	Testverfahren

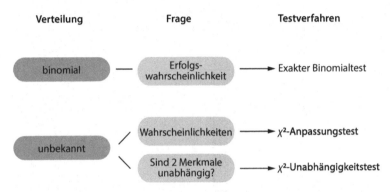

Daten aus *stetiger Verteilung*

Verteilung	Frage	Testverfahren

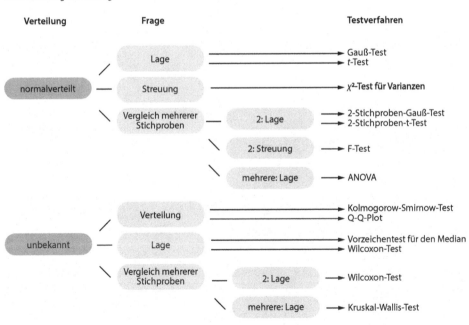

A. Rooch, *Statistik für Ingenieure*, DOI 10.1007/978-3-642-54857-4,
© Springer-Verlag Berlin Heidelberg 2014

B Tabellen

B.1 Verteilungsfunktion $\Phi(x)$ der Standardnormalverteilung

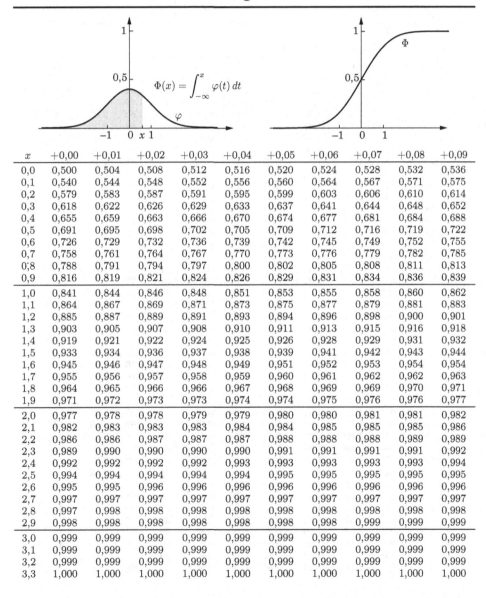

$$\Phi(x) = \int_{-\infty}^{x} \varphi(t)\, dt$$

x	+0,00	+0,01	+0,02	+0,03	+0,04	+0,05	+0,06	+0,07	+0,08	+0,09
0,0	0,500	0,504	0,508	0,512	0,516	0,520	0,524	0,528	0,532	0,536
0,1	0,540	0,544	0,548	0,552	0,556	0,560	0,564	0,567	0,571	0,575
0,2	0,579	0,583	0,587	0,591	0,595	0,599	0,603	0,606	0,610	0,614
0,3	0,618	0,622	0,626	0,629	0,633	0,637	0,641	0,644	0,648	0,652
0,4	0,655	0,659	0,663	0,666	0,670	0,674	0,677	0,681	0,684	0,688
0,5	0,691	0,695	0,698	0,702	0,705	0,709	0,712	0,716	0,719	0,722
0,6	0,726	0,729	0,732	0,736	0,739	0,742	0,745	0,749	0,752	0,755
0,7	0,758	0,761	0,764	0,767	0,770	0,773	0,776	0,779	0,782	0,785
0,8	0,788	0,791	0,794	0,797	0,800	0,802	0,805	0,808	0,811	0,813
0,9	0,816	0,819	0,821	0,824	0,826	0,829	0,831	0,834	0,836	0,839
1,0	0,841	0,844	0,846	0,848	0,851	0,853	0,855	0,858	0,860	0,862
1,1	0,864	0,867	0,869	0,871	0,873	0,875	0,877	0,879	0,881	0,883
1,2	0,885	0,887	0,889	0,891	0,893	0,894	0,896	0,898	0,900	0,901
1,3	0,903	0,905	0,907	0,908	0,910	0,911	0,913	0,915	0,916	0,918
1,4	0,919	0,921	0,922	0,924	0,925	0,926	0,928	0,929	0,931	0,932
1,5	0,933	0,934	0,936	0,937	0,938	0,939	0,941	0,942	0,943	0,944
1,6	0,945	0,946	0,947	0,948	0,949	0,951	0,952	0,953	0,954	0,954
1,7	0,955	0,956	0,957	0,958	0,959	0,960	0,961	0,962	0,962	0,963
1,8	0,964	0,965	0,966	0,966	0,967	0,968	0,969	0,969	0,970	0,971
1,9	0,971	0,972	0,973	0,973	0,974	0,974	0,975	0,976	0,976	0,977
2,0	0,977	0,978	0,978	0,979	0,979	0,980	0,980	0,981	0,981	0,982
2,1	0,982	0,983	0,983	0,983	0,984	0,984	0,985	0,985	0,985	0,986
2,2	0,986	0,986	0,987	0,987	0,987	0,988	0,988	0,988	0,989	0,989
2,3	0,989	0,990	0,990	0,990	0,990	0,991	0,991	0,991	0,991	0,992
2,4	0,992	0,992	0,992	0,992	0,993	0,993	0,993	0,993	0,993	0,994
2,5	0,994	0,994	0,994	0,994	0,994	0,995	0,995	0,995	0,995	0,995
2,6	0,995	0,995	0,996	0,996	0,996	0,996	0,996	0,996	0,996	0,996
2,7	0,997	0,997	0,997	0,997	0,997	0,997	0,997	0,997	0,997	0,997
2,8	0,997	0,998	0,998	0,998	0,998	0,998	0,998	0,998	0,998	0,998
2,9	0,998	0,998	0,998	0,998	0,998	0,998	0,998	0,999	0,999	0,999
3,0	0,999	0,999	0,999	0,999	0,999	0,999	0,999	0,999	0,999	0,999
3,1	0,999	0,999	0,999	0,999	0,999	0,999	0,999	0,999	0,999	0,999
3,2	0,999	0,999	0,999	0,999	0,999	0,999	0,999	0,999	0,999	0,999
3,3	1,000	1,000	1,000	1,000	1,000	1,000	1,000	1,000	1,000	1,000

B.2 Quantile der Standardnormalverteilung und t-Verteilung

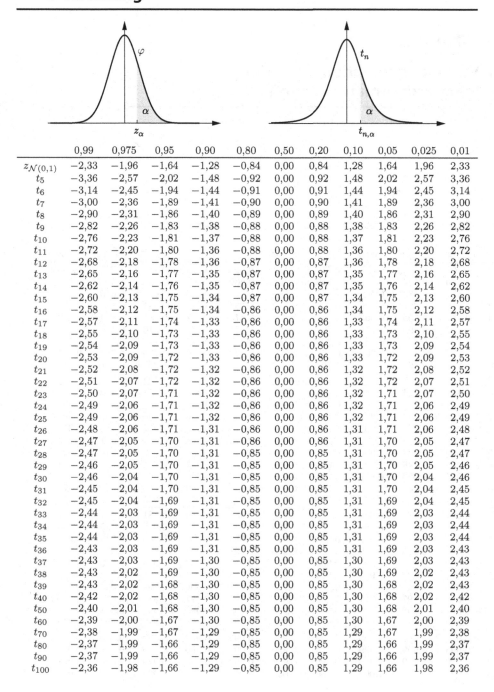

	0,99	0,975	0,95	0,90	0,80	0,50	0,20	0,10	0,05	0,025	0,01
$z_{\mathcal{N}(0,1)}$	−2,33	−1,96	−1,64	−1,28	−0,84	0,00	0,84	1,28	1,64	1,96	2,33
t_5	−3,36	−2,57	−2,02	−1,48	−0,92	0,00	0,92	1,48	2,02	2,57	3,36
t_6	−3,14	−2,45	−1,94	−1,44	−0,91	0,00	0,91	1,44	1,94	2,45	3,14
t_7	−3,00	−2,36	−1,89	−1,41	−0,90	0,00	0,90	1,41	1,89	2,36	3,00
t_8	−2,90	−2,31	−1,86	−1,40	−0,89	0,00	0,89	1,40	1,86	2,31	2,90
t_9	−2,82	−2,26	−1,83	−1,38	−0,88	0,00	0,88	1,38	1,83	2,26	2,82
t_{10}	−2,76	−2,23	−1,81	−1,37	−0,88	0,00	0,88	1,37	1,81	2,23	2,76
t_{11}	−2,72	−2,20	−1,80	−1,36	−0,88	0,00	0,88	1,36	1,80	2,20	2,72
t_{12}	−2,68	−2,18	−1,78	−1,36	−0,87	0,00	0,87	1,36	1,78	2,18	2,68
t_{13}	−2,65	−2,16	−1,77	−1,35	−0,87	0,00	0,87	1,35	1,77	2,16	2,65
t_{14}	−2,62	−2,14	−1,76	−1,35	−0,87	0,00	0,87	1,35	1,76	2,14	2,62
t_{15}	−2,60	−2,13	−1,75	−1,34	−0,87	0,00	0,87	1,34	1,75	2,13	2,60
t_{16}	−2,58	−2,12	−1,75	−1,34	−0,86	0,00	0,86	1,34	1,75	2,12	2,58
t_{17}	−2,57	−2,11	−1,74	−1,33	−0,86	0,00	0,86	1,33	1,74	2,11	2,57
t_{18}	−2,55	−2,10	−1,73	−1,33	−0,86	0,00	0,86	1,33	1,73	2,10	2,55
t_{19}	−2,54	−2,09	−1,73	−1,33	−0,86	0,00	0,86	1,33	1,73	2,09	2,54
t_{20}	−2,53	−2,09	−1,72	−1,33	−0,86	0,00	0,86	1,33	1,72	2,09	2,53
t_{21}	−2,52	−2,08	−1,72	−1,32	−0,86	0,00	0,86	1,32	1,72	2,08	2,52
t_{22}	−2,51	−2,07	−1,72	−1,32	−0,86	0,00	0,86	1,32	1,72	2,07	2,51
t_{23}	−2,50	−2,07	−1,71	−1,32	−0,86	0,00	0,86	1,32	1,71	2,07	2,50
t_{24}	−2,49	−2,06	−1,71	−1,32	−0,86	0,00	0,86	1,32	1,71	2,06	2,49
t_{25}	−2,49	−2,06	−1,71	−1,32	−0,86	0,00	0,86	1,32	1,71	2,06	2,49
t_{26}	−2,48	−2,06	−1,71	−1,31	−0,86	0,00	0,86	1,31	1,71	2,06	2,48
t_{27}	−2,47	−2,05	−1,70	−1,31	−0,86	0,00	0,86	1,31	1,70	2,05	2,47
t_{28}	−2,47	−2,05	−1,70	−1,31	−0,85	0,00	0,85	1,31	1,70	2,05	2,47
t_{29}	−2,46	−2,05	−1,70	−1,31	−0,85	0,00	0,85	1,31	1,70	2,05	2,46
t_{30}	−2,46	−2,04	−1,70	−1,31	−0,85	0,00	0,85	1,31	1,70	2,04	2,46
t_{31}	−2,45	−2,04	−1,70	−1,31	−0,85	0,00	0,85	1,31	1,70	2,04	2,45
t_{32}	−2,45	−2,04	−1,69	−1,31	−0,85	0,00	0,85	1,31	1,69	2,04	2,45
t_{33}	−2,44	−2,03	−1,69	−1,31	−0,85	0,00	0,85	1,31	1,69	2,03	2,44
t_{34}	−2,44	−2,03	−1,69	−1,31	−0,85	0,00	0,85	1,31	1,69	2,03	2,44
t_{35}	−2,44	−2,03	−1,69	−1,31	−0,85	0,00	0,85	1,31	1,69	2,03	2,44
t_{36}	−2,43	−2,03	−1,69	−1,31	−0,85	0,00	0,85	1,31	1,69	2,03	2,43
t_{37}	−2,43	−2,03	−1,69	−1,30	−0,85	0,00	0,85	1,30	1,69	2,03	2,43
t_{38}	−2,43	−2,02	−1,69	−1,30	−0,85	0,00	0,85	1,30	1,69	2,02	2,43
t_{39}	−2,43	−2,02	−1,68	−1,30	−0,85	0,00	0,85	1,30	1,68	2,02	2,43
t_{40}	−2,42	−2,02	−1,68	−1,30	−0,85	0,00	0,85	1,30	1,68	2,02	2,42
t_{50}	−2,40	−2,01	−1,68	−1,30	−0,85	0,00	0,85	1,30	1,68	2,01	2,40
t_{60}	−2,39	−2,00	−1,67	−1,30	−0,85	0,00	0,85	1,30	1,67	2,00	2,39
t_{70}	−2,38	−1,99	−1,67	−1,30	−0,85	0,00	0,85	1,30	1,67	1,99	2,38
t_{80}	−2,37	−1,99	−1,66	−1,29	−0,85	0,00	0,85	1,29	1,66	1,99	2,37
t_{90}	−2,37	−1,99	−1,66	−1,29	−0,85	0,00	0,85	1,29	1,66	1,99	2,37
t_{100}	−2,36	−1,98	−1,66	−1,29	−0,85	0,00	0,85	1,29	1,66	1,98	2,36

B.3 Quantile der χ^2-Verteilung

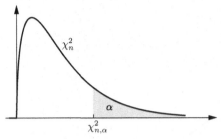

$n\backslash\alpha$	0,99	0,975	0,95	0,90	0,80	0,50	0,20	0,10	0,05	0,025	0,01
1	0,00	0,00	0,00	0,02	0,06	0,45	1,64	2,71	3,84	5,02	6,63
2	0,02	0,05	0,10	0,21	0,45	1,39	3,22	4,61	5,99	7,38	9,21
3	0,11	0,22	0,35	0,58	1,01	2,37	4,64	6,25	7,81	9,35	11,34
4	0,30	0,48	0,71	1,06	1,65	3,36	5,99	7,78	9,49	11,14	13,28
5	0,55	0,83	1,15	1,61	2,34	4,35	7,29	9,24	11,07	12,83	15,09
6	0,87	1,24	1,64	2,20	3,07	5,35	8,56	10,64	12,59	14,45	16,81
7	1,24	1,69	2,17	2,83	3,82	6,35	9,80	12,02	14,07	16,01	18,48
8	1,65	2,18	2,73	3,49	4,59	7,34	11,03	13,36	15,51	17,53	20,09
9	2,09	2,70	3,33	4,17	5,38	8,34	12,24	14,68	16,92	19,02	21,67
10	2,56	3,25	3,94	4,87	6,18	9,34	13,44	15,99	18,31	20,48	23,21
11	3,05	3,82	4,57	5,58	6,99	10,34	14,63	17,28	19,68	21,92	24,72
12	3,57	4,40	5,23	6,30	7,81	11,34	15,81	18,55	21,03	23,34	26,22
13	4,11	5,01	5,89	7,04	8,63	12,34	16,98	19,81	22,36	24,74	27,69
14	4,66	5,63	6,57	7,79	9,47	13,34	18,15	21,06	23,68	26,12	29,14
15	5,23	6,26	7,26	8,55	10,31	14,34	19,31	22,31	25,00	27,49	30,58
16	5,81	6,91	7,96	9,31	11,15	15,34	20,47	23,54	26,30	28,85	32,00
17	6,41	7,56	8,67	10,09	12,00	16,34	21,61	24,77	27,59	30,19	33,41
18	7,01	8,23	9,39	10,86	12,86	17,34	22,76	25,99	28,87	31,53	34,81
19	7,63	8,91	10,12	11,65	13,72	18,34	23,90	27,20	30,14	32,85	36,19
20	8,26	9,59	10,85	12,44	14,58	19,34	25,04	28,41	31,41	34,17	37,57
21	8,90	10,28	11,59	13,24	15,44	20,34	26,17	29,62	32,67	35,48	38,93
22	9,54	10,98	12,34	14,04	16,31	21,34	27,30	30,81	33,92	36,78	40,29
23	10,20	11,69	13,09	14,85	17,19	22,34	28,43	32,01	35,17	38,08	41,64
24	10,86	12,40	13,85	15,66	18,06	23,34	29,55	33,20	36,42	39,36	42,98
25	11,52	13,12	14,61	16,47	18,94	24,34	30,68	34,38	37,65	40,65	44,31
26	12,20	13,84	15,38	17,29	19,82	25,34	31,79	35,56	38,89	41,92	45,64
27	12,88	14,57	16,15	18,11	20,70	26,34	32,91	36,74	40,11	43,19	46,96
28	13,56	15,31	16,93	18,94	21,59	27,34	34,03	37,92	41,34	44,46	48,28
29	14,26	16,05	17,71	19,77	22,48	28,34	35,14	39,09	42,56	45,72	49,59
30	14,95	16,79	18,49	20,60	23,36	29,34	36,25	40,26	43,77	46,98	50,89
35	18,51	20,57	22,47	24,80	27,84	34,34	41,78	46,06	49,80	53,20	57,34
40	22,16	24,43	26,51	29,05	32,34	39,34	47,27	51,81	55,76	59,34	63,69
45	25,90	28,37	30,61	33,35	36,88	44,34	52,73	57,51	61,66	65,41	69,96
50	29,71	32,36	34,76	37,69	41,45	49,33	58,16	63,17	67,50	71,42	76,15
55	33,57	36,40	38,96	42,06	46,04	54,33	63,58	68,80	73,31	77,38	82,29
60	37,48	40,48	43,19	46,46	50,64	59,33	68,97	74,40	79,08	83,30	88,38
65	41,44	44,60	47,45	50,88	55,26	64,33	74,35	79,97	84,82	89,18	94,42
70	45,44	48,76	51,74	55,33	59,90	69,33	79,71	85,53	90,53	95,02	100,43
75	49,48	52,94	56,05	59,79	64,55	74,33	85,07	91,06	96,22	100,84	106,39
80	53,54	57,15	60,39	64,28	69,21	79,33	90,41	96,58	101,88	106,63	112,33
85	57,63	61,39	64,75	68,78	73,88	84,33	95,73	102,08	107,52	112,39	118,24
90	61,75	65,65	69,13	73,29	78,56	89,33	101,05	107,57	113,15	118,14	124,12
95	65,90	69,92	73,52	77,82	83,25	94,33	106,36	113,04	118,75	123,86	129,97
100	70,06	74,22	77,93	82,36	87,95	99,33	111,67	118,50	124,34	129,56	135,81

B.4 5 %-Quantile der F-Verteilung

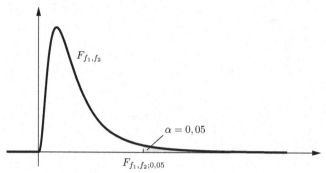

Zähler- und Nenner-Freiheitsgrade f_1, f_2

$f_1\backslash f_2$	2	3	4	5	6	7	8	9	10
2	19,00	9,55	6,94	5,79	5,14	4,74	4,46	4,26	4,10
3	19,16	9,28	6,59	5,41	4,76	4,35	4,07	3,86	3,71
4	19,25	9,12	6,39	5,19	4,53	4,12	3,84	3,63	3,48
5	19,30	9,01	6,26	5,05	4,39	3,97	3,69	3,48	3,33
6	19,33	8,94	6,16	4,95	4,28	3,87	3,58	3,37	3,22
7	19,35	8,89	6,09	4,88	4,21	3,79	3,50	3,29	3,14
8	19,37	8,85	6,04	4,82	4,15	3,73	3,44	3,23	3,07
9	19,38	8,81	6,00	4,77	4,10	3,68	3,39	3,18	3,02
10	19,40	8,79	5,96	4,74	4,06	3,64	3,35	3,14	2,98
11	19,40	8,76	5,94	4,70	4,03	3,60	3,31	3,10	2,94
12	19,41	8,74	5,91	4,68	4,00	3,57	3,28	3,07	2,91
13	19,42	8,73	5,89	4,66	3,98	3,55	3,26	3,05	2,89
14	19,42	8,71	5,87	4,64	3,96	3,53	3,24	3,03	2,86
15	19,43	8,70	5,86	4,62	3,94	3,51	3,22	3,01	2,85
16	19,43	8,69	5,84	4,60	3,92	3,49	3,20	2,99	2,83
17	19,44	8,68	5,83	4,59	3,91	3,48	3,19	2,97	2,81
18	19,44	8,67	5,82	4,58	3,90	3,47	3,17	2,96	2,80
19	19,44	8,67	5,81	4,57	3,88	3,46	3,16	2,95	2,79
20	19,45	8,66	5,80	4,56	3,87	3,44	3,15	2,94	2,77
21	19,45	8,65	5,79	4,55	3,86	3,43	3,14	2,93	2,76
22	19,45	8,65	5,79	4,54	3,86	3,43	3,13	2,92	2,75
23	19,45	8,64	5,78	4,53	3,85	3,42	3,12	2,91	2,75
24	19,45	8,64	5,77	4,53	3,84	3,41	3,12	2,90	2,74
25	19,46	8,63	5,77	4,52	3,83	3,40	3,11	2,89	2,73
26	19,46	8,63	5,76	4,52	3,83	3,40	3,10	2,89	2,72
27	19,46	8,63	5,76	4,51	3,82	3,39	3,10	2,88	2,72
28	19,46	8,62	5,75	4,50	3,82	3,39	3,09	2,87	2,71
29	19,46	8,62	5,75	4,50	3,81	3,38	3,08	2,87	2,70
30	19,46	8,62	5,75	4,50	3,81	3,38	3,08	2,86	2,70
31	19,46	8,61	5,74	4,49	3,80	3,37	3,07	2,86	2,69
32	19,46	8,61	5,74	4,49	3,80	3,37	3,07	2,85	2,69
33	19,47	8,61	5,74	4,48	3,80	3,36	3,07	2,85	2,69
34	19,47	8,61	5,73	4,48	3,79	3,36	3,06	2,85	2,68
35	19,47	8,60	5,73	4,48	3,79	3,36	3,06	2,84	2,68
36	19,47	8,60	5,73	4,47	3,79	3,35	3,06	2,84	2,67
37	19,47	8,60	5,72	4,47	3,78	3,35	3,05	2,84	2,67
38	19,47	8,60	5,72	4,47	3,78	3,35	3,05	2,83	2,67
39	19,47	8,60	5,72	4,47	3,78	3,34	3,05	2,83	2,66
40	19,47	8,59	5,72	4,46	3,77	3,34	3,04	2,83	2,66

Zähler- und Nenner-Freiheitsgrade f_1, f_2

$f_1 \backslash f_2$	11	12	13	14	15	16	17	18	19	20
2	3,98	3,89	3,81	3,74	3,68	3,63	3,59	3,55	3,52	3,49
3	3,59	3,49	3,41	3,34	3,29	3,24	3,20	3,16	3,13	3,10
4	3,36	3,26	3,18	3,11	3,06	3,01	2,96	2,93	2,90	2,87
5	3,20	3,11	3,03	2,96	2,90	2,85	2,81	2,77	2,74	2,71
6	3,09	3,00	2,92	2,85	2,79	2,74	2,70	2,66	2,63	2,60
7	3,01	2,91	2,83	2,76	2,71	2,66	2,61	2,58	2,54	2,51
8	2,95	2,85	2,77	2,70	2,64	2,59	2,55	2,51	2,48	2,45
9	2,90	2,80	2,71	2,65	2,59	2,54	2,49	2,46	2,42	2,39
10	2,85	2,75	2,67	2,60	2,54	2,49	2,45	2,41	2,38	2,35
11	2,82	2,72	2,63	2,57	2,51	2,46	2,41	2,37	2,34	2,31
12	2,79	2,69	2,60	2,53	2,48	2,42	2,38	2,34	2,31	2,28
13	2,76	2,66	2,58	2,51	2,45	2,40	2,35	2,31	2,28	2,25
14	2,74	2,64	2,55	2,48	2,42	2,37	2,33	2,29	2,26	2,22
15	2,72	2,62	2,53	2,46	2,40	2,35	2,31	2,27	2,23	2,20
16	2,70	2,60	2,51	2,44	2,38	2,33	2,29	2,25	2,21	2,18
17	2,69	2,58	2,50	2,43	2,37	2,32	2,27	2,23	2,20	2,17
18	2,67	2,57	2,48	2,41	2,35	2,30	2,26	2,22	2,18	2,15
19	2,66	2,56	2,47	2,40	2,34	2,29	2,24	2,20	2,17	2,14
20	2,65	2,54	2,46	2,39	2,33	2,28	2,23	2,19	2,16	2,12
21	2,64	2,53	2,45	2,38	2,32	2,26	2,22	2,18	2,14	2,11
22	2,63	2,52	2,44	2,37	2,31	2,25	2,21	2,17	2,13	2,10
23	2,62	2,51	2,43	2,36	2,30	2,24	2,20	2,16	2,12	2,09
24	2,61	2,51	2,42	2,35	2,29	2,24	2,19	2,15	2,11	2,08
25	2,60	2,50	2,41	2,34	2,28	2,23	2,18	2,14	2,11	2,07
26	2,59	2,49	2,41	2,33	2,27	2,22	2,17	2,13	2,10	2,07
27	2,59	2,48	2,40	2,33	2,27	2,21	2,17	2,13	2,09	2,06
28	2,58	2,48	2,39	2,32	2,26	2,21	2,16	2,12	2,08	2,05
29	2,58	2,47	2,39	2,31	2,25	2,20	2,15	2,11	2,08	2,05
30	2,57	2,47	2,38	2,31	2,25	2,19	2,15	2,11	2,07	2,04
31	2,57	2,46	2,38	2,30	2,24	2,19	2,14	2,10	2,07	2,03
32	2,56	2,46	2,37	2,30	2,24	2,18	2,14	2,10	2,06	2,03
33	2,56	2,45	2,37	2,29	2,23	2,18	2,13	2,09	2,06	2,02
34	2,55	2,45	2,36	2,29	2,23	2,17	2,13	2,09	2,05	2,02
35	2,55	2,44	2,36	2,28	2,22	2,17	2,12	2,08	2,05	2,01
36	2,54	2,44	2,35	2,28	2,22	2,17	2,12	2,08	2,04	2,01
37	2,54	2,44	2,35	2,28	2,21	2,16	2,11	2,07	2,04	2,01
38	2,54	2,43	2,35	2,27	2,21	2,16	2,11	2,07	2,03	2,00
39	2,53	2,43	2,34	2,27	2,21	2,15	2,11	2,07	2,03	2,00
40	2,53	2,43	2,34	2,27	2,20	2,15	2,10	2,06	2,03	1,99

Zähler- und Nenner-Freiheitsgrade f_1, f_2

$f_1 \backslash f_2$	21	22	23	24	25	26	27	28	29	30
2	3,47	3,44	3,42	3,40	3,39	3,37	3,35	3,34	3,33	3,32
3	3,07	3,05	3,03	3,01	2,99	2,98	2,96	2,95	2,93	2,92
4	2,84	2,82	2,80	2,78	2,76	2,74	2,73	2,71	2,70	2,69
5	2,68	2,66	2,64	2,62	2,60	2,59	2,57	2,56	2,55	2,53
6	2,57	2,55	2,53	2,51	2,49	2,47	2,46	2,45	2,43	2,42
7	2,49	2,46	2,44	2,42	2,40	2,39	2,37	2,36	2,35	2,33
8	2,42	2,40	2,37	2,36	2,34	2,32	2,31	2,29	2,28	2,27
9	2,37	2,34	2,32	2,30	2,28	2,27	2,25	2,24	2,22	2,21
10	2,32	2,30	2,27	2,25	2,24	2,22	2,20	2,19	2,18	2,16
11	2,28	2,26	2,24	2,22	2,20	2,18	2,17	2,15	2,14	2,13
12	2,25	2,23	2,20	2,18	2,16	2,15	2,13	2,12	2,10	2,09
13	2,22	2,20	2,18	2,15	2,14	2,12	2,10	2,09	2,08	2,06
14	2,20	2,17	2,15	2,13	2,11	2,09	2,08	2,06	2,05	2,04
15	2,18	2,15	2,13	2,11	2,09	2,07	2,06	2,04	2,03	2,01
16	2,16	2,13	2,11	2,09	2,07	2,05	2,04	2,02	2,01	1,99
17	2,14	2,11	2,09	2,07	2,05	2,03	2,02	2,00	1,99	1,98
18	2,12	2,10	2,08	2,05	2,04	2,02	2,00	1,99	1,97	1,96
19	2,11	2,08	2,06	2,04	2,02	2,00	1,99	1,97	1,96	1,95
20	2,10	2,07	2,05	2,03	2,01	1,99	1,97	1,96	1,94	1,93
21	2,08	2,06	2,04	2,01	2,00	1,98	1,96	1,95	1,93	1,92
22	2,07	2,05	2,02	2,00	1,98	1,97	1,95	1,93	1,92	1,91
23	2,06	2,04	2,01	1,99	1,97	1,96	1,94	1,92	1,91	1,90
24	2,05	2,03	2,01	1,98	1,96	1,95	1,93	1,91	1,90	1,89
25	2,05	2,02	2,00	1,97	1,96	1,94	1,92	1,91	1,89	1,88
26	2,04	2,01	1,99	1,97	1,95	1,93	1,91	1,90	1,88	1,87
27	2,03	2,00	1,98	1,96	1,94	1,92	1,90	1,89	1,88	1,86
28	2,02	2,00	1,97	1,95	1,93	1,91	1,90	1,88	1,87	1,85
29	2,02	1,99	1,97	1,95	1,93	1,91	1,89	1,88	1,86	1,85
30	2,01	1,98	1,96	1,94	1,92	1,90	1,88	1,87	1,85	1,84
31	2,00	1,98	1,95	1,93	1,91	1,89	1,88	1,86	1,85	1,83
32	2,00	1,97	1,95	1,93	1,91	1,89	1,87	1,86	1,84	1,83
33	1,99	1,97	1,94	1,92	1,90	1,88	1,87	1,85	1,84	1,82
34	1,99	1,96	1,94	1,92	1,90	1,88	1,86	1,85	1,83	1,82
35	1,98	1,96	1,93	1,91	1,89	1,87	1,86	1,84	1,83	1,81
36	1,98	1,95	1,93	1,91	1,89	1,87	1,85	1,84	1,82	1,81
37	1,98	1,95	1,93	1,90	1,88	1,87	1,85	1,83	1,82	1,80
38	1,97	1,95	1,92	1,90	1,88	1,86	1,84	1,83	1,81	1,80
39	1,97	1,94	1,92	1,90	1,88	1,86	1,84	1,82	1,81	1,80
40	1,96	1,94	1,91	1,89	1,87	1,85	1,84	1,82	1,81	1,79

Zähler- und Nenner-Freiheitsgrade f_1, f_2

$f_1 \backslash f_2$	31	32	33	34	35	36	37	38	39	40
2	3,30	3,29	3,28	3,28	3,27	3,26	3,25	3,24	3,24	3,23
3	2,91	2,90	2,89	2,88	2,87	2,87	2,86	2,85	2,85	2,84
4	2,68	2,67	2,66	2,65	2,64	2,63	2,63	2,62	2,61	2,61
5	2,52	2,51	2,50	2,49	2,49	2,48	2,47	2,46	2,46	2,45
6	2,41	2,40	2,39	2,38	2,37	2,36	2,36	2,35	2,34	2,34
7	2,32	2,31	2,30	2,29	2,29	2,28	2,27	2,26	2,26	2,25
8	2,25	2,24	2,23	2,23	2,22	2,21	2,20	2,19	2,19	2,18
9	2,20	2,19	2,18	2,17	2,16	2,15	2,14	2,14	2,13	2,12
10	2,15	2,14	2,13	2,12	2,11	2,11	2,10	2,09	2,08	2,08
11	2,11	2,10	2,09	2,08	2,07	2,07	2,06	2,05	2,04	2,04
12	2,08	2,07	2,06	2,05	2,04	2,03	2,02	2,02	2,01	2,00
13	2,05	2,04	2,03	2,02	2,01	2,00	2,00	1,99	1,98	1,97
14	2,03	2,01	2,00	1,99	1,99	1,98	1,97	1,96	1,95	1,95
15	2,00	1,99	1,98	1,97	1,96	1,95	1,95	1,94	1,93	1,92
16	1,98	1,97	1,96	1,95	1,94	1,93	1,93	1,92	1,91	1,90
17	1,96	1,95	1,94	1,93	1,92	1,92	1,91	1,90	1,89	1,89
18	1,95	1,94	1,93	1,92	1,91	1,90	1,89	1,88	1,88	1,87
19	1,93	1,92	1,91	1,90	1,89	1,88	1,88	1,87	1,86	1,85
20	1,92	1,91	1,90	1,89	1,88	1,87	1,86	1,85	1,85	1,84
21	1,91	1,90	1,89	1,88	1,87	1,86	1,85	1,84	1,83	1,83
22	1,90	1,88	1,87	1,86	1,85	1,85	1,84	1,83	1,82	1,81
23	1,88	1,87	1,86	1,85	1,84	1,83	1,83	1,82	1,81	1,80
24	1,88	1,86	1,85	1,84	1,83	1,82	1,82	1,81	1,80	1,79
25	1,87	1,85	1,84	1,83	1,82	1,81	1,81	1,80	1,79	1,78
26	1,86	1,85	1,83	1,82	1,82	1,81	1,80	1,79	1,78	1,77
27	1,85	1,84	1,83	1,82	1,81	1,80	1,79	1,78	1,77	1,77
28	1,84	1,83	1,82	1,81	1,80	1,79	1,78	1,77	1,77	1,76
29	1,83	1,82	1,81	1,80	1,79	1,78	1,77	1,77	1,76	1,75
30	1,83	1,82	1,81	1,80	1,79	1,78	1,77	1,76	1,75	1,74
31	1,82	1,81	1,80	1,79	1,78	1,77	1,76	1,75	1,75	1,74
32	1,82	1,80	1,79	1,78	1,77	1,76	1,76	1,75	1,74	1,73
33	1,81	1,80	1,79	1,78	1,77	1,76	1,75	1,74	1,73	1,73
34	1,81	1,79	1,78	1,77	1,76	1,75	1,74	1,74	1,73	1,72
35	1,80	1,79	1,78	1,77	1,76	1,75	1,74	1,73	1,72	1,72
36	1,80	1,78	1,77	1,76	1,75	1,74	1,73	1,73	1,72	1,71
37	1,79	1,78	1,77	1,76	1,75	1,74	1,73	1,72	1,71	1,71
38	1,79	1,78	1,76	1,75	1,74	1,73	1,73	1,72	1,71	1,70
39	1,78	1,77	1,76	1,75	1,74	1,73	1,72	1,71	1,70	1,70
40	1,78	1,77	1,76	1,75	1,74	1,73	1,72	1,71	1,70	1,69

B.5 Kritische Werte für den Kolmogorow-Smirnow-Test

$n\backslash\alpha$	0,2	0,1	0,05	0,025	0,01
1	0,900	0,950	0,975	0,988	0,995
2	0,684	0,776	0,842	0,888	0,929
3	0,565	0,636	0,708	0,768	0,829
4	0,493	0,565	0,624	0,674	0,734
5	0,447	0,509	0,563	0,613	0,669
6	0,410	0,468	0,519	0,564	0,617
7	0,381	0,436	0,483	0,526	0,576
8	0,358	0,410	0,454	0,494	0,542
9	0,339	0,387	0,430	0,468	0,513
10	0,323	0,369	0,409	0,446	0,489
11	0,308	0,352	0,391	0,426	0,468
12	0,296	0,338	0,375	0,409	0,449
13	0,285	0,325	0,361	0,394	0,432
14	0,275	0,314	0,349	0,380	0,418
15	0,266	0,304	0,338	0,368	0,404
16	0,258	0,295	0,327	0,357	0,392
17	0,250	0,286	0,318	0,347	0,381
18	0,244	0,279	0,309	0,337	0,371
19	0,237	0,271	0,301	0,329	0,361
20	0,232	0,265	0,294	0,321	0,352
21	0,226	0,259	0,287	0,313	0,344
22	0,221	0,253	0,281	0,306	0,337
23	0,216	0,247	0,275	0,300	0,330
24	0,212	0,242	0,269	0,294	0,323
25	0,208	0,238	0,264	0,288	0,317
26	0,204	0,233	0,259	0,282	0,311
27	0,200	0,229	0,254	0,277	0,305
28	0,197	0,225	0,250	0,273	0,300
29	0,193	0,221	0,246	0,268	0,295
30	0,190	0,218	0,242	0,264	0,290
31	0,187	0,214	0,238	0,259	0,285
32	0,184	0,211	0,234	0,255	0,281
33	0,182	0,208	0,231	0,252	0,277
34	0,179	0,205	0,227	0,248	0,273
35	0,177	0,202	0,224	0,245	0,269
36	0,174	0,199	0,221	0,241	0,265
37	0,172	0,196	0,218	0,238	0,262
38	0,170	0,194	0,215	0,235	0,258
39	0,167	0,191	0,213	0,232	0,255
40	0,165	0,189	0,210	0,229	0,252

Die Werte sind dem Artikel *Thomas Friedrich, Helmut Schellhaas (1998): Computation of the percentage points and the power for the two-sided Kolmogorov-Smirnov one sample test, Statistical Papers, 39, 361–375* entnommen.

Sachverzeichnis